21世纪高等学校计算机
应用技术规划教材

大学计算机基础教程

(Windows7 · Office 2010)(第三版)

◎ 刘志勇 介龙梅 主编
于世东 高婕姝 封雪 张睿 副主编

清華大学出版社
北京

内容简介

本书是根据教育部高等学校大学计算机课程教学指导委员会编制的《大学计算机基础课程教学基本要求》和全国计算机等级考试调整后的考试大纲，并紧密结合高等学校非计算机专业培养目标而编写的。本书以 Windows 7 和 Office 2010 为平台，讲授计算机的基础知识和基本操作。全书共分 8 章。第 1 章讲解计算机基础知识；第 2 章讲解计算机操作系统；第 3 章讲解计算机网络与信息安全；第 4 章讲解 Word 文字编辑软件；第 5 章讲解 Excel 电子表格；第 6 章讲解 PowerPoint 演示文稿；第 7 章讲解数据处理与管理；第 8 章讲解算法与软件设计基础。本书以基本知识讲解和基本技能训练为主线，突出基本技能的掌握，内容新颖，图文并茂，层次清楚。本书在编写过程中还考虑到了全国计算机等级考试二级公共基础知识考试大纲的要求，增加了二级公共基础知识的内容。通过本书的学习，可掌握计算机软、硬件技术，计算机网络技术，计算机信息安全技术和计算机软件技术的基本知识，具备办公信息处理的能力。

本书不仅可以作为高等院校各专业计算机基础课程的教材、教学参考书及社会各类培训机构的教材，还可以作为其他初学者的自学用书。

图书在版编目(CIP)数据

大学计算机基础教程：Windows 7 • Office 2010/刘志勇，介龙梅主编. —3 版. —北京：清华大学出版社，2020.9

21 世纪高等学校计算机应用技术规划教材

ISBN 978-7-302-56250-4

Ⅰ. ①大… Ⅱ. ①刘… ②介… Ⅲ. ①Windows 操作系统－高等学校－教材 ②办公自动化－应用软件－高等学校－教材 Ⅳ. ①TP316.7 ②TP317.1

中国版本图书馆 CIP 数据核字(2020)第 151767 号

责任编辑：贾 斌
封面设计：刘 键
责任校对：胡伟民
责任印制：宋 林

出版发行：清华大学出版社
网 址：http://www.tup.com.cn，http://www.wqbook.com
地 址：北京清华大学学研大厦 A 座　　**邮 编**：100084
社 总 机：010-62770175　　**邮 购**：010-83470235
投稿与读者服务：010-62776969，c-service@tup.tsinghua.edu.cn
质量反馈：010-62772015，zhiliang@tup.tsinghua.edu.cn
课件下载：http://www.tup.com.cn，010-83470236
印 装 者：三河市铭诚印务有限公司
经 销：全国新华书店
开 本：185mm×260mm　　**印 张**：17.25　　**字 数**：435 千字
版 次：2014 年 9 月第 1 版　2020 年 9 月第 3 版　　**印 次**：2020 年 9 月第1 次印刷
印 数：1～3000
定 价：49.80 元

产品编号：089745-01

出版说明

随着我国改革开放的进一步深化，高等教育也得到了快速发展，各地高校紧密结合地方经济建设发展需要，科学运用市场调节机制，加大了使用信息科学等现代科学技术提升、改造传统学科专业的投入力度，通过教育改革合理调整和配置了教育资源，优化了传统学科专业，积极为地方经济建设输送人才，为我国经济社会的快速、健康和可持续发展以及高等教育自身的改革发展做出了巨大贡献。但是，高等教育质量还需要进一步提高以适应经济社会发展的需要，不少高校的专业设置和结构不尽合理，教师队伍整体素质亟待提高，人才培养模式、教学内容和方法需要进一步转变，学生的实践能力和创新精神亟待加强。

教育部一直十分重视高等教育质量工作。2007 年 1 月，教育部下发了《关于实施高等学校本科教学质量与教学改革工程的意见》，计划实施"高等学校本科教学质量与教学改革工程(简称'质量工程')"，通过专业结构调整、课程教材建设、实践教学改革、教学团队建设等多项内容，进一步深化高等学校教学改革，提高人才培养的能力和水平，更好地满足经济社会发展对高素质人才的需要。在贯彻和落实教育部"质量工程"的过程中，各地高校发挥师资力量强、办学经验丰富、教学资源充裕等优势，对其特色专业及特色课程(群)加以规划、整理和总结，更新教学内容、改革课程体系，建设了一大批内容新、体系新、方法新、手段新的特色课程。在此基础上，经教育部相关教学指导委员会专家的指导和建议，清华大学出版社在多个领域精选各高校的特色课程，分别规划出版系列教材，以配合"质量工程"的实施，满足各高校教学质量和教学改革的需要。

本系列教材立足于计算机公共课程领域，以公共基础课为主、专业基础课为辅，横向满足高校多层次教学的需要。在规划过程中体现了如下一些基本原则和特点。

(1) 面向多层次、多学科专业，强调计算机在各专业中的应用。教材内容坚持基本理论适度，反映各层次对基本理论和原理的需求，同时加强实践和应用环节。

(2) 反映教学需要，促进教学发展。教材要适应多样化的教学需要，正确把握教学内容和课程体系的改革方向，在选择教材内容和编写体系时注意体现素质教育、创新能力与实践能力的培养，为学生的知识、能力、素质协调发展创造条件。

(3) 实施精品战略，突出重点，保证质量。规划教材把重点放在公共基础课和专业基础课的教材建设上；特别注意选择并安排一部分原来基础比较好的优秀教材或讲义修订再版，逐步形成精品教材；提倡并鼓励编写体现教学质量和教学改革成果的教材。

(4) 主张一纲多本，合理配套。基础课和专业基础课教材配套，同一门课程可以有针对不同层次、面向不同专业的多本具有各自内容特点的教材。处理好教材统一性与多样化，基本教材与辅助教材、教学参考书，文字教材与软件教材的关系，实现教材系列资源配套。

(5)依靠专家,择优选用。在制定教材规划时依靠各课程专家在调查研究本课程教材建设现状的基础上提出规划选题。在落实主编人选时,要引入竞争机制,通过申报、评审确定主题。书稿完成后要认真实行审稿程序,确保出书质量。

繁荣教材出版事业,提高教材质量的关键是教师。建立一支高水平教材编写梯队才能保证教材的编写质量和建设力度,希望有志于教材建设的教师能够加入到我们的编写队伍中来。

21世纪高等学校计算机应用技术规划教材

联系人:魏江江 weijj@tup.tsinghua.edu.cn

前言

随着计算机科学和信息技术的飞速发展和计算机的普及教育，国内高校的计算机基础教育已踏上了新的台阶，步入了新的发展阶段。各专业对学生的计算机应用能力提出了更高的要求。为了适应这种新发展，许多学校都修订了计算机基础课程的教学大纲，课程内容不断推陈出新。本书按照教育部《计算机基础课程教学基本要求》编写。大学计算机基础是非计算机专业高等教育的公共必修课程，是学习其他计算机相关技术课程的前导和基础课程。本书编写的宗旨是使读者较全面、系统地了解计算机基础知识，具备计算机实际应用能力，并能在各自的专业领域自觉地应用计算机进行学习与研究。

本书以 Windows 7 和 Office 2010 为平台，向读者介绍计算机的基础知识和基本操作，并增加了物联网、云计算等方面的计算机新技术。全书共分 8 章。第 1 章讲解计算机基础知识；第 2 章讲解计算机操作系统；第 3 章讲解计算机网络与信息安全；第 4 章讲解 Word 文字编辑软件；第 5 章讲解 Excel 电子表格；第 6 章讲解 PowerPoint 演示文稿；第 7 章讲解数据处理与管理；第 8 章讲解算法与软件设计基础。本书以基本知识讲解和基本技能训练为主线，突出基本技能的掌握，内容新颖，图文并茂，层次清楚。通过本书的学习，可掌握计算机软、硬件技术，多媒体技术，计算机网络技术；计算机信息安全技术和软件设计技术的基本知识，具备办公信息处理的能力。

参加本书编写的作者是多年从事一线教学的教师，具有较为丰富的教学经验。在编写时注重原理与实践紧密结合，注重实用性和可操作性，案例的选取注意从读者日常学习和工作的需要出发，文字叙述深入浅出，通俗易懂。全书对一些理论知识点和实验操作都配有微课讲解。

本书由刘志勇、介龙梅主编。高婕姝编写第 1 章，于世东编写第 2 章，介龙梅编写第 3 章和第 6 章，封雪编写第 5 章，张睿编写第 4 章和第 7 章，刘志勇编写第 8 章，侯彤璞，张敬东，纪良博三位老师参加了教材微课的制作工作。本书配套了微课视频、教学课件、实验素材及习题答案，可提供给选用了本书作为教材的高校教师。

在本书的编写过程中，尽管作者结合了自身多年积累的教学经验，同时参考借鉴了其他经典教材版本的优势特点，并且精益求精地修改，但由于作者水平有限，书中不足与疏漏之处在所难免，希望广大读者批评指正。

作　者

2020 年 2 月

目 录

第1章 计算机基础知识

学习目标

- 了解计算机的发展与应用
- 理解计算机的基本工作原理，熟悉微型计算机的硬件组成
- 掌握计算机中的数制编码与转换方式，完成计算机各数制间的数制转换

电子计算机是人类科技发展史上一个崭新的里程碑。当今微型计算机技术和计算机网络技术的应用已经渗透到社会生活的各个领域，有力地推动了科技的发展和社会的进步。因此，学习和掌握计算机基础知识是社会生活的必然要求。本章首先介绍计算机的产生、发展、分类、特点以及当前的应用，再介绍计算机的系统构成与工作原理，着重介绍微型计算机的硬件及其组成，最后介绍了计算机中4种常用的数制及其转换方法。

1.1 计算机概述

计算机是指由电子器件组成的具有逻辑判断和记忆能力，能在给定的程序控制下自动完成信息加工处理、科学计算、自动控制等功能的数字化电子设备。其特点是运算速度快、精度高，具有记忆和逻辑判断能力并且自动执行。

1.1.1 计算机的产生

1946年2月，世界上第一台电子计算机ENIAC(Electronic Numerical Integrator And Calculator)在美国宾夕法尼亚大学研制成功。ENIAC的研制源于二战时期美国军械试验中弹道火力表的计算。这台电子数字积分计算机使用了18 800多个电子管，1500多个继电器，功率150kW，占地约170m^2，质量约30t，耗资约48万美元，如图1.1所示。

从1946年诞生并投入使用的9年间，ENIAC为原子核裂变方程求解等诸多重要计算提供了帮助。虽然它只能进行每秒5000次的加法运算，但ENIAC的研制成功为计算机技术的发展奠定了坚实的基础。ENIAC的诞生标志着人类社会进入崭新的电子计算机时代。

1.1.2 计算机的发展

计算机早期的产生和发展是众多科学家共同努力的成果。例如，帕斯卡发明了加法机，

图 1.1　第一台电子计算机

莱布尼茨改造加法机形成乘法机,巴贝奇提出自动计算机概念,布尔完成了二进制代数体系,维纳创立了控制论。他们都为计算机的产生和发展奠定了基础。

冯·诺依曼首先提出完整的通用电子计算机体系结构方案,即 EDVAC 方案。其长达 101 页的 EDVAC 方案指导了计算机的诞生并成为计算机发展史上的里程碑。因此后人尊称冯·诺依曼称为"计算机之父"。

阿兰·图灵,计算机逻辑理论的奠基者。建立了"图灵机"的理论模型并且发展了可计算性理论,为计算机的发展指明方向。他还提出了定义机器智能的"图灵测试"。计算机界的最高奖定名为"图灵奖"。

1. 计算机的发展阶段

现代计算机是从使用电子管开始的,所以称为电子计算机。在推动计算机发展的诸多因素中,电子元器件的发展起着决定性的作用。因此,根据计算机所采用电子元器件的发展,将计算机的发展划分为 4 个时代,如表 1.1 所示。

表 1.1　计算机发展的 4 个时代

时　代	电子器件	运算速度	内存容量	编程语言	主要应用
第一代 1946—1958	电子管时代	10^3～10^5 指令/秒	几千字节	机器语言、汇编语言	科学计算
第二代 1958—1964	晶体管时代	十万次/秒	几十万字节	高级语言如 FORTRAN,简单操作系统	数据处理、过程控制等
第三代 1964—1970	中小规模集成电路时代	百万次/秒	64KB～2MB	多功能操作系统,结构化程序设计语言	文字处理、企事业管理
第四代 1971 年以后	大规模集成电路时代	上亿次/秒	2MB～64GB	可视化操作系统,面向对象的程序设计语言	应用于社会生活各领域

第四代计算机中最具影响力的莫过于微型计算机。它诞生于20世纪70年代，随着超大规模集成电路技术上的突破和微处理器的诞生，在短短的几十年里迅速发展、普及并改变着人们的生活。

2. 计算机的发展方向

当代计算机技术日新月异，新产品层出不穷，其中硬件技术的发展尤为迅猛，计算机发展一直遵循着摩尔定律，即计算机的性价比以每18个月翻一番的速度上升。据统计近年来，大约每隔3年计算机硬件性能会提高近4倍，而成本会下降近50%。计算机的发展极大地推动着社会的发展和科技的进步，同时也促进了新一代计算机产生，称为第五代计算机。1982年以后，许多国家都开展了第五代计算机的研制。第五代计算机应该是有知识、会学习、能推理的智能电子计算机。因此计算机应该向着微型化、巨型化、智能化、网络化和多媒体化的方向发展。

1）微型化

微型化是指计算机向着体积小、质量轻、成本低、速度快、功能强的方向发展。如当前的笔记本电脑、平板电脑、智能手机等。随着新材料的不断研发，计算机将会进一步向超大规模的高速集成化方向发展。

2）巨型化

巨型化是指计算机向着运算速度更快、精度更高、存储容量更大，功能更强的方向发展。目前巨型机运算速度可达每秒千万亿次以上。巨型机的研制水平体现着一个国家的科技水平和综合国力。

3）智能化

智能化是指计算机应该具有知识表示、逻辑推理、自主学习、人机交互等充分体现人类智慧的超级计算机系统。智能化是新一代计算机要实现的目标，是计算机发展的一个重要方向。

4）网络化

网络化是指计算机技术与通信技术相结合向着资源高度共享的方向发展。互联网、电子商务悄然改变着人们的生活。随着物联网、云计算等新技术的出现，人们正积极搭建新的物联网平台，因此网络化是计算机发展的必然趋势。

5）多媒体化

多媒体化是指以计算机数字技术为核心，更有效处理文字、图形、音频和视频等多种形式的自然信息，使人与计算机之间交换信息的方式向着更为接近自然的方向发展。

3. 我国计算机的发展

我国计算机事业始于1956年制定的《十二年科学技术发展规划》。1956年8月25日，中国科学院计算技术研究所筹备委员会成立，我国计算机事业由此起步。60多年来，我国计算机事业突飞猛进，几代人付出了艰辛的努力，其发展历程简述，如表1.2所示。

表 1.2　中国计算机发展历程简表

时　间	机　型
1957 年	哈尔滨工业大学研制成功中国第一台模拟式电子计算机
1958 年	我国第一台小型电子管数字电子计算机(103 型)
1965 年	中科院计算所研制成功第一台大型晶体管计算机(109 乙)
1974 年	采用集成电路的 DJS-130 小型计算机,运算速度达每秒 100 万次
1983 年	银河-Ⅰ巨型计算机投入运行,运算速度 1 亿次/秒(我国计算机研制的一个里程碑)
1995 年	大规模并行处理结构的并行机曙光 1000,通过鉴定
1997 年	银河-Ⅲ并行巨型计算机系统研制成功,运算速度百亿次/秒
2002 年	中科院第一款自主知识产权的 CPU"龙芯"研制成功
2008 年	曙光 5000A,运算速度 230 万亿次/秒；深腾 7000,运算速度 106.5 万亿次/秒
2010 年	天河一号 A,运算速度 2507 万亿次/秒(2010 年世界排名第一)
2011 年	曙光-星云,运算速度 1271 万亿次/秒
2013 年	天河二号,以 33.86 千万亿次/秒(浮点运算)成为全球最快超级计算机

4. 未来新型计算机

随着计算机应用技术的深入,传统的冯·诺依曼机的体系结构已经不能满足未来智能计算机系统的理论要求。展望未来,从理论上突破传统冯·诺依曼机的概念,采用新型的物理材料,是当前人们不懈努力的方向。

1）神经网络计算机

神经网络计算机是希望通过建立神经网络的工程模式来模拟人脑的信号处理功能。人脑有近 140 亿神经元及 10 多亿神经键,每个神经元又多交叉相连,其作用相当于一台微型计算机。用许多微处理机模仿神经元,采用大量并行分布式网络,信息存储在神经元之间的联络网中,从而建立一个模仿人脑活动的巨型信息处理系统,即神经网络计算机。

传统冯·诺依曼机大多处理条理清晰、符合逻辑的信息,而人脑能处理各种纷繁复杂的非逻辑信息,因而神经网络计算机的发展目标是着力接近人脑的这种智慧和灵活性。与传统计算机系统相比,神经网络计算机的长处在于能并行处理并且具有一定的自学习和自适应能力。因此,神经网络计算机技术可以在模式识别、智能控制、智能信息检索、自然语言理解和智能决策等人工智能领域发挥优势。

2）生物计算机

生物计算机利用蛋白分子 DNA 为主要材料制成。其运算过程就是蛋白质分子与周围物理化学介质的相互作用过程。最大优点在于它的存储容量大并且运算速度快。DNA 本身具有极强的存储能力,它的存储点只有一个分子,而存储容量可达到普通电子计算机的 10 亿倍；分子间完成一项运算仅需 10ps,远远超过人脑的思维速度。由于生物计算机的材料是蛋白质分子,使得生物计算机具有生物的特性,如可以自我修复芯片、自我再生出新电路,从而更易于模拟人脑的机制。

3）光子计算机

光子计算机是利用光子作为信息传输载体的计算机,又称光脑。光子的特点：一是运行速度快,等于光速；二是光子不带电荷没有电磁场作用,能耗低；三是信息存储容量大。用光子做信息载体,可以制造出运算速度极高的光子计算机。光子计算机由光学反射镜、透镜、滤波器等光学元件和设备组成。光子的传导不需要导线，其实现的关键技术之一是激光技术。光子计算机优点在于并行处理能力强，具有超高的运算速度。目前光脑的许多关键技术，如光储存技术、光互联技术和光电子集成电路等都已取得突破性进展。世界上第一台光脑已由欧共体的多名科学家于 1984 年研制成功，其速度比普通计算机快 1000 倍且准确性极高。

4）量子计算机

量子计算机是一种利用多现实态下的原子进行运算的计算机。在某种条件下，原子世界里存在着多现实态，即原子可以同时存在于此处或彼处，可以同时向上或向下运动。如果用这些不同的原子状态分别代表不同的数据，就可以利用一组不同潜在状态组合的原子，在同一时间对某个问题的所有答案进行探寻，并最终将正确答案的组合表示出来。量子计算机的优点是能够实行并行计算、存储能力大、发热量小并且可对任意物理系统进行高效模拟。量子计算机的设想最早由美国阿贡国家实验室提出。目前开发的有核磁共振量子计算机、硅基半导体量子计算机和离子阱量子计算机 3 种类型。量子计算机的高效运算能力使其具有广阔的应用前景。

5）超导计算机

1962 年，英国物理学家约瑟夫逊提出了“超导隧道效应”。所谓超导就是在接近绝对零度下，电流在某些介质中传输时所受阻力为零的现象。电流在超导体中流过，电阻为零，介质不发热。与传统的半导体计算机相比，超导计算机的耗电量仅为其几千分之一，而执行一条指令的速度却要快上近百倍。1999 年日本超导技术研究所制作了由 1 万个约瑟夫逊元件组成的超导集成电路芯片，其体积只有 3～5mm^2。为超导计算机的发展开拓了新前景。

6）纳米计算机

在纳米尺度下，由于存在量子效应，物理材料硅微电子芯片便不能工作。其原因是，这种芯片的工作依据是固体材料的整体特性，即大量电子参与工作时所呈现的统计平均规律。如果在纳米尺度下，利用有限电子运动所表现出来的量子效应，就可能克服上述困难，可以用不同的原理实现纳米级计算。目前已提出四种工作机制：电子式纳米计算、基于生物化学物质与 DNA 的纳米计算、机械式纳米计算、量子波相干计算，它们有可能发展成为未来纳米计算机技术的基础。

未来计算机为我们描绘了广阔的应用前景，目前这些技术离实际应用还有距离。但是未来计算机的实现将是对传统计算机模式的革命性突破。当前很多科学家也意识到现有的芯片制造技术，尤其是晶体硅的物理性能在十多年后将达到其物理极限，开发新型芯片材料也是人们力争突破的方向，例如，2010 年两位诺贝尔物理学奖获得者发现的石墨烯，是目前世界上已知最薄的材料。石墨烯以其优越的物理性能有望超越晶体硅，突破现有集成电路的物理极限成为未来芯片的主力。

1.1.3 计算机的分类

计算机种类繁多，其分类方法也因角度不同而难以精确划分。例如，按处理数据的类型，可以分为模拟计算机、数字计算机和混合计算机；按用途及使用范围，可以分为专用型计算机和通用型计算机；按其工作模式，可分为工作站和服务器等。当前，最常见的分类方法是按照计算机系统的规模，将其划分为以下几类。

1. 巨型计算机

巨型计算机又称为超级计算机,简称巨型机。巨型机是功能最强、运算速度最快、存储容量最大的高性能计算机。巨型机主要应用于国家级高尖端科学技术的研究及军事国防领域。巨型机的研制和应用是一个国家科技发展水平的重要标志,也是一个国家科技实力的综合体现。目前我国自主研制的巨型机,如天河系列和曙光系列,其性能均处世界前列。2013 年中国的"天河二号",以浮点运算速度 33.86 千万亿次/秒的绝对优势成为全球最快的超级计算机,如图 1.2 所示。

2. 大型计算机

大型计算机简称大型机。大型机具有通用性强、速度快、容量大、支持多用户使用的特点。大型机具有完善的指令系统和丰富的外部设备,适合于进行数据处理。主要应用在银行、电信、金融等需要对大量数据进行存储和管理的大型公司企业或大型数据库管理机构,也常用做计算机网络中的服务器等。2013 年 1 月,浪潮发布了我国首套大型主机系统,浪潮天梭 K1 系统,如图 1.3 所示。它使我国成为继美、日之后第三个掌握新一代大型主机技术的国家。

图 1.2 巨型机"天河二号"

图 1.3 大型机"浪潮天松 K1"

3. 小型计算机

小型计算机机器规模小、结构简单、设计周期短,便于及时采用先进工艺。由于小型机本身对运行环境要求不高,操作简单易维护且安全可靠,所以小型机广泛应用在工业自动化控制、大型分析仪器、测量仪器、医疗设备中的数据采集、分析计算等领域,也可用作大型机和巨型机系统的辅助机,广泛用于企业管理及大学和研究所的科学计算等。

4. 微型计算机

微型计算机分为台式计算机、笔记本式计算机和平板计算机。自 1971 年美国 Intel 公司成功制造出世界上第一片 4 位微处理器 Intel 4004,并由它组成了第一台微型计算机 MCS-4 以来,微型计算机空前发展,广泛普及。微型计算机特点是体积小、能耗低、价格便宜。微型机的出现使得计算机真正面向全人类，科技服务大众化，也悄然改变着人们的生活方式。

1.1.4 计算机的应用

计算机的特点是运算速度快、运算精度高、存储能力强、具有记忆功能和逻辑判断能力并且通用性好。计算机自身的特点使其得到了广泛应用。计算机最早应用于科学计算和数据处理。但随着计算机技术的发展和普遍，计算机的应用已融入社会生活的方方面面。根据其特点我们将计算机的应用归纳为以下几个方面。

1. 科学计算

科学计算也称为数值计算，指用于完成科学研究和工程技术中提出的数学问题的计算。科学计算是计算机最早的应用，是计算机研发的初衷。随着科技的发展，使得各领域中的计算模型日趋复杂，例如，高阶线性方程的求解、大规模向量的计算、天气预报的卫星云图分析等，人工计算已是望尘莫及了。利用计算机进行数值计算，可以减轻大量烦琐的计算工作，节省人力、物力并提高计算精度。

2. 数据处理

数据处理是指对大量原始数据进行收集、整理、分析、合并、分类、统计等加工过程，也称为信息处理。与科学计算不同，数据处理涉及的数据量大，但计算方法较简单。例如人事管理、图书资料管理、学生成绩管理等。数据处理广泛应用于办公自动化、企业管理、事务管理、情报检索等，已成为计算机应用的一个重要方面。

3. 过程控制

过程控制也称实时控制，是指计算机作为控制部件对单台设备或整个生产过程进行控制。利用计算机实时采集、检测数据，将数据处理后，按最佳值迅速地对控制对象进行控制。过程控制主要应用于冶金、石油、化工、机械、航天等各个领域。利用计算机进行过程控制，不仅提高了控制的及时性和准确性，还可以改善劳动条件、节约能源、降低成本，使产品的性能和劳动生产率大幅提高。

4. 计算机辅助系统

计算机辅助设计(CAD)利用计算机来帮助设计人员进行工程设计。

计算机辅助制造(CAM)是利用计算机进行生产设备的管理、控制和操作的过程。

计算机辅助教学(CAI)是利用计算机来辅助教师和学生进行教学和测验的自动系统。

计算机辅助测试(CAT)利用计算机完成大量而复杂的测试工作。

5. 人工智能

人工智能是指用计算机技术模拟人脑的思维活动，使计算机具有如感知、推理、学习等人类的思维能力。人工智能的研究建立在现代科学的基础之上，将信息处理和人工智能相结合，融合多种边缘学科，力争有所突破。科技工作者研制的各种“机器人”，可在高温、有毒、辐射等各种复杂环境下代替人类工作。人工智能的研究方向主要有模式识别、自然语言处理、机器翻译、智能信息检索以及专家系统等。人工智能是计算机应用研究的前沿学科，也是今后计算机的主要发展方向。

6. 多媒体技术

多媒体技术是指利用计算机技术来存储和处理图、文、声、像等多种形式的自然信息。多媒体技术在广播、出版、医疗、教育等领域广泛应用，例如电子图书、远程医疗、视频会议等。多媒体与网络技术相结合，实现计算机、电视、电话三位一体的网络模式。多媒体技术研究的关键是数据压缩技术。多媒体技术研究的主要内容是多媒体信息的处理与压缩、多媒体数据库技术和多媒体数据通信技术。虚拟现实技术也是多媒体技术具有影响力的发展方向。

7. 计算机网络

计算机网络是利用通信设备和线路将地理位置不同、功能独立的多个计算机系统链接起来，以功能完善的网络软件实现网络资源共享和信息传递的系统。随着Internet的产生与发展，人们对网络的应用日益紧密，如网页浏览、收发邮件、在线聊天、网上购物等都已成为我们生活的重要部分。

1) 电子商务

所谓“电子商务”，是指通过计算机和互联网络进行的商务交易活动。其始于1996年，以其高效率、低支付、高收益及全球化的优点受到人们的广泛重视。世界各地的许多公司都已开始通过互联网进行商业交易，他们通过网络方式与顾客、批发商、供货商等进行相互间的联系，在网络上进行业务往来。2013年11月11日，淘宝网当日交易额达到350亿元人民币，创历史新高。电子商务作为计算机技术与互联网技术结合的最新领域，发展前景广阔。

2) 物联网与云计算

物联网的理念最早由比尔·盖茨在1995年的《未来之路》一书中提出，即“物物互联”的概念。物联网通过智能感知、模式识别与“云计算”等先进技术在网络上的融合与应用，使得世上万物，小到手表钥匙，大到汽车楼房，只要嵌入一个微型感应芯片把它变得智能化，就能实现“物物交流”，这就是物联网。2006年由Google公司首先提出云计算概念，云计算的“云”就是存在于互联网服务器集群上的资源，它包括硬件资源和软件资源。云计算是实现物联网的核心技术，物联网是当代互联网发展的未来，而云计算则是支持物联网发展的重要计算工具。物联网被称为继计算机、互联网之后世界信息产业发展的第三次浪潮。预测物联网将为我们带来上万亿规模的高科技市场。

2009年，美国总统奥巴马就任以后，将新能源和物联网列为振兴经济的两大重点，提出“智慧地球”的理念。2009年8月，温家宝总理在无锡视察时提出“感知中国”的战略构想，物联网被正式列为国家五大新兴战略性产业之一，并写入“政府工作报告”。在物联网时代，每一个物体均可寻址，每一个物体均可通信。无处不网络的物联网时代的来临将会使人们的生活再次发生巨大变革。

1.2 计算机系统构成

完整的计算机系统由硬件系统和软件系统两部分组成。计算机硬件系统是指由各种物理器件组成的计算机实体，是计算机工作的物质基础。软件系统是指管理和控制计算机运行的各种程序和数据的总称，是计算机系统的灵魂。硬件和软件相互结合才能充分发挥计算机系统的功能。计算机系统组成如图 1.4 所示。

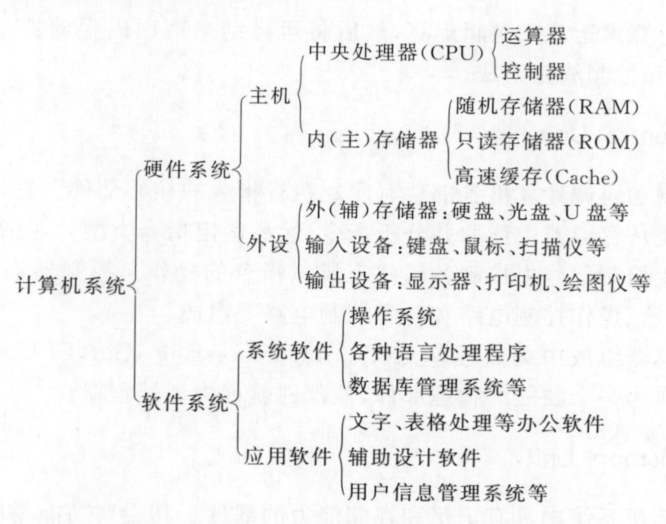

图 1.4 计算机系统组成

1946 年，在计算机的研制过程中，美籍数学家冯·诺依曼提出了一个完整的通用电子计算机体系结构方案，即 EDVAC 方案。该方案指导了计算机的诞生，具有划时代的意义，其基本思想是：

- 计算机由控制器、运算器、存储器、输入和输出设备五部分组成。
- 采用二进制数表示数据和指令。
- 存储程序是计算机的基本工作原理。

计算机诞生至今，已历经四代近 70 年的发展历程，现代计算机系统在性能指标、存储容量、运算速度、应用领域等各方面均发生了革命性的变化，但冯·诺依曼体系结构的基本原理仍然适用。目前大多数计算机仍属于冯·诺依曼体系结构。

1.2.1 计算机硬件系统

根据冯·诺依曼提出的计算机的体系结构，计算机的硬件系统主要由控制器、运算器、存储器、输入和输出设备五部分组成。各部分之间的结构如图 1.5 所示。

1. 运算器(Arithmetic Unit)

运算器是计算机系统中对信息进行加工处理的核心部件。它的主要功能是对取自内存

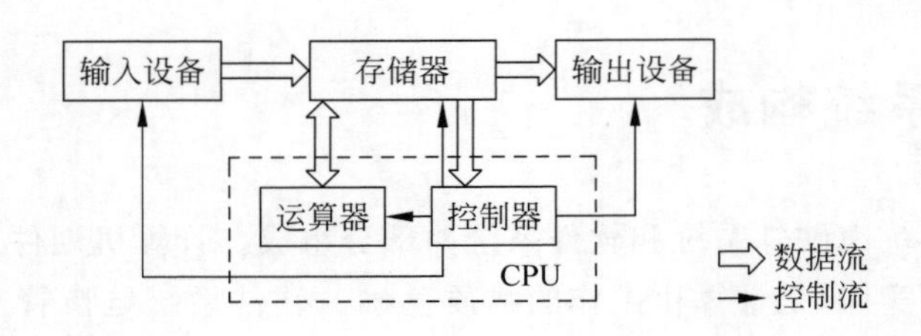

图 1.5 计算机硬件系统结构图

的二进制数码进行算术运算和逻辑运算，然后将运算结果写回内存储器。通常运算器主要由累加器、寄存器和控制线路组成。

2. 控制器(Control Unit)

控制器是控制和协调计算机各部件有序地执行指令的核心部件。它是计算机的指挥中心。其基本功能是从存储器中读取并分析指令，然后确定指令类型并对指令译码，最后根据该指令的功能产生控制信号去控制各部件完成该指令的操作。控制器通常由程序计数器、指令寄存器、译码器、操作控制电路和时序控制电路等组成。

控制器和运算器组成中央处理单元(Central Processing Unit，CPU)。如果将 CPU 集成在一块芯片上作为一个独立的物理部件，该部件就称为微处理器。

3. 存储器(Memory Unit)

存储器是计算机系统中具有记忆和存储能力的部件。其主要功能是保存各类程序和数据信息。存储器通常分为两大类，一类是主存储器，又称内存，其主要功能是存放当前 CPU 要处理的程序和数据，直接与 CPU 进行数据交换。内存储器的特点是工作速度快、容量较小、价格较高；另一类是辅助存储器，又称外存，主要用于存放要长期保存的程序和数据，只在需要时才会调入内存中，间接与 CPU 进行数据交换。外存储器的特点是容量大、价格低、信息可长期保存，但数据存取速度较慢。

4. 输入设备(Input Device)

输入设备是向计算机内存中输入各种信息的设备。其功能是将自然信息转换成计算机可以识别的二进制信息的形式。常用输入设备如键盘、鼠标、扫描仪、数码相机等。

5. 输出设备(Output Device)

输出设备是将计算机处理后的信息转换成用户习惯接受的自然信息形式表示出来的设备。常用的输出设备如显示器、打印机、绘图仪等。

1.2.2 计算机软件系统

一个完整的冯·诺依曼体系结构计算机系统由硬件系统和软件系统两部分组成，两者相辅相成，协同工作。通常计算机软件系统是指计算机上运行的各种程序和相关文档的集合。计算机软件系统的主要作用为：

- 控制和管理硬件资源；
- 提供友好的操作界面；
- 提供专业软件开发环境；
- 完成用户特定应用需求。

计算机软件系统按其用途可分为系统软件和应用软件两大类。其关系如图 1.6 所示。

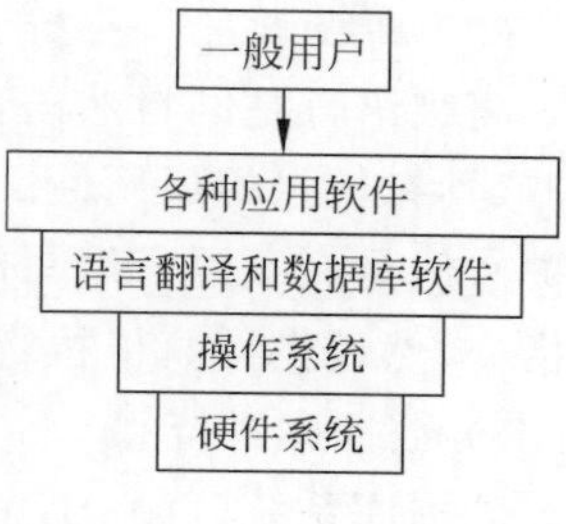

图 1.6 软件和硬件关系

1. 系统软件

系统软件是指控制和协调计算机及其外部设备，支持应用软件开发和运行的软件。一般包括操作系统、语言处理程序、数据库管理系统等。

1）操作系统

操作系统是用来控制、管理和协调计算机系统中所有软硬件资源并为用户提供良好运行环境的系统软件。操作系统是整个计算机软件系统的核心。操作系统种类繁多，但一个完善的操作系统应包括进程管理、存储管理、设备管理和文件管理 4 个基本功能。常见的操作系统有 Windows、Linux、Mac OS 以及大型主机使用的 UNIX 等。

2）语言处理程序

将某种语言编写的源程序翻译成机器语言程序，所有的翻译程序均称为语言处理程序。语言处理程序有两类：解释程序和编译程序。

（1）解释程序。

可将使用某种程序设计语言编写的源程序翻译成为机器语言的目标程序，并且翻译一句，执行一句，直至程序执行完毕。

（2）编译程序。

编译程序可把用高级语言编写的源程序翻译成目标程序。由于目标程序一般不能独立运行，还需要将目标程序和各种标准的库函数连接装配成一个完整的可执行程序（机器语言的程序），计算机才能执行。

3）程序设计语言

程序设计语言是指编写计算机程序所用的语言，是人与计算机之间交互的工具。一般可分为机器语言、汇编语言和高级语言。

（1）机器语言。

机器语言即机器的指令系统，是计算机系统唯一能识别的用二进制代码表示的程序设计语言，是最低级语言。机器语言中的每一条语句（即机器指令）实际是一个二进制形式的指令代码。机器语言随着 CPU 型号的不同而不同。因此，机器语言程序在不同系统之间不通用，故称其为面向机器的语言。机器语言的程序可读性差，不易记忆，编写烦琐且易出错，通常不用机器语言直接编写程序。

（2）汇编语言。

汇编语言是一种面向机器的程序设计语言。汇编语言采用一定的助记符号代替了二进制代码来表示机器语言中的指令和数据，这种替代使得机器语言“符号化”，从而大大提高程序的可读性。汇编语言从属于特定的机型，不同的计算机系统间不通用。用汇编语言编写的源程序不能被计算机识别，需要将其翻译成目标程序（机器指令）才能执行。

(3) 高级语言。

高级语言是同自然语言和数学表达较为接近的计算机程序设计语言。高级语言独立于机器,具有较强的通用性。它更接近人类的语言,因此用高级语言编写的程序易读、易记、易维护。但是高级语言编写的程序计算机不能识别,要将其翻译成计算机能识别的二进制机器指令,然后供计算机执行,目前常用的有 C++、Visual Basic、Java 等。

4) 数据库系统

数据库系统(DataBase System,DBS)由数据库(DB)和数据库管理系统(DBMS)组成。数据库是按一定方式组织起来的相关数据的集合。数据库管理系统是向用户提供管理和处理各类数据的系统软件,是用户与数据库的接口。数据库管理系统一般具有:建立数据库;增、删、修、查等数据维护功能;对检索、排序、统计等使用数据库功能;友好的交互能力;简便的编程语言;提供数据独立性、完整性、安全性的保障。目前广泛使用的数据库软件有 Oracle、SQL Server、Sybase、MySQL、Visual FoxPro、Access 等。

2. 应用软件

应用软件是指用户利用计算机的软硬件资源为某一专门的应用目的而开发的软件。应用软件的种类丰富多样,通常分为通用软件和专用软件两大类。

1) 通用软件

通用软件通常指为解决某类问题而设计的软件,例如,办公自动化软件(Microsoft Word、Excel 等);图像处理软件(PhotoShop、AutoCAD);多媒体应用软件(RealPlayer、Windows Media Player);网络应用软件(IE、QQ 等)。

2) 专用软件

专用软件指用户自己开发的各种应用系统,例如人事、图书、销售管理系统等。

1.2.3 计算机的基本工作原理

计算机能够自动且有序地完成设定任务,是由于在内存储器中输入了可执行的程序。通过控制器将这一条条指令从内存中取出、分析、执行。因此计算机的工作过程就是执行程序指令的过程。

1. 指令

指令就是能被计算机识别并执行的二进制代码,由操作数和操作码两部分构成,它规定了计算机能完成的某个操作。

2. 指令系统

一台计算机所有指令的集合,称为该计算机的指令系统。指令系统反映了计算机的基本功能。不同类型的计算机,由于其硬件系统的结构不同所以指令系统也不相同。例如,为苹果机编写的程序在 IBM-PC 上不能运行,因为 CPU 指令不兼容。

3. 程序

程序是人们为解决某一实际问题而写出的有序的指令集合。指令设计及调试过程称为程序设计。用高级语言编写的程序称为源程序,能被计算机识别并执行的程序称为目标程序。

4. 计算机的工作原理

在冯·诺依曼理论体系中,计算机的工作过程是人们预先编制程序,利用输入设备将程序输入计算机,并且同时转换成二进制代码,计算机在控制器的控制下,从内存中逐条读取程序中的每一指令交给运算器去执行,并将运算结果送回存储器指定的单元中,当所有的运算指令完成后,程序执行结果利用输出设备显示输出。所以计算机的工作原理可以概括为存储程序和控制程序。

计算机的工作过程就是快速的执行指令的过程。当计算机在工作时,有两种信息在执行指令的过程中流动:即数据流和控制流。所谓数据流是指原始数据、中间结果、结果数据、源程序等;所谓控制流是由控制器对指令进行分析、解释后向各部件发出的控制命令,指挥各部件协调地工作。CPU不断地读取指令→分析指令→执行指令→读取下一条指令……,这个周而复始的过程就是程序的执行过程。

计算机结构构成

1.3 微型计算机及其硬件组成

微型计算机是计算机发展史上的又一个里程碑。微型计算机有体积小、质量轻、功耗小、可靠性高、价格低廉、易于批量生产等特点,从诞生之初就备受人们青睐。随着大规模集成电路技术的突破,使得微型计算机迅速普及并深入社会生活的各个领域。

1.3.1 微型计算机概述

1. 微型计算机的产生

1969年,美国Intel公司工程师马歇尔·霍夫(M. E. Hoff)首先提出将计算机整套电路集成在4个芯片上的可编程通用计算机的设想。1971年,意大利人弗金(Fagin)将其实现,这就是一片4位微处理器Intel4004,一片40B的随机存取存储器,一片256B的只读存储器和一片10位的寄存器,它们通过总线连接,组成了世界上第一台4位微处理器的微型计算机——MCS-4。

2. 微型计算机的发展

控制器和运算器组成中央处理单元(CPU),将CPU集成在一块芯片上作为一个独立的物理部件,由于体积大为减小所以称为微处理器。人们习惯上直接把微处理器称为CPU。因此,在微型计算机的发展过程中微处理器也对CPU的发展起着主导作用。

自1971年Intel公司推出了第一款微处理器4004之后,微处理器技术突飞猛进,目前Intel公司占据市场绝对主导地位,引领CPU的发展。因此以Intel CPU为例,按照微处理器技术的发展将微型计算机的发展大致分为6个阶段,如表1.3所示。

表 1.3 微型计算机的发展时代

分　代	年　份	典型芯片	字长	特　点
第一代	1971	4004	4 位	第一个微处理器,主频 1MHz
第二代	1972	8080	8 位	29 万次/秒,地址总线宽度 16 位。主频 4MHz
第三代	1978	8086	16 位	内、外部数据总线宽度 16 位,地址总线 8 位
	1982	80286	16 位	内、外部数据总线都是 16 位,地址总线 24 位
第四代	1985	80386	32 位	内、外部数据总线都是 32 位,多任务处理能力
	1989	80486	32 位	使用 RISC 技术
第五代	1993	Pentium	32 位	内置超级流水线技术浮点运算器
	1997	Pentium Ⅱ	32 位	双重总线,可多重数据交换
	1999	Pentium Ⅲ	32 位	Pentium Ⅱ 加强版,新增 70 条指令
	2000	Pentium 4	32 位	采用 NetBurst 结构,支持超线程技术
第六代	2006	Core2	64 位	双核,基于 Core 微架构
	2008	Core i7	64 位	4 核 8 线程,8MB 三级缓存,Intel Nehalem 微架构
	2009	Core i5	64 位	4 核 4 线程,8MB 三级缓存
	2010	Core i3	64 位	2 核 4 线程,4MB 三级缓存,Intel Westmere 微架构

3. 微型计算机的基本构成

微型计算机的硬件系统结构仍然遵循冯·诺依曼机的基本思想,微型计算机的硬件系统一般由“主机和外部设备”构成。主机机箱外观形式多样但功能基本相同,主要用于封装微机的主要设备,在机箱内装有主板、CPU、内存、硬盘、光盘驱动器、机箱、电源和各种接口卡(适配卡)等部件。机箱面板上,通常有电源开关(Power)和重启开关(Reset),机箱背面有多个专用接口,用于连接如显示器、键盘、鼠标、音箱、打印机等外部设备,微机外观如图 1.7 所示。

图 1.7 微型计算机外观

CPU 和内存是主机的核心部件,CPU 通过总线连接内存构成微型计算机的主机,主机通过接口电路连接上输入输出设备就构成了微机系统的基本硬件结构。

微型计算机采用的是总线(Bus)结构。总线是微机中一组公共信息传输线路,是系统内各部件之间传输信息的公共通道,总线由多条信号线路组成,每条信号线路可以传输二进制信号。例如 32 位的 PCI 总线就意味着有 32 根数据通信线路可以同时传输 32 位二进制信号,微型计算机中总线一般分为内部总线、系统总线和外部总线三种:内部总线是指 CPU 芯片内部的总线。内部总线大多采用单总线结构。系统总线是指主板上连接各部件之间的总线。外部总线是微机和外部设备之间的总线。微型计算机通过该总线和外设进行信息交换。

1.3.2 微型计算机的主机

1. 主板

主板(mainboard)又叫主机板、系统板或母板。主板是微型计算机系统中各种硬件设备的连接载体,主板通过总线实现各部件之间的通信,主板的性能直接影响整个微机系统的性能。

微机主板在结构上主要有AT、ATX、BTX等类型。区别在于主板的尺寸形状、布局排列、电源规格及控制方式等各有不同。常见的主板结构是ATX,而BTX则是Intel公司提出的主板新标准,主要用于解决散热问题。

主板由多层印制电路板和焊接在其上的控制芯片组、CPU插座、内存插槽、扩展插槽、外部接口、BIOS芯片、电源插座等元件构成。微型计算机通过主板将CPU等各种器件和外部设备有机结合,构成一个完整的计算机硬件系统。主板实物如图1.8所示。

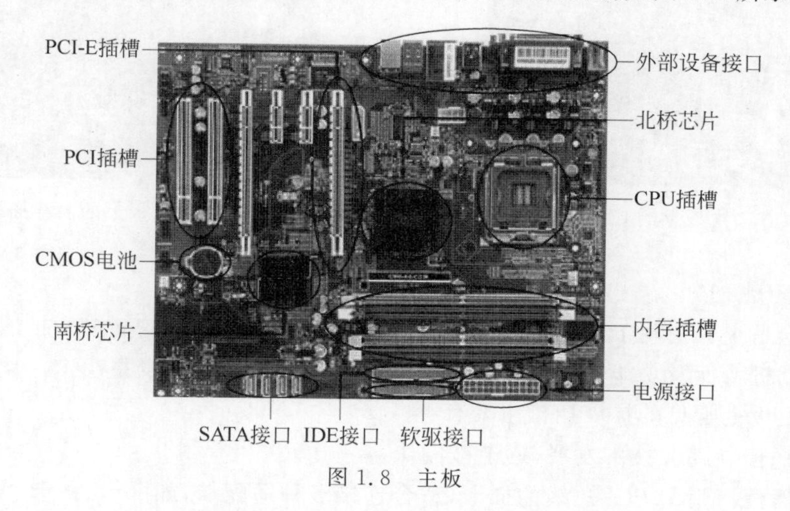

图1.8 主板

1) 芯片组

芯片组(Chipset)是主板的灵魂,由一组固定在主板上的超大规模集成电路构成。它决定了这块主板的功能。按其在主板上位置的不同,通常分为北桥芯片和南桥芯片。

(1) 北桥芯片:主要负责CPU与内存之间的数据交换。一般摆放在主板靠近CPU和内存的地方,由于北桥芯片的发热量比较大,通常在芯片上会装有散热器甚至风扇。北桥芯片对主板起着主导性的作用,也称为主桥。

(2) 南桥芯片:南桥芯片主要负责数据的上传与下送,连接着各种外部设备接口(如声卡、显卡、网卡、SATA和PCI等)。一般摆放在主板中间靠下,接近总线和接口的地方。

芯片组属于计算机核心技术,与CPU关系密切,利润较高。目前只有Intel、AMD、VIA、Sis等少数公司能够生产。

2) CPU插座

CPU需要通过CPU插座与主板连接进行工作。CPU插座大多都是针脚式(Socket)。现在主流的CPU插槽为LGA775插槽和Socket AM2插槽。Intel Core 2系列处理器采用的CPU插槽是LGA775(又称Socket T)。但LGA 775插槽都已无针,插槽与CPU之间以触点形式连接。Intel Core i7处理器使用的插槽是LGA1366,如图1.9所示。

AMD CPU多采用Socket AM2+以及AM3接口。由于Intel的CPU和AMD的CPU采用不同的封装形式,接口不同,因此两者无法通用。

3) 内存插槽

内存插槽是主板上用来安装内存的地方,如图1.10所示。目前应用较多的是DDR4内存，频率是 2666MHz。随着 Windows 7 操作系统广泛应用，DDR4 内存已是主流配置。通常主板上的内存插槽会有 2 或 4 根或 6 根，支持的内存容量一般 4GB 到 32GB。对于支持双通道内存的主板，用不同颜色的插槽加以区分，用户只需将两根相同的内存条插入同一颜色的内存插槽中即可。为防止安装错误，内存插槽与相应类型的内存条之间有对应缺口。

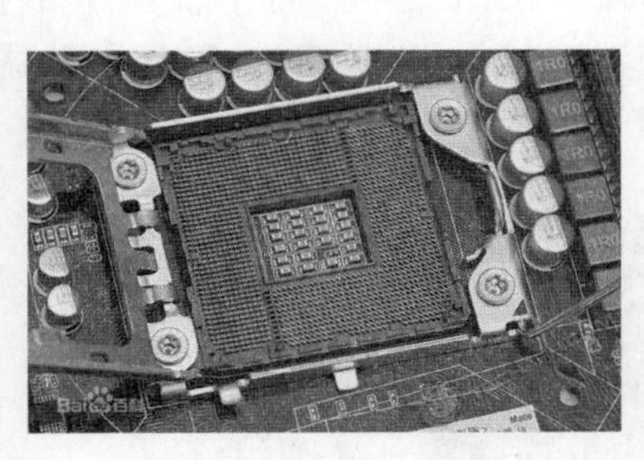

图 1.9　主板上的 CPU 插座

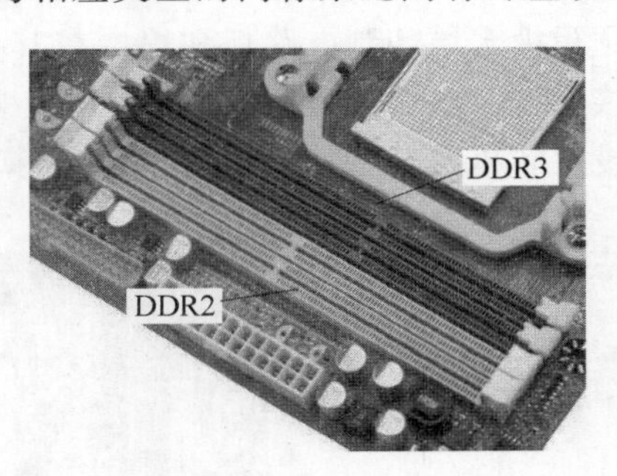

图 1.10　主板上的内存插槽

4）扩展插槽

扩展插槽是主板上用于固定扩展卡并将其连接到系统总线上的插槽。扩展槽是一种添加或增强计算机特性及功能的方法。扩展插槽的种类和数量的多少是决定一块主板好坏的重要指标。主板上常见的扩展插槽主要有：

① ISA 插槽。随着技术发展，逐渐被淘汰。

② PCI 插槽。用于 PCI 总线的插卡，适合连接多种适配卡，如网卡、声卡、Modem 等。

③ PCI-E 插槽。新一代系统总线，设备可实现点对点串行连接。常用连接显卡。

④ AGP 插槽。加速图像端口，专门用于插 AGP 显卡。

⑤ AMR 插槽。适合连接多种声卡、调制解调器插卡。

5）BIOS 芯片

BIOS(Basic Input Output System，基本输入输出系统）是被“固化”到微机主板内存芯片上的一组程序，里面存放着能够让主板识别各硬件设备的基本输入输出程序。BIOS 芯片(见图 1.11)从外观上看，是一个方块状的存储器，BIOS 芯片是只读存储器，所以称为 ROM-BIOS。BIOS 是面向硬件的底层程序，它的功能主要有开机自检、硬件驱动以及引导进入操作系统。

6）CMOS 芯片

CMOS (Complementary Metal Oxide Semiconductor，互补金属氧化物半导体）是微机主板上的一块可读/写的存储芯片 RAM，称为 CMOS-RAM。CMOS 芯片由主板上的一块纽扣锂电池供电，以保证关机后 CMOS 的信息不会丢失，CMOS 中保存的是当前系统的硬件配置信息，例如系统时间、驱动盘顺序、硬盘格式、内存容量等重要信息，所以对 CMOS 中各参数的设定要通过专门的程序，在开机时通过按下 DEL 键，进入 CMOS 设置环境。初学者请慎用。

主板对于计算机的性能来说影响重大，选择主板的原则应该是工作稳定、兼容性好、功能完善、扩充能力强。目前市场认可度较高的品牌是华硕(ASUS)、微星(MSI)、技嘉(GIGABYTE)等，其中，华硕(ASUS)是全球第一大主板制造商。

2. CPU

CPU 主要由运算器、控制器、寄存器组、高速缓存和内部总线等构成，是计算机的核心部件。CPU 是一个体积较小但集成度超高、功能强大的芯片，它的性能决定了整个微型计算机系统的性能。CPU 外观如图 1.12 所示。

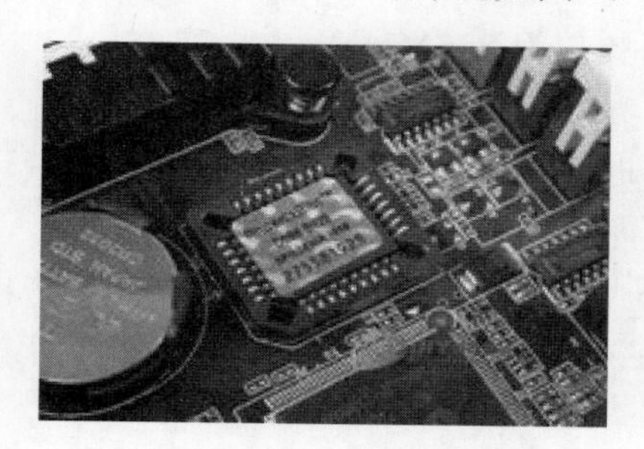

图 1.11 主板上 BIOS 芯片

图 1.12 CPU

CPU 始终围绕着速度和兼容性两个目标进行设计。反映 CPU 技术性能的指标很多，例如系统结构、指令系统、字长、主频、高速缓存容量、线路带宽、工作电压、制造工艺、封装形式、插座类型等，其中最为重要的是字长、主频和缓存，这也是在选购和配置 CPU 时应主要关注的。

1) CPU 字长

CPU 字长指内部寄存器在单位时间内一次处理的二进制数的位数。它反映了 CPU 的寄存器和数据总线的数据位数。例如字长是 64 位的计算机，可同时处理的数据为 8 字节。

2) CPU 主频

主频是指 CPU 的工作频率，表示 CPU 在单位时间内执行的指令数，单位是 MHz。外频指的是 CPU 以及整个计算机系统的基准频率，又称系统总线频率，单位是 MHz。倍频则是指外频与主频相差的倍数。三者之间的关系是：主频＝外频×倍频。

3) FSB

前端总线频率(Front Side Bus，FSB)是指 CPU 和主板的北桥芯片间的总线速度，表示 CPU 和外界数据传输的速度。FSB 也可以看作是 CPU 与内存之间的数据传输速度。

4) 高速缓冲存储器

高速缓冲存储器(Cache)，简称高速缓存。由于内存和 CPU 的运行速度存在较大差异，为了协调两者之间的速度差异(解决“瓶颈”问题)，提高整个系统效率，在 CPU 中内置了一级高速缓存 L1 和二级高速缓存 L2。酷睿 2 之后为了进一步提高速度，增设了三级高速缓存 L3。一级缓存的容量 32～256KB，二级缓存容量 256KB～1MB，高的可达 2MB 到 4MB。

Intel 公司占市场主导地位。Intel 早期的 CPU 采用的是 NetBurst 架构，在 Pentium 4 之后高热量和高能耗制约其发展，于是 Intel 适时研发推出了全新架构的“酷睿”处理器，实现了真正的双核处理器，从而大幅提升 CPU 效率。2008 年 Intel 推出 Core i7，采用 Intel Nehalem 架构是一款原生四核处理器，拥有 8MB 三级缓存，支持三通道 DDR3 内存，LGA 1366 封装设计，支持第二代超线程技术，即 8 线程运行。之后推出酷睿 i5 原生 4 核 4 线程基于 Intel Nehalem 微架构。2010 年推出酷睿 i3 双核 4 线程基于 Intel Westmere 微架构。在 Intel 的 CPU 产品中,酷睿 i3 双核 4 线程属于中端 CPU,酷睿 i5 原生四核 CPU 定位中高端。

我国正在研发的具有自主知识产权的 CPU"龙芯",外观如图 1.13 所示。龙芯是中国科学院计算所自主研发的通用 CPU。其发展过程如下:

- 2002 年 8 月,龙芯 1 号 首片 X1A50 流片成功,频率为 266MHz。
- 2003 年 10 月,龙芯 2 号 首片 MZD110 流片成功,频率最高为 1GHz。
- 2006 年 9 月,龙芯 2E 研制成功,其综合性能接近 Intel Pentium Ⅲ水平。
- 2007 年 7 月,龙芯 2F(代号 PLA80)流片成功,龙芯 2F 为龙芯第一款产品芯片。
- 2009 年 9 月,我国首款 4 核 CPU 龙芯 3A(代号 PRC60)流片成功。龙芯 3A 是中国第一个自主知识产权的 4 核 CPU,主频 1GHz。产品定位服务器和高性能计算机应用。

龙芯 3B 是首款国产商用 8 核处理器,主频 1GHz,支持向量运算加速,峰值计算能力达到 128GFLOPS。龙芯 3B 也主要用于高性能计算机和服务器领域。

3. 内存储器

内存储器简称内存,一般由半导体器件构成。根据功能不同,可分为随机存储器(RAM)和只读存储器(ROM)。内存条外观如图 1.14 所示。

图 1.13 龙芯

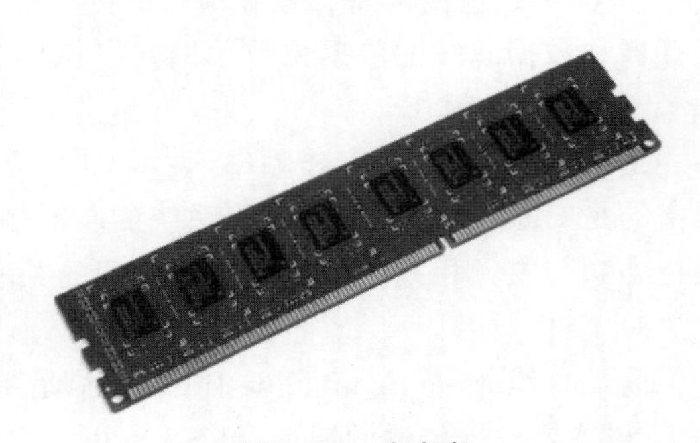

图 1.14 内存条

1) 只读存储器(Read-Only Memory,ROM)

用户只能进行读操作的存储器,即只能从其中读出内容,不能修改,断电后其内容也不会消失。常用来存放那些固定不变的、控制计算机系统的专用程序,例如主板 BIOS。

2) 随机存储器(Random Access Memory,RAM)

随机存储器又称读写存储器,用于存放临时数据。RAM 中的内容可随时按地址进行存取。因为 RAM 中的信息是由电路的状态表示的,所以断电后,数据会立即丢失。

(1) 静态随机存储器(Static RAM,SRAM)集成度低、价格高,但存取速度快。一般用做高速缓冲存储器。

(2) 动态随机存储器(Dynamic RAM,DRAM)需要刷新,集成度高、价格便宜。所以现在微机内存均采用 DRAM 芯片安装在专用电路板上,做成内存条。

3）内存条的技术指标

微机系统的内存储器是将多个储器芯片并列焊在一块长方形电路板上，构成内存组，称其为内存条，通过主板的内存插槽接入微机系统。

(1) 内存地址。整个内存被分为若干个存储单元，每个存储单元具有一个唯一的编号标识即内存地址。CPU 通过内存地址找到存储单元，完成对存储单元内存放的数据的读写操作。就如同旅馆通过唯一的房间号才能找到该房间里的人一样。

(2) 内存容量。存储器能存储的字节数。计算机内存中使用的是二进制数，其中每个二进制数称为一个位(bit，比特)，每 8 位二进制数存放在一个存储单元内，称为一个字节(Byte，简写为 B)。内存容量以字节为单位。其中：

1Byte＝8bit(其中 $1024=2^{10}$)

1KB＝1024B＝2^{10} 字节

1MB＝1024KB＝2^{20} 字节

1GB＝1024MB＝2^{30} 字节

1TB＝1024GB＝2^{40} 字节

1PB＝1024TB＝2^{50} 字节

1EB＝1024PB＝2^{60} 字节

(3) 工作频率。内存工作频率越高，其传输带宽就越大，计算机性能也就越高。

2012 年以来，内存技术进入 DDR4 时代，起步频率降至 1.2V，频率为 2133MHz，次年进一步将电压降至 1.0V，频率则实现 2667MHz。目前 8GB、16GB 内存已成为主流配置。对于当前的 Windows 7 操作系统，要求内存一般都在 2GB 以上，主流容量一般在 4GB 以上，最高可达 32GB。内存作为计算机重要的配件之一，其容量大小直接关系到整个系统的性能。目前主要内存生产商为金士顿、三星等。

4. 系统总线

系统总线是指主板上连接微机各功能部件之间的总线，是微机系统中最重要的总线，通常采用三总线结构。根据传输信息不同，系统总线可分为地址总线(Address Bus，AB)、数据总线(Data Bus，DB)和控制总线(Control Bus，CB)，如图 1.15 所示。

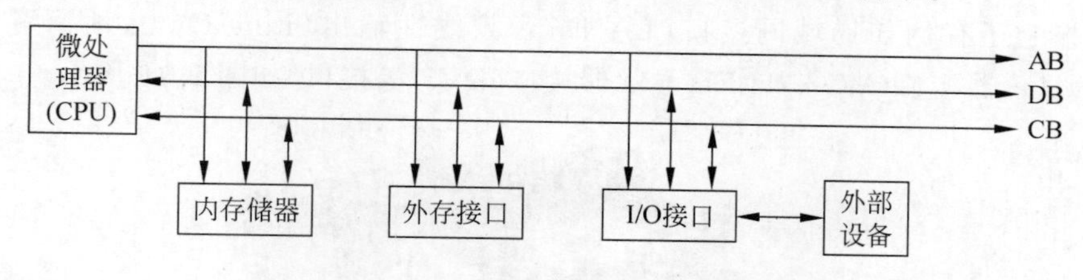

图 1.15　微型计算机三总线结构

(1) AB：用于传送 CPU 要访问的存储单元和要访问的外设接口的地址信息。地址总线是单向总线，其位数决定了 CPU 可直接寻址的内存空间大小。

(2) DB：用于传送 CPU 与存储器和 I/O 接口之间的数据信息，是双向总线。数据总线的位数通常与 CPU 字长一致，是微机的一个重要性能指标。

(3) CB：用于传送 CPU 各种控制信号。控制总线是双向总线。控制总线的位数由系统的实际需要确定。

(4) 总线的性能通过总线宽度和总线频率来描述。

① 总线宽度为一次并行传输的二进制位数。例如,32 位总线一次能传送 32 位数据,64 位总线一次能传送 64 位数据。微机中总线的宽度有 8 位、16 位、32 位、64 位等。

② 总线频率则用来描述总线的速度,常见的总线频率有 32MHz、66MHz、100MHz、133MHz、200MHz、400MHz、800MHz、1066MHz 等。

在微型计算机中采用总线结构,可以减少传送信息的线路数目,易于添加外部设备,目前总线发展已经标准化,常见的总线标准有 PCI 总线、USB 总线和 AGP 总线等。

5. 外部接口

外部接口(I/O 接口)也叫端口,是外部设备与 CPU 之间的连接槽。外部接口主要解决高速的主机与低速的外部设备之间的速度匹配问题。外部接口具有设备选择、信号转换等功能以保证外部设备与 CPU 协调工作。常用的外部接口主要有:

(1) PS/2 接口。功能比较单一,仅用于连接键盘和鼠标。将被 USB 接口所取代。

(2) 串口。一次传输一个二进制位。大多数主板提供两个 COM 口,即 COM1 和 COM2。用于连接串行鼠标和外置 Modem 等设备。

(3) 并口。一次传输 8 个二进制位。一般用来连接打印机或扫描仪,将被 USB 接口取代。

(4) USB 接口。USB(Universal Serial Bus,通用串行总线)是一种新型接口技术。1995 年提出,并随着 Windows 98 中内置的 USB 接口支持模块得到广泛应用。USB 接口本身优势明显,第一体积小、质量轻、易携带;第二支持“热拔插”,真正做到了即插即用;第三标准统一,易于推广普及。USB 已经逐步成为微型计算机的标准接口。USB 2.0 标准现已广泛应用,其最高传输速率可达 480Mb/s。USB 3.0 已在主板中普及。

(5) SATA 接口。SATA(Serial Advanced Technology Attachment,串行高级技术附件)是由 Intel、IBM、Dell、APT、Maxtor 和 Seagate 公司共同提出的硬盘接口规范。SATA 接口是连接硬盘和光驱的串行技术接口。它体积很小,速度快,连接方便。目前主流的 SATA 3.0Gb/s,接口的数据带宽可达 300MB/s,而最新的 SATA 6.0Gb/s 的数据带宽可高达 600MB/s。

通常主板上还有例如局域网接口(LAN)、音频线性输出(Line Out)、话筒音频输入(Mic)、CRT 显示器接口(VGA)、LED 显示器接口(DVI)等接口,如图 1.16 所示。

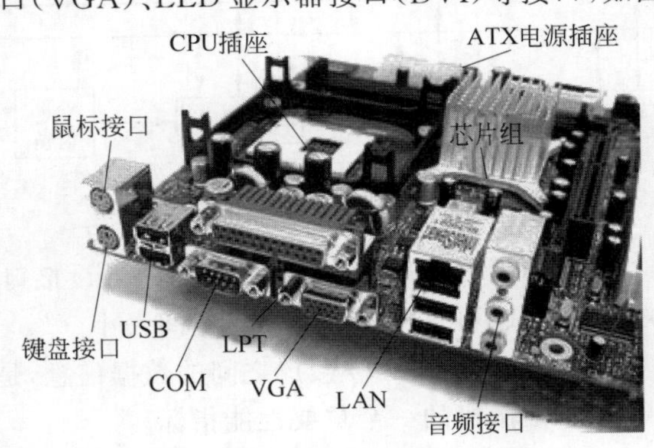

图 1.16　外部接口

1.3.3　微型计算机的外设

1. 外存储器

外存储器简称外存。外存属于外部设备,它既可以是输入设备又可以是输出设备。外存大多采用磁性、半导体和光学材料制成。外存是内存的补充,与内存相比,其特点是存储容量大、成本低、断电后也可以永久地保存信息,但其存储速度较慢,只能与内存交换信息,不能被CPU直接访问。常用的外存储器主要有硬盘、光盘、移动硬盘、U盘等。它们和内存一样,存储容量也是以字节(Byte)为基本单位。

1）硬盘

硬盘是由涂有磁性材料的铝合金圆盘封装而成,每个硬盘都由若干磁性圆盘组成。其外观如图1.17所示。它的特点是存储容量大、工作速度快。硬盘的主要指标如下。

容量：以GB为单位。主要是512GB、1TB、2TB。

转速：指硬盘内电机主轴转动速度。主流硬盘转速为5400或7200转/分。

缓存：指硬盘内部的高速缓冲存储器。

缓存接口类型：串行SATA接口。目前硬盘大多是SATA接口的。

目前主要的硬盘生产商为希捷(酷鱼)、迈拓、西部数据、三星等。

2）光盘与光盘驱动器

光盘是一种大容量的存储器,它具有体积小、容量大、可靠性高、保存能时间长、价格低和便于携带及储藏等特点。光盘分为CD光盘和DVD光盘。

(1) 光盘主要有三类：

① 只读光盘(CD-ROM,DVD-ROM)。数据采用专用设备一次写入光盘,之后数据只能读出不能写入。CD-ROM存储容量为650MB,DVD-ROM存储容量可达到4.3～17GB。

② 一次性写入光盘(CD-R,DVD-R)。利用光盘刻录机将数据一次性写入后不能修改。

③ 可擦写光盘(CD-RW,DVD-RW)。利用光盘刻录机将数据写入光盘,可以反复修改,但需要专用软件的支持,关盘本身价格也较高。

(2) 光盘驱动器

光盘驱动器简称光驱,是专门用于读取光盘中的数据的设备。其外观如图1.18所示。光驱由激光头、电路系统、光驱传动系统、光头寻道定位系统和控制电路等组成。激光头是

图1.17　硬盘

图1.18　光驱

光驱的核心部件。光驱就是利用激光头产生的激光扫描光盘的表面,从而读出 0 或 1 的数据。随着多媒体技术的发展,以及越来越多的软件刻录在光盘上,光驱成为计算机不可缺少的设备。光驱读取数据的速度有 36 倍速、52 倍速及更高的倍速。另外,还有用于写入数据的 CD 刻录机、DVD 刻录机等光盘设备。

3) U 盘

U 盘又称为 USB 闪存(Flash Memory)盘,是一种采用快闪存储介质,通过串行总线接口(USB 接口)与计算机主机相连的可移动存储的设备。其外观如图 1.19 所示。由于 U 盘不需要专门的读写设备,无须安装驱动程序和额外电源,即插即用,并且可以反复读写,而且其体积小、容量大,越来越受到用户的青睐。由 Intel 公司提出的 USB 3.0 是最新的 USB 规范,其特点是传输的速率快,USB 3.0 的传输速度为 4.8Gb/s 是 USB 2.0 的近 10 倍。常用 U 盘的容量有 32GB、64GB、128GB 和 256GB 等。

4) 移动硬盘

移动硬盘(Mobile Hard Disk)也是一种新型的移动存储器,其外观如图 1.20 所示。移动硬盘多采用 USB、IEEE 1394 等传输速度比较快的接口,可以较高的速度与系统进行数据传输。移动硬盘特点是存储容量大,存储成本较低,而且携带比较方便,广泛应用。主流 2.5 英寸品牌移动硬盘的读取速度约为 15～25MB/s,写入速度约为 8～15MB/s。随着技术的发展,移动硬盘容量将越来越大,体积也会越来越小。目前市场上的移动硬盘能提供 640GB、900GB、1000GB(1TB)、1.5TB、2TB、2.5TB、3TB、3.5TB、4TB 等容量,最高可达 12TB。

图 1.19 U 盘

图 1.20 移动硬盘

2. 输入设备

输入设备是指能把外界信息转换成二进制形式的数据存到计算机中的设备。输入设备种类繁多,常用的有键盘、鼠标、扫描仪、光笔、数字化仪、触摸屏、数码相机等。

1) 键盘

键盘是计算机最常用的输入设备。用户的各种命令、程序和数据都可以通过键盘输入计算机中,常规的键盘有机械式按键和电容式按键两种。微机上常用的键盘有 101 键、102 键和 104 键。键盘接口多为 USB 接口。主要产品有罗技、技嘉、双飞燕、三星等。

2) 鼠标

鼠标是取代传统键盘的鼠标移动键,可使光标移动定位更加方便、准确地输入装置。它是一般窗口软件和绘图软件的首选输入设备。按键数分类,鼠标可以分为传统双键鼠标、三键鼠标和新型多键鼠标;按内部结构分类,鼠标可以分为机械鼠标、光学鼠标和光学机械鼠标,按连接方式分类,鼠标可以分为有线鼠标和无线鼠标。

3）扫描仪

扫描仪是一种捕获图像并将之转换为计算机可以处理的数字化输入设备，如图1.21所示。这里所说的图像是指照片、文本页面、图画等，甚至诸如硬币或纺织品等三维对象也可以作为扫描对象。常用的有滚筒式扫描仪、平面扫描仪、笔式扫描仪、便携式扫描仪、馈纸式扫描仪、胶片扫描仪、底片扫描仪和名片扫描仪等。主要品牌有佳能、爱普生等。

4）触摸屏

触摸屏可以让用户只用手指触碰计算机显示屏上的图形或文字就能实现对主机操作，如图1.22所示。触摸屏技术是一种新型人机交互方式，它将输入输出集中到一个设备上，因而简化了交互过程。配合识别软件还可以实现手写输入。常用触摸屏显示器可分为电容式和电阻式两种。触摸屏技术在智能手机、平板电脑以及公共场所（如机场、车站）的展示、查询中广泛应用。未来随着Windows 10的到来，触摸屏技术将日趋普及。

图1.21 扫描仪

图1.22 触摸屏

3. 输出设备

输出设备用于将存放在内存中由计算机处理的结果转变为人们所能接受的信息形式。常用的输出设备有显示器、打印机、绘图仪等。

1）显示器

显示器是微型计算机不可缺少的输出设备，用于显示输出程序的运行结果。常见的主要有CRT显示器、液晶（LCD）显示器、LED显示器和等离子显示器（PDP）等几大类。LCD显示器的特点是轻薄、省电、辐射小，其外观如图1.23所示。近年来LCD显示器发展最快，各种技术指标大幅提高，分辨率很高，是当前台式机和笔记本电脑的基本配置。显示器通常尺寸为19英寸、22英寸或24英寸等。目前显示器的品牌主要有三星、飞利浦、优派、明基等。

2）打印机

打印机是计算机的基本输出设备。打印机的种类很多，如标签打印机、票据打印机、各种便携式打印机等。目前常见的有点阵打印机、喷墨打印机和激光打印机三种。

（1）点阵打印机。

点阵打印机又称针式打印机。打印头上的针排成一列，打印头在纸上平行移动，这类打印机主要耗材为色带，

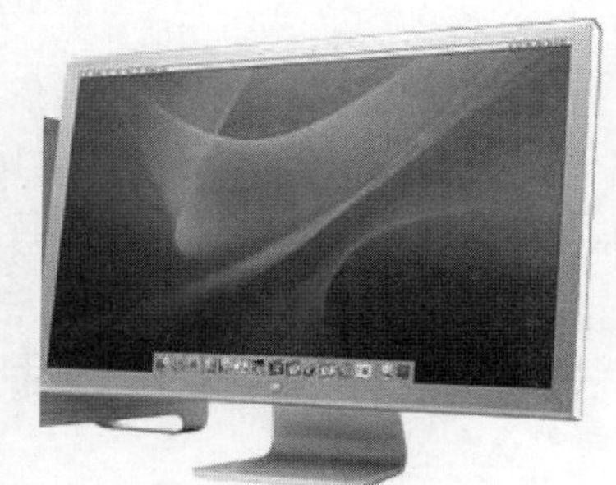

图1.23 LCD显示器

价格便宜但噪声大、速度慢、打印质量粗糙，已逐渐被淘汰。

(2) 喷墨打印机。

喷墨打印机利用喷墨管将墨水喷射到打印纸上，实现字符和图形输出。喷墨打印机机速度快，质量好，噪声也小但喷墨打印机的价格较高。主要耗材为墨盒，费用较高。

(3) 激光打印机。

激光打印机可以分为黑白激光和彩色激光打印机两大类。黑白激光打印机速度快，噪声小，主要耗材为硒鼓，价格贵但耐用。从单页的打印成本等方面综合考量，黑白激光打印机具有绝对优势是商务办公的首选。彩色激光打印机目前处于高端价格且耗材也比较昂贵。其外观如图 1.24 所示。对于激光打印机主要技术指标主要有打印速度、打印分辨率和硒鼓寿命。目前，市场上的品牌主要有佳能、惠普、三星、爱普生等。

(4) 3D 打印机。

3D 打印技术是一种以数字模型文件为基础，运用粉末状金属或塑料等可黏合材料，通过逐层打印的方式来构造物体的技术。其外观如图 1.25 所示。目前 3D 打印技术能够实现 600dpi 分辨率，每层厚度 0.01mm，色彩深度高达 24 位。如今人们把这一技术用来制造服装、建筑模型、汽车、巧克力甜品等。3D 打印技术的魅力在于它不需要在工厂操作，也无须机械或模具，能够直接从计算机图形数据中生成任何形状的零件，从而缩短产品的研制周期，提高效率和降低成本。目前，3D 打印技术尚未成熟，材料特定，造价高昂，打印出来的东西还都处于模型阶段，但 3D 打印技术将会进入我们未来的生活。

图 1.24　激光打印

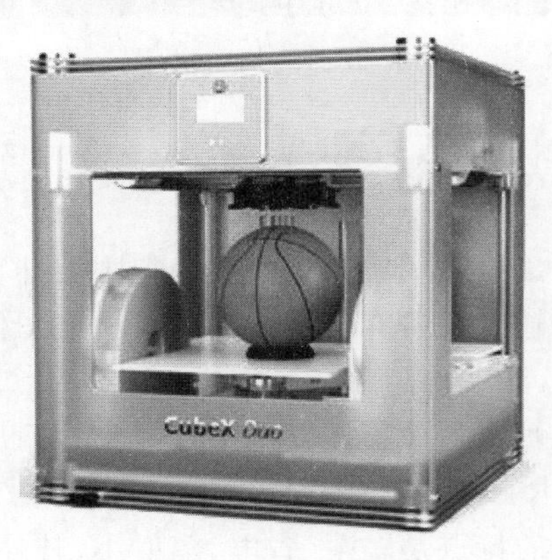

图 1.25　3D 打印机

3) 绘图仪

绘图仪是将计算机的输出信息绘制成图形的输出设备，可输出各类工程设计图纸的设备。一般可分为两类，即笔式绘图仪和非笔式绘图仪。笔式绘图仪又分为平板式绘图仪、滚轴式绘图仪和转筒式绘图仪。目前生产绘图仪厂家主要有惠普、佳能、爱普生等。

1.4 计算机中的数制与编码

人类在改造自然的劳动中产生了计数的需求，进而出现了计数制。生活中人们常用十进制，简单方便。但实际上存在着各种进制，例如中国古法“天干地支”记年中 60 年为一甲子，即为六十进制；一年的12个月是十二进制；再如鞋、袜、筷子则是二进制等。可见，采用什么数制取决于人们解决问题的实际需要。

1.4.1 进位计数制

数制又称为计数制，是指用一组固定符号和一套统一规则来表示数值大小的方法。通常数制又可分为非进位计数制和进位计数制两大类。非进位计数制，例如罗马数字。这里我们要研究的是进位计数制。

1. 进位计数制

所谓进位计数制是指按照进位的原则进行计数的方法。进位计数制有三个要素：基数、数位和位权。

1）基数

基数是指进位计数制中所使用数码的个数，记作R。

例如，在十进制中有10个不同数码：0，1，2，3，4，5，6，7，8，9，基数为10，记作$R=10$；在二进制中只有0和1两个数码，基数为2，记作$R=2$。

2）数位

数位是指数码在一个数中所处的位置，记作i。对于一个数$a_{n-1}a_{n-2}\cdots a_2a_1a_0.a_{-1}a_{-2}\cdots a_{-m}$，其中，$a_i(i=n-1,\cdots,1,0,-1,\cdots,-m)$。

例如，在十进制数中常讲的个位、十位、百位、千位……，即$i=0$、1、2、3…，十分位、百分位、千分位……，即$i=-1$、-2、-3…。数位以小数点为基准进行确定。

3）位权

位权是每个数位上的数字所表示的数值大小等于该数字乘以一个与数字所在位置有关的常数，这个常数就是位权。位权的大小等于以基数R为底、数位序号i为指数的整数次幂的值，记作R^i。

例如，对于一个数123，若将其视为十进制数时，1所在位的位权是10^2，2所在位的位权是10^1，3所在位的位权是10^0；若将其视为八进制数时，1所在位的位权是8^2，2所在位的位权是8^1，3所在位的位权是8^0。

4）位权展开式

进位计数制中，对于任意数制的数都可以采用其位权展开式来表示。根据位权的定义，某位数的数值大小等于该数位的数码乘以位权。因此，对于任意一个R进制数S，都可以表示为按其位权展开的多项式之和：

$$(S)_R=a_{n-1}\times R^{n-1}+\cdots+a_1\times R^1+a_0\times R^0+a_{-1}\times R^{-1}\cdots+a_{-m}\times R^{-m}$$

2. 数制的表示方法

数制的表示方法包括下标表示法和后缀表示法。

(1)下标表示法。例如，$(2345)_{10}$、$(1010)_2$、$(367)_8$、$(2AB)_{16}$。

(2) 后缀表示法。例如，2345D、1010B、367Q、2ABH。

3. 常用的进位计数制

1）十进制(Decimal)

十进制数制，基数$R=10$，有0、1、2、3、4、5、6、7、8、9十个基本数码。各位的位权R^i是以 10 为底的幂（即 10^i）。表示为 $(123.45)_{10}$ 或 123.45D。其特点是“逢十进一”，位权展开式如：

$$(123.45)_{10}=1\times10^2+2\times10^1+3\times10^0+4\times10^{-1}+5\times10^{-2}$$

2）二进制(Binary)

二进制数制，基数 R=2，有 0、1 两个基本数码。各位的位权 R^i 是以 2 为底的幂（即 2^i）。表示为 $(1010)_2$ 或 1010B。其特点是“逢二进一”，位权展开式如：

$$(1010.101)_2=1\times2^3+0\times2^2+1\times2^1+0\times2^0+1\times2^{-1}+0\times2^{-2}+1\times2^{-3}$$

3）八进制(Octal)

八进制数制，基数 R=8，有 0、1、2、3、4、5、6、7 八个基本数码，各位的位权 R^i 是以 8 为底的幂（即 8^i）。表示为 $(367.45)_8$ 或 367.45Q。其特点是“逢八进一”，位权展开式如：

$$(367.45)_8=3\times8^2+6\times8^1+7\times8^0+4\times8^{-1}+5\times8^{-2}$$

4）十六进制(Hexadecimal)

十六进制数制，基数 R=16，有 0、1、2、3、4、5、6、7、8、9、A、B、C、D、E、F 十六个基本数码，其中 A～F 分别对应十进制数 10～15。各位的位权 R^i 是以 16 为底的幂（即 16^i）。表示为 $(2AB.9F)_{16}$ 或 2AB.9FH。其特点是“逢十六进一”，位权展开式如：

$$(2AB.9F)_{16}=2\times16^2+10\times16^1+11\times16^0+9\times16^{-1}+15\times16^{-2}$$

1.4.2 计算机的二进制

自然界的信息纷繁复杂，表现形式多样，例如文字、图形、图像、声音等。各种信息均以数据形式输入计算机，然而计算机在其设计诞生之初就采用二进制数来表示、存储和处理数据。

1. 计算机与二进制

计算机之所以要采用二进制是由二进制自身的特性所决定的。其主要优点如下。

(1) 物理可行。有两种稳定状态的物理器件容易实现，例如电压的高低，开关的开闭，晶体管的导通与截止等，这恰好可用二进制的“0”和“1”来表示。

(2) 运算简单。二进制加法和乘法规则各有 3 条。所以简化了运算器等物理器件的设计，进而有利于提高运算速度。

(3) 可靠性高。二进制只有 0 和 1 两个数码，数码少电信号状态分明，传输和处理时不易出错，抗干扰能力强，可靠性高。

(4) 逻辑适合。二进制的“1”和“0”正好与逻辑值“真”和“假”相对应，因此采用二进制进行逻辑判断简单方便很适合。

(5) 转换方便。计算机使用二进制，人们习惯于使用十进制。二进制与十进制间的转换简单方便，有利于人机信息交互。

2. 二进制的算术运算

(1) 二进制加法的运算规则：0+0=0；0+1=1；1+0=1；1+1=0(进位为 1)。

(2) 二进制减法的运算规则：0−0=0；1−0=1；1−1=0；0−1=1(有借位时，借 1 当 2)。

(3) 二进制乘法的运算规则：0×0=0；0×1=0；1×0=0；1×1=1。

(4) 二进制除法的运算规则：0÷1=0；1÷1=1；而0÷0和1÷0均无意义。

例1.1　计算$(10010011)_2+(01010010)_2$和$(10010010)_2-(01010011)_2$的值。

```
 10010011 ←被加数        10010010 ←被减数
+01010010 ←加数         -01010011 ←减数
 11100101 ←和            01111111 ←差
```

例1.2　计算$(1101)_2\times(1010)_2$和$(10111011)_2\div(1011)_2$的值。

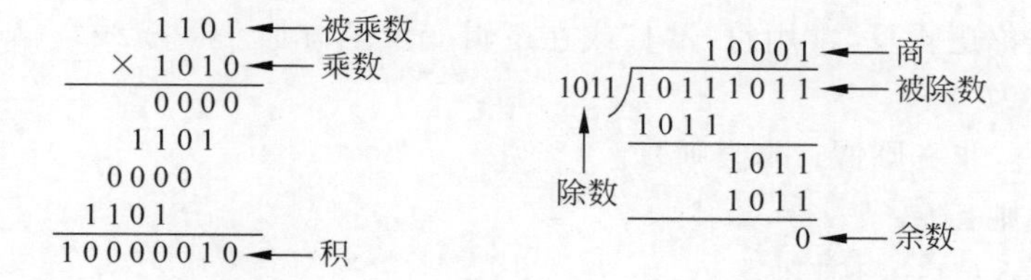

3. 二进制的逻辑运算

计算机使用的是逻辑电路，它利用逻辑规则进行各种逻辑判断，因此，逻辑运算是计算机运算的重要组成部分。逻辑代数又称布尔代数，事件之间的逻辑关系通过逻辑变量和逻辑运算来表示。

(1) 逻辑变量。具有相互对立的两种变量值的变量称为逻辑变量。例如“真”和“假”，“是”和“非”，“有”和“无”等。

(2) 逻辑运算。逻辑代数的研究内容，是一种研究因果关系的运算。其运算结果不表示数值的大小，而是表示一种二元逻辑值：真(True)或假(False)。逻辑运算按位进行，各位之间互相独立，位与位之间不存在进位和借位的关系。

(3) 计算机中的逻辑运算以二进制数为基础，二进制数码“1”和“0”分别表示成逻辑变量的“真”和“假”。常用的二进制逻辑运算包括：“与”“或”“非”“异或”。

① 逻辑“或”运算

逻辑“或”又称逻辑加，常用符号“+”或“∪”表示。

逻辑关系：一真为真，全假为假。

逻辑运算规则：0+0=0；0+1=1；1+0=1；1+1=1。

例1.3　设X=11001011，Y=10100110，求X∪Y。

解：

```
   1 1 0 0 1 0 1 1
∪) 1 0 1 0 0 1 1 0
-------------------
   1 1 1 0 1 1 1 1
```

所以，X∪Y=11101111。

② 逻辑“与”运算

逻辑“与”又称逻辑乘，常用符号“×”“∩”表示。

逻辑关系：一假为假，全真为真。

逻辑运算规则：0×0=0；0×1=0；1×0=0；1×1=1。

例 1.4 设 X=11001011,Y=10100110,求 X⋂Y。

解:

$$\begin{array}{r} 11001011 \\ \cap)\ 10100110 \\ \hline 10000010 \end{array}$$

所以,X⋂Y=10000010。

③ 逻辑“非”运算

逻辑“非”又称逻辑反,常用符号“!”或在逻辑变量上方加一条横线“—”来表示,即 A 的非运算可以表示为 $\overline{A}$。

逻辑关系是:非真则假;非假则真。

逻辑运算规则:$\overline{0}=1$;$\overline{1}=0$。

例 1.5 设 A=11001011,求 $\overline{A}$。

解:$\overline{A}$=00110100

④ 逻辑“异或”运算

逻辑异或常用“⊕”来表示。

逻辑关系是:相异为真;相同为假。

逻辑运算规则:0⊕0=0;0⊕1=1;1⊕0=1;1⊕1=0。

例 1.6 设 X=10010101,Y=00001111,求 X⊕Y。

解:

$$\begin{array}{r} 10010101 \\ \oplus\ \ 00001111 \\ \hline 10011010 \end{array}$$

所以,X⊕Y=10011010。

1.4.3 数制转换

1. R进制(非十进制)数转换为十进制数

转换方法:将需要转换的 R 进制数按权展开,然后将展开式求和即可。

例 1.7 分别将$(11010)_2$、$(1011.101)_2$、$(234.4)_8$、$(2FE.8)_{16}$转换成十进制数。

$$(11010)_2=1\times2^4+1\times2^3+0\times2^2+1\times2^1+0\times2^0=(26)_{10}$$

$$(1011.101)_2=1\times2^3+0\times2^2+1\times2^1+1\times2^0+1\times2^{-1}+0\times2^{-2}+1\times2^{-3}=(11.625)_{10}$$

$$(234.4)_8=2\times8^2+3\times8^1+4\times8^0+4\times8^{-1}=(156.5)_{10}$$

$$(2FE.8)_{16}=2\times16^2+F\times16^1+E\times16^0+8\times16^{-1}=2\times16^2+15\times16^1+14\times16^0+8\times16^{-1}=(766.5)_{10}$$

2. 十进制数转换为R进制(非十进制)

转换方法:十进制数的整数部分和小数部分分别采用不同的方法转换成 R 进制,然后再将两部分相加即可，方法如下：

（1）整数部分的转换，“除基取余”法。

将十进制的整数部分除基数 R 取其余数，商数继续除基数 R 取余数，直到商数为 0 为止，所求的余数按得出的顺序，倒序排列后，就得到进制整数部分转换成的 R 进制数，这种方法叫作除基取余法。

（2）小数部分转换，“乘基取整”法。

将十进制的小数部分乘以基数 R，取出整数部分，剩下的小数部分继续乘以基数 R 并取出整数部分，直到小数部分为 0 为止。若有限位内结果值不能变为 0，则计算到规定精度为止，所求的整数部分按取出顺序，正序排序。

（3）如果十进制数包含整数和小数两部分，以小数点作为分界，组合完成转换。

例 1.8　把十进制数 29.3125 转换成二进制数。

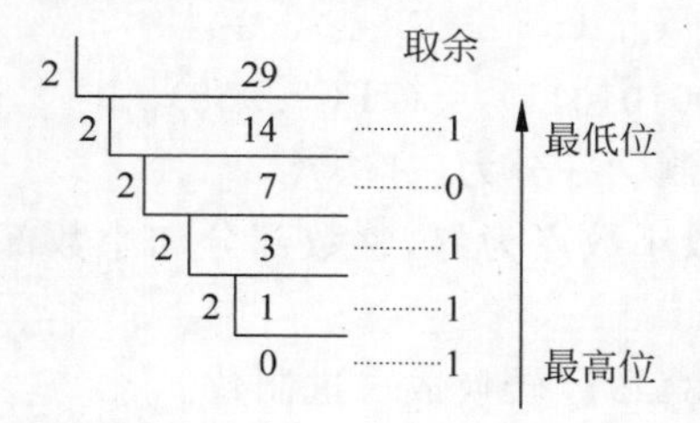

所以，计算结果为$(29)_{10}=(11101)_2$

```
   0.3125      取整
×       2               最高位
   0.6250       0
×       2
   1.2500       1
×       2
   0.5000       0
×       2               最低位
   1.0000       1
```

所以，计算结果为$(0.3125)_{10}=(0.0101)_2$。

如果将十进制数 29.3125 转换成二进制数，只需要将上例中整数部分和小数部分组合在一起即可，其计算结果为$(29.3125)_{10}=(11101.0101)_2$

例 1.9　把十进制数 132.525 转换成八进制数（小数部分保留 2 位数字）。

```
8 | 132      取余  最低位        0.525    取整  最高位
8 | 16 …… 4                   ×   8
8 | 2  …… 0                    4.200 …… 4
    0  …… 2      最高位        ×   8
                               1.600 …… 1      最低位
```

所以，计算结果为$(132.525)_{10}=(204.41)_8$。

3. R 进制数之间的转换

R 进制之间的转换一般都是利用十进制作为中介进行转换。但是由于二进制、八进制、十六进制之间存在着特殊的关系，即 $2^3=8$，$2^4=16$，也就是说，3 位二进制数可以对应一位八进制数，4 位二进制数可以对应一位十六进制数，这样使得转换更为简单。

1) 二进制转换到八进制("三位一组"法)

转换方法：将二进制数以小数点为界，整数部分从右向左3位一组，小数部分从左向右3位一组，最后不足3位的补零。

例1.10 将二进制数$(10100101.01011101)_2$转换成八进制数。

010 100 101 . 010 111 010

2 4 5 . 2 7 2

所以$(10100101.01011101)_2=(245.272)_8$。

2) 二进制转换到十六进制("四位一组"法)

转换方法：同二进制到八进制相似，只是4位一组，最后不足4位的补零。

例1.11 将二进制$(1111111000111.100101011)_2$转换成十六进制数。

0001 1111 1100 0111 . 1001 0101 1000

1 F C 7 . 9 5 8

所以$(1111111000111.100101011)_2=(1FC7.958)_{16}$。

3) 将八进制转换成二进制("一分为三"法)

转换方法：将八进制数以小数点为界，整数部分和小数部分的数字符号分别用足3位的二进制数表示即可。

例1.12 将八进制数$(234.5)_8$转换成二进制数。

2 3 4 . 5

010 011 100 . 101

所以$(234.5)_8=(010011100.101)_2$。

4) 将十六进制转换成二进制("一分为四"法)

转换方法：将十六进制数以小数点为界，整数部分和小数部分的数字符号分别用足4位的二进制数表示即可。

例1.13 将十六进制$(45FCD.AB2)_{16}$转换成二进制数。

4 5 F C D . A B 2

0100 0101 1111 1100 1101 . 1010 1011 0010

所以$(45FCD.AB2)_{16}=(01000101111111001101.101010110010)_2$。

5) 将八进制与十六进制之间的转换。

转换方法：这两种进制之间的转换一般借助于二进制数完成。

例1.14 将八进制数$(324)_8$转换成十六进制数；$(BA2D)_{16}$转换成八进制数。

$(324)_8=(011\ 010\ 100)_2=(0\ 1101\ 0100)_2=(D4)_{16}$

$(BA2D)_{16}=(1011\ 1010\ 0010\ 1101)_2=(1\ 011\ 101\ 000\ 101\ 101)_2=(135055)_8$

十进制与二进制、八进制和十六进制之间的对照表，如表1.4所示。

表1.4 常用进位制数的对照表

十进制	二进制	八进制	十六进制	十进制	二进制	八进制	十六进制
0	0000	0	0	3	0011	3	3
1	0001	1	1	4	0100	4	4
2	0010	2	2	5	0101	5	5

续表

十进制	二进制	八进制	十六进制	十进制	二进制	八进制	十六进制
6	0110	6	6	11	1011	13	B
7	0111	7	7	12	1100	14	C
8	1000	10	8	13	1101	15	D
9	1001	11	9	14	1110	16	E
10	1010	12	A	15	1111	17	F

1.4.4　计算机中的编码

信息是自然界中客观存在的具体反映，而数据则是这些多样化的信息的表现形式。无论自然界的信息以什么样的数据形式而存在，其最终都要转化成二进制的形式为计算机所接受。这个转化的过程需要通过计算机的编码来实现。计算机中的编码主要分为数值数据编码和非数值数据编码两种。

1. 数值数据编码

生活中的数据是由正负符号、小数点和数码构成，而在计算机中这些符号都要以二进制的符号 0 和 1 编码表示。为了表示正数和负数，通常将数的最高位定义为符号位，用“0”表示“正”，“1”表示“负”，其余位表示数值，称为数值位。计算机中符号化了的数称为机器数，机器数有原码、反码和补码三种表示形式。

2. 西文字符编码

计算机中，对于数值型数据可以方便地将其转换为二进制数据进行存储和处理。但实际上还存在着大量的非数值型数据，例如，西文字符和中文字符等字符数据。西文字符主要包括英文字母、数字、标点符号及特殊字符等。将这些西文字符转换成二进制代码就需要进行字符编码。目前，世界通用的是 ASCII 码(American Standard Code for Information Interchange，美国信息交换标准代码)。

ASCII 码是用一个字节，即 8 位二进制数表示一个对应的西文字符。通用 ASCII 码有 7 位版和 8 位版两种。7 位版的 ASCII 码为标准 ASCII 码。标准 ASCII 码每个字符用 7 位二进制数表示，最高位为 0。因此，通用的 ASCII 码是由 $2^7=128$ 个字符组成的字符集，其中，包括 34 个通用控制符，10 个数码，52 个大、小写英文字母和 32 个专用字符。7 位标准的 ASCII 编码，如表 1.5 所示。

表 1.5　标准 ASCII 码表

低四位	高三位							
	000	001	010	011	100	101	110	111
0000	NUL_0	DLE_{16}	SP_{32}	0_{48}	$@_{64}$	P_{80}	$`_{96}$	p_{112}
0001	SOH_1	DC1	!	1	A	Q	a	q
0010	STX_2	DC2	“	2	B	R	b	r
0011	ETX_3	DC3	＃	3	C	S	c	s

续表

低四位	高三位							
	000	001	010	011	100	101	110	111
0100	EOT$_4$	DC4	$	4	D	T	d	t
0101	ENQ$_5$	NAK	%	5	E	U	e	u
0110	ACK$_6$	SYN	&	6	F	V	f	v
0111	BEL$_7$	ETB	,	7	G	W	g	w
1000	BS$_8$	CAN	(	8	H	X	h	x
1001	HT$_9$	EM	)	9	I	Y	i	y
1010	LF$_{10}$	SUB	*	:	J	Z	j	z
1011	VT$_{11}$	ESC	+	;	K	[	k	{
1100	FF$_{12}$	FS	‘	<	L	\	l	|
1101	CR$_{13}$	GS	—	=	M	]	m	}
1110	SO$_{14}$	RS	.	>	N	↑	n	~
1111	SI$_{15}$	US$_{31}$	/$_{47}$	?$_{63}$	O$_{79}$	↓$_{95}$	O$_{111}$	DEL$_{127}$

目前,很多国家在七位标准 ASCII 码的基础上将其最高位置“1”,扩充成为 8 位扩展 ASCII 码。增加的 128 个字符编码用于各国自己国家语言文字及特殊符号的编码。

3. 汉字编码

用计算机处理汉字时也需要对汉字进行编码。汉字较西文字符比字形复杂,字数繁多,常用汉字近 7000 个,因此编码相对复杂。计算机处理汉字的基本方法是,首先将汉字以输入码的形式输入计算机,然后再将输入码转换成汉字机内码的形式进行存储,最后将汉字机内码转换成字形码显示输出。计算机对汉字的处理过程实际上是各种汉字编码间的转换过程。通常汉字编码主要有输入码、机内码、交换码(国标码)、字形码等。

1) 汉字输入码

汉字输入码是汉字输入计算机时所使用的编码,也称外码。常用输入码有以下几类。

(1) 数字编码。用数字串代表一个汉字的输入方法,常用的是国标区位码。

国标区位码将国家标准局公布的 6763 个一、二级汉字分成 94 个区,每个区分 94 位,实际上是把汉字表示成类似 ASCII 码表的一个二维表。“区码”和“位码”各用两个十进制数字表示,因此,输入一个汉字需要按键四次。例如,“啊”字位于第 16 区 1 位,区位码为 1601。数字编码的特点是一字一码无重码,但难记忆。

(2) 字音编码。以读音来编码的方法。例如,全拼、双拼等。

(3) 字形编码。以汉字形状确定编码方法。例如五笔字型、郑码等。

(4) 音形编码。以汉字的读音和字形相结合形成的编码。例如智能 ABC、自然码等。

2) 汉字机内码

汉字机内码是汉字在计算机内部进行存储和处理而设置的编码。汉字输入计算机后转换为机内码,然后才能在计算机内传输和处理。现在我国的汉字信息系统一般都采用与 ASCII 码相容的 8 位码方案,用两个 8 位码字符构成一个汉字机内码。汉字字符必须和英文字符相互区别开,以免造成混淆。英文字符的机内代码是 7 位 ASCII 码,最高位为“0”。

汉字机内代码中两个字节的最高位均为“1”。将 GB 2312—80 中规定的汉字国标码的每个字节的最高位置“1”，即为内码。除最高位外，其余 14 位可表示 $2^{14}=16384$ 个可区别的码。

3）汉字交换码

国家标准局颁布的《通用汉字字符集及其交换代码》(GB 2312—80)，规定的在不同汉字信息管理系统间进行汉字交换时使用的编码，叫作汉字交换码，也称汉字国标码。在交换码中，表示一个汉字的两个字节的最高位仍为“0”，这是和机内码的差别。同一汉字的国标码与机内码的区分仅在最高位。例如，一个汉字的国标码为 3473H(00110100 01110011B)，则该汉字的机内码是 B4F3H(10110100 11110011B)。

4）汉字字形码

汉字字形码是表示汉字字形的字模数据，用于汉字的显示输出。汉字字形码指的就是这个汉字字形点阵的代码。常用的字模点阵规格有简易型汉字的 16×16 点阵，提高型汉字的 24×24 点阵、32×32 点阵、48×48 点阵等。字模点阵的点阵数越大，字形质量越高，占用存储空间也越大，一个点用 1b 表示，以 16×16 点阵为例，共需 256b 即 32 字节。因此，字模点阵只能用来构成“字库”，而不能用于机内存储。字库中存储了每个汉字的点阵代码，当显示输出时才检索字库，输出字模点阵得到字形。

1.5　本章小结

本章主要讲述了计算机概述、系统构成、微型计算机的硬件组成和计算机中的数制与编码。这 4 个方面的知识是计算机初学者需要掌握的基本知识。

计算机是指由电子器件组成的具有逻辑判断和记忆功能的电子设备。其特点是速度快，精度高，能记忆，会判断且自动执行。它产生于二战初期，发展通常分为 4 个阶段，从不同角度考量其分类各有不同，计算机的应用更是前景广阔。

根据冯·诺依曼提出的计算机体系结构理论，计算机的硬件系统主要由控制器、运算器、存储器、输入和输出设备五部分组成。通过理解指令和程序的基本概念，理解计算机存储程序和控制程序的工作原理。

在计算机的发展历程中，微型计算机是计算机发展史上的又一个里程碑。微型计算机的硬件系统结构依然遵循冯·诺依曼机的基本思想，其硬件系统一般由主机和外部设备构成。主要掌握主要部件主板、CPU、内存以及各种输入输出设备的基本性能和参数。

进位计数制是人们日常生活中计数的常用方法，其特点是逢 R 进一，并采用位权表示。本章中介绍了包括十进制、二进制、八进制、十六进制四种常用的进制。计算机中采用的是二进制，其中二进制的算术运算、逻辑运算以及各进制之间的转换方法是需要学习和掌握的重点内容。

习题 1

1. 世界上第一台电子数字计算机取名为(　　)。

A. UNIVAC　　B. EDSAC　　C. ENIAC　　D. EDVAC

2. 从第一代电子计算机到第四代计算机的体系结构都是相同的,都是由运算器、控制器、存储器以及输入输出设备组成的,称为(　　)体系结构。

A. 艾伦·图灵　　B. 罗伯特·诺依斯

C. 比尔·盖茨　　D. 冯·诺依曼

3. 计算机最主要的工作特点是(　　)。

A. 存储程序与自动控制　　B. 高速度与高精度

C. 可靠性与可用性　　D. 有记忆能力

4. 在下列 4 条叙述中,正确的是(　　)。

A. 最先提出存储程序思想的人是英国科学家艾伦·图灵

B. ENIAC 计算机采用的电子器件是晶体管

C. 在第三代计算机期间出现了操作系统

D. 第二代计算机采用的电子器件是集成电路

5. 一个计算机系统的硬件一般是由(　　)构成的。

A. CPU、键盘、鼠标和显示器

B. 运算器、控制器、存储器、输入设备和输出设备

C. 主机、显示器、打印机和电源

D. 主机、显示器和键盘

6. 计算机之所以能够按照人们的意图自动地进行操作,主要是因为它采用了(　　)。

A. 二进制编码　　B. 高速的电子元器件

C. 高级语言　　D. 存储程序控制

7. 将十进制数 225 转换成二进制数是(　　)。

A. 11100001　　B. 11111110　　C. 10000000　　D. 1111111

8. 将二进制数 1001101 转换成十六进制数是(　　)。

A. 3C　　B. 4C　　C. 4D　　D. 4F

9. 微型计算机中,控制器的基本功能是(　　)。

A. 实现算术运算和逻辑运算　　B. 存储各种控制信息

C. 保持各种控制状态　　D. 控制机器各个部件协调一致地工作

10. 下列叙述中,正确的说法是(　　)。

A. 键盘、鼠标、光笔、数字化仪和扫描仪都是输入设备

B. 打印机、显示器、数字化仪都是输出设备

C. 显示器、扫描仪、打印机都不是输入设备

D. 键盘、鼠标和绘图仪不是输出设备

11. 一台微型计算机必须具备的输入设备是(　　)。

A. 鼠标器　　B. 扫描仪　　C. 键盘　　D. 数字化仪

12. 下面是与地址有关的论述,其中有错的是(　　)。

A. 地址寄存器是用来存储地址的寄存器

B. 地址码是指令中给出源操作数地址或运算结果的目的地址的有关信息部分

C. 地址总线上既可传送地址信息,也可传送控制信息和其他信息

D. 地址总线上除传送地址信息外,不可以用于传输控制信息和其他信息

13. 在下列设备中,属于输出设备的是(　　)。

A. 键盘　　B. 数字化仪　　C. 打印机　　D. 扫描仪

14. 主要决定微机性能的是(　　)。

A. CPU　　B. 耗电量　　C. 质量　　D. 价格

15. 微型计算机系统采用总线结构对 CPU、存储器和外部设备进行连接。总线通常由三部分组成,它们是(　　)。

A. 逻辑总线、传输总线和通信总线　　B. 地址总线、运算总线和逻辑总线

C. 数据总线、信号总线和传输总线　　D. 数据总线、地址总线和控制总线

16. CPU 不能直接访问的存储器是(　　)。

A. ROM　　B. RAM　　C. 内存　　D. 外存

17. 配置高速缓冲存储器(Cache)是为了解决(　　)。

A. 内存与辅助存储器之间速度不匹配问题

B. CPU 与辅助存储器之间速度不匹配问题

C. CPU 与内存储器之间速度不匹配问题

D. 主机与外设之间速度不匹配问题

18. 下面列出的存储器中,易失性存储器是(　　)。

A. RAM　　B. ROM　　C. PROM　　D. CD-ROM

19. 在微型计算机中,通用寄存器的位数是(　　)。

A. 8 位　　B. 16 位　　C. 32 位　　D. 计算机字长

20. 通常我们所说的 32 位机,指的是这种计算机的 CPU(　　)。

A. 是由 32 个运算器组成的　　B. 能够同时处理 32 位二进制数据

C. 包含有 32 个寄存器　　D. 一共有 32 个运算器和控制器

21. 计算机一旦断电后,(　　)中的信息会丢失。

A. 硬盘　　B. 软盘　　C. RAM　　D. ROM

22. 下列设备中,既可作输入设备又可作输出设备的是(　　)。

A. 图形扫描仪　　B. 磁盘驱动器　　C. 绘图仪　　D. 显示器

23. 下列设备中,既能向主机输入数据,又能接收由主机输出数据的设备是(　　)。

A. CD-ROM　　B. 显示器　　C. 硬盘　　D. 光笔

24. 在下列叙述中,正确的是(　　)。

A. 软盘、硬盘和光盘都是外存储器

B. 计算机的外存储器比内存储器存取速度快

C. 计算机系统中的任何存储器在断电的情况下,所存信息都不会丢失

D. 绘图仪、鼠标、显示器和光笔都是输入设备

25. 下列不属于微型计算机主要性能指标的是(　　)。

A. 字长　　B. 内存容量　　C. 重量　　D. 时钟脉冲

26. 下列叙述中,正确的一条是(　　)。

A. 假如 CPU 向外输出 20 位地址,则它能直接访问的存储空间可达 1MB

B. PC 在使用过程中突然断电,SRAM 中存储的信息不会丢失

C. PC 在使用过程中突然断电,DRAM 中存储的信息不会丢失

D. 外存储器中的信息可以直接被 CPU 处理

27. 根据打印机的原理及印字技术,打印机可分为(　　)两类。

A. 击打式打印机和非击打式打印机　　B. 针式打印机和喷墨打印机

C. 静电打印机和喷墨打印机　　D. 点阵式打印机与行式打印机

28. 一个完整的计算机系统通常应包括(　　)。

A. 系统软件和应用软件　　B. 计算机及其外部设备

C. 硬件系统和软件系统　　D. 系统硬件和系统软件

29. 下列叙述中,正确的一条是(　　)。

A. 操作系统是一种重要的应用软件

B. 外存中的信息可直接被 CPU 处理

C. 用机器语言编写的程序可以由计算机直接执行

D. 电源关闭后,ROM 中的信息立即丢失

30. 目前,各企事业单位中广泛使用的人事档案管理、财务管理等软件,按计算机应用分类,属于(　　)。

A. 实时控制　　B. 科学计算

C. 计算机辅助工程　　D. 数据处理

二、填空题

1. 微型计算机硬件系统中最核心的部件是________。
2. 第一台电子计算机使用的逻辑部件是________。
3. 微型计算机键盘上的 Alt 键称为________。
4. 计算机的字长取决于________总线的宽度。
5. 微型计算机存储系统中,PROM 是________。
6. 系统软件中最重要的软件是________。
7. 为解决某一特定问题而设计的指令序列称为________。
8. 用户用计算机高级语言编写的程序,通常称为________。
9. 微型计算机存储器系统中的 Cache 是________。
10. CPU 是计算机硬件系统的核心,它是由________组成的。
11. 计算机中,一个字节由________个二进制位组成。
12. 将二进制数 1100101.01 转换为十进制数是________。
13. 在微型计算机中,应用最普遍的字符编码是________。
14. 将高级语言程序直接翻译成机器语言程序的是________。
15. 个人计算机简称 PC,个人计算机属于________。

实验1　选购微型计算机

【实验目的】

1. 能够了解微型计算机各主要部件的基本功能及基本参数。
2. 能够熟悉当前微型计算机的主流品牌及特点。
3. 能够根据实际需求选配个人计算机。

【实验内容】

实验 1-1 选配一台学习型个人计算机

新学期伊始，新生王小米同学选配一台用来学习的个人计算机，打算用它来完成学习办公自动化软件 Office 2010，VB 程序设计语言以及上网查找资料等日常的学习功能，并且要求配以当前主流的 Windows 10 操作系统。请你根据所学的微型计算机的硬件理论知识，为她选购一台合适的个人计算机，价格控制在 3000 元左右。

实验 1-2 选配一台游戏型个人计算机

寒假临近，新生王小麦同学打算选配一台配置较高的游戏型个人计算机。要求该计算机的画面、声音、主频能满足运行大型游戏的需要，并安装当前主流的 Windows 10 操作系统。请你根据所学的微型计算机的硬件理论知识，为他选购一台合适的个人计算机，价格控制在 6000 元左右。

【实验要求】

微型计算机的硬件发展日新月异，性能和报价也会因时因地变化较大。请根据当前网上报价，结合当地电子市场实际，填写一份符合要求的个人计算机配置清单。配置清单如表 1.1 所示。

表 1.1 个人计算机配置清单

配件名称	学习型机		游戏型机	
	配件型号	价格/元	配件型号	价格/元
主板				
CPU				
内存				
声卡				
显卡				
硬盘				
光驱				
显示器				
机箱(电源)				
键盘				
鼠标				
音箱				
合计		3000 元		6000 元

第2章 计算机操作系统

学习目标

- 了解操作系统的基本概念、功能和类型。
- 能够利用 Windows 7 进行计算机系统的操作和设置。
- 能够利用 Windows 7 实现文件管理。

操作系统是整个计算机系统的管理与指挥机构,就像人脑的"神经中枢"一样,管理着计算机的所有资源。人们借助操作系统才能方便灵活地使用计算机,Windows 7 是微软公司开发的图形用户界面的操作系统,是目前主流的微机操作系统。

本章首先介绍操作系统的基础知识,然后着重介绍当前流行的 Windows 7 操作系统,最后简要介绍 Linux 操作系统。

2.1 操作系统基础知识

整个计算机系统由硬件和软件两大部分组成。操作系统是对计算机硬件功能的首次扩充,其他所有软件的运行都依靠操作系统的支持。操作系统是计算机软件的核心程序,是计算机系统中必不可少的系统软件。

2.1.1 操作系统的概念

操作系统(Operating System)是一组控制和管理计算机软硬件资源,合理地组织计算机工作流程,控制程序执行,并向用户提供各种服务功能,方便用户简单高效地使用计算机系统的程序集合。简言之,操作系统就是用户和计算机之间的接口,其作用一是管理系统的各种资源,二是提供良好的操作界面。

2.1.2 操作系统的功能

操作系统的主要任务是有效管理系统资源,提供方便的用户接口。操作系统通常都有进程管理、存储管理、设备管理、文件管理和用户接口这五个基本功能模块。

1. 进程管理

所谓进程是一个具有一定独立功能的程序在一个数据集合上的一次动态执行过程。进程就是正在执行的程序，是计算机分配资源的基本单位。进程管理的功能主要包括进程创建、进程执行、进程通信、进程调度、进程撤销等。

2. 存储管理

存储管理是指对内存进行管理，负责内存的分配、保护及扩充。计算机的程序运行和数据处理都要通过内存来进行，所以对内存进行有效的管理是提高程序执行效率和保证计算机系统性能的基础。存储管理的功能主要包括存储分配、地址变换、存储保护和存储扩充。

3. 设备管理

设备管理是指对计算机外部设备的管理，是操作系统中用户和外部设备之间的接口。设备管理技术包括中断、输入输出缓存、通道技术和设备虚拟化技术等。设备管理的功能主要是设备分配与管理、进行设备 I/O 调度、分配设备缓冲区、设备中断处理等。

4. 文件管理

文件管理是指系统中负责存储和管理外存中的文件信息的那部分软件。文件管理是操作系统中用户和外存设备之间的接口。文件管理的功能主要是文件存储空间管理、文件等操作管理、文件目录管理、文件保护等。

5. 用户接口

用户接口是指操作系统向用户提供简单、友好的用户界面，使用户无须了解更多的专业知识就能灵活地使用计算机。通常操作系统提供给用户两种接口方式，即命令接口和程序接口。命令接口多以图形界面的形式提供给用户，而程序接口则在编程时使用。

2.1.3 操作系统的类型

操作系统的功能

1. 大型机操作系统

大型机(Mainframe Computer)，也称为大型主机。大型机使用专用的处理器指令集、操作系统和应用软件。最早的操作系统是针对 20 世纪 60 年代的大型主机结构开发的，由于对这些系统在软件方面做了巨大投资，因此，原来的计算机厂商继续开发与原来操作系统相兼容的硬件与操作系统。这些早期的操作系统是现代操作系统的先驱。现代的大型主机一般也可运行 Linux 或 UNIX。

2. 服务器操作系统

服务器操作系统 (Server Operating System，SOS)，又称为网络操作系统，一般指的是安装在大型计算机上的操作系统，比如 Web 服务器、应用服务器和数据库服务器等，是企业 IT 系统的基础架构平台。

同时，服务器操作系统也可以安装在 PC 上。相比个人版操作系统，在一个具体的网络中，服务器操作系统要承担额外的管理、配置、稳定、安全等功能，处于每个网络的心脏部位。服务器操作系统主要有：Windows、NetWare、UNIX、Linux。

3. 个人机操作系统

随着计算机应用的日益广泛,许多人都能拥有自己的个人计算机,在个人计算机上配置的操作系统称为个人计算机操作系统。在个人计算机和工作站领域有两种主流操作系统:一种是微软公司提供的具有图形用户界面的视窗操作系统 Windows;另一种是 UNIX 系统和 Linux 系统。

Windows 系统的前身是 MS-DOS。MS-DOS 是微软公司早期开发的磁盘操作系统,其应用十分广泛,具有设备管理、文件系统功能,提供键盘命令和系统调用命令。后来,MS-DOS 逐渐发展成为界面色彩丰富、使用直观方便、具有图形用户界面(GUI)的 Windows 操作系统。

UNIX 系统是一个多用户分时操作系统,自 1970 年问世以来十分流行,它运行在从高档个人计算机到大型机等各种不同处理能力的机器上,提供了良好的工作环境;它具有可移植性、安全性,提供了很好的网络支持功能,大量用于网络服务器。目前十分受欢迎的、开放源码的操作系统 Linux,则是用于 PC 的、类似 UNIX 的操作系统。

4. 多处理机操作系统

广义上说,使用多台计算机协同工作来完成所要求的任务的计算机系统都是多处理机系统。传统的狭义多处理机系统是指利用系统内的多个 CPU 并行执行用户多个程序,以提高系统的吞吐量或用来进行冗余操作以提高系统的可靠性。

多处理机系统是多个处理机(器)在物理位置上处于同一机壳中,有一个单一的系统物理地址空间,每一个处理机均可访问系统内的所有存储器。多处理机操作系统(Multiprocessors Operating System)一般应用于并行处理机。并行处理机又叫 SIMD 计算机。它是单一控制部件控制下的多个处理单元构成的阵列,所以又称为阵列处理机。多处理机是由多台独立的处理机组成的系统。

5. 移动设备操作系统

移动设备操作系统(Mobile Operating System,MOS)主要应用在智能手机上。主流的智能手机操作系统有 Android 和 iOS 等。智能手机与非智能手机都支持 Java,智能机与非智能机的区别主要看能否基于系统平台的功能扩展,非 Java 应用平台,还有就是支持多任务。

移动设备操作系统一般应用在智能手机上。智能手机市场仍以个人信息管理型手机为主,随着更多厂商的加入,整体市场的竞争已经开始呈现出分散化的态势。应用在手机上的操作系统主要有 Android(谷歌)、iOS(苹果)、Windows Phone(微软)、Symbian(诺基亚)、Windows Mobile(微软)等。

6. 嵌入式操作系统

嵌入式操作系统(Embedded Operating System,EOS)是一种用途广泛的系统软件,过去它主要应用于工业控制和国防系统领域。EOS 负责嵌入系统的全部软件和硬件资源的分配及任务调度、控制、协调并发活动。它必须体现其所在系统的特征，能够通过装卸某些模块来达到系统所要求的功能。

流行的嵌入式操作系统包括 VxWorks、Nucleus、Windows CE、嵌入式 Linux 等，它们广泛应用于国防系统、工业控制、交通管理、信息家电、家庭智能管理、POS 网络、环境工程与自然监测、机器人等多个领域。

2.2 Windows 7 操作系统

Windows 7 是微软公司 2009 年推出的新一代操作系统。它是继 Windows XP 之后 Windows 系列操作系统的又一次全面创新，在个性化、功能性、安全性、可操作性等方面给我们带来了全新体验。

2.2.1 Windows 7 简介

1. Windows 7 的新特性

Windows 7 作为 Windows Vista 的升级版，更新了近 50 万行代码，约占 Windows Vista 时代码总量的 10%，这些代码极大地改善了 Windows 7 的性能。Windows 7 在界面和基本操作方面都做了适度的调整，更便于用户使用。相对于旧版本，Windows 7 的新特征主要表现在以下方面。

1) 改进的任务栏和窗口处理新方法

Windows 7 做了许多方便用户的设计，在任务栏中新增如缩略图预览、跳跃列表、快速最大化、窗口半屏显示等新功能。还增添了如鼠标晃动、桌面透视、鼠标拖曳等多窗口处理操作，使 Windows 7 成为最易用的操作系统。

2) Aero 特效和人性化设置

Windows 7 的 Aero 特效使得视觉效果更华丽，用户体验更直观高级。全新的幻灯片墙纸设置、丰富的桌面小工具、系统故障快速修复等功能，使 Windows 7 成为最个性化的操作系统。

3) 快速搜索和文件库

Windows 7 中可以在多个位置搜索，搜索结果按类别分组显示，其中包括本地、网络和互联网搜索功能。Windows 7 新增了“文件库”设计，使得不同位置存放的同一类文件归类显示，方便用户。

4) 速度更快且能耗更低

Windows 7 大幅缩减了启动时间，加快了操作响应，与 Vista 相比有很大的进步。资源消耗较低，不仅执行效率更胜一筹，笔记本电脑的电池续航能力也大幅增加，可称为迄今为止最节能的操作系统。

5) 节约成本并提高安全性

Windows 7 简化了系统升级；改进了安全和功能合法性，优化了安全控制策略；把数据保护和管理扩展到外围设备，如 BitLocker To Go、系统高级备份等。

2. Windows 7 的安装

1）安装 Windows 7 所需的硬件配置

2009 年微软公司在发布 Windows 7 操作系统时，官方同时公布了运行 Windows 7 系统时所需的硬件配置。根据硬件性能提供两种配置需求，如表 2.1 所示。

表 2.1　安装 Windows 7 系统的硬件要求

硬件设置	最低要求	推荐配置
中央处理器	至少 1GHz 的 32 位或 64 位处理器	2GHz 以上的 32 位或 64 位处理器
内存	1GB 以上	2GB 以上
显示卡	至少有 64MB 显存并兼容 DirectX9（支持 DirectX9 才可开启 Areo 效果）	128MB 以上显存并兼容 DirectX9 与 WDDM1.1 或更高版本
硬盘	至少 16GB 可用空间（NTFS 格式）	容量 80GB，可用空间 40GB 以上
光驱	DVD 光驱	
其他	微软兼容的键盘和鼠标	

2）安装 Windows 7 系统

安装安装 Windows 7 的方法很多，最常用的是用安装光盘启动安装。首先，将 BIOS 设置为光驱启动，然后将 Windows 7 系统安装盘放入光驱，启动并运行。安装光盘会自动运行安装程序，用户只要按照安装提示操作完成即可。

2.2.2　Windows 7 的桌面

启动 Windows 7 登录系统后，呈现在用户屏幕上的是 Windows 7 操作系统的桌面，初始化的 Windows 7 桌面清新、简洁。桌面主要有桌面图标、桌面背景和任务栏 3 部分。

1. 桌面图标

桌面图标通常分为应用程序图标、文件夹图标、快捷方式图标等。初装 Windows 7 系统时，默认的系统桌面上只有“回收站”图标。其他图标可通过单击鼠标右键→“个性化”命令→“更改桌面图标”超链接，选择用户需要显示的图标。桌面上的图标种类和数量并不固定，用户可在日常的使用过程中根据自己的需要合理安排。

2. 桌面背景

Windows 7 提供了两种不同的用户界面主题，一类是基于普通家庭版的“基本主题”，另一类是基于旗舰版的具有半通明效果的“Aero 主题”。Aero 界面是 Windows 7 下的一种全新图形界面，其特点是透明的玻璃图案中带有精致的窗口动画和新窗口颜色，视觉效果更华丽。Windows 7 提供的“Aero 主题”效果需要有合适的显卡，并且其显卡支持 WDDM 模式，才能显示 Aero 图形。“Aero 主题”背景设置步骤如下。

（1）在桌面空白处单击右键→“个性化”命令，打开“个性化”窗口，如图 2.1 所示。

（2）在“个性化”窗口中选择“我的主题”或者“Aero 主题”中的一个主题。

（3）关闭“个性化”窗口，即可完成 Aero 特效的设置工作。

普通版本的用户可以仍然使用 Windows 7 提供的传统“Windows 经典主题”界面。

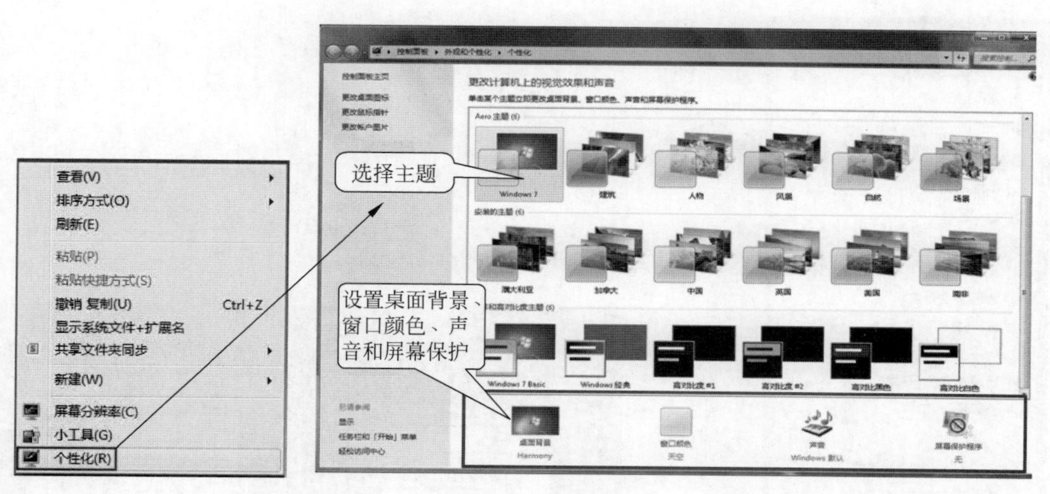

图 2.1　“个性化”窗口

3. 任务栏

任务栏是桌面底部的水平条形区域，如图 2.2 所示。任务栏的主要功能是利用它可以在多个任务窗口之间方便地进行切换。Windows 7 在任务栏方面进行了较大的调整，将原来的快速启动栏和任务选项合二为一。Windows 7 的任务栏主要由“开始”按钮、任务按钮区、通知区域和“显示桌面”按钮组成。

图 2.2　任务栏

1）“开始”按钮

在任务栏的最左端，单击“开始”按钮，打开“开始”菜单。

2）任务按钮区

任务按钮区主要用于显示正在运行的应用程序或文件。方便用户对应用程序的任务窗口间切换。Windows 7 还新增加了一些实用功能。

（1）分组管理。

任务按钮的形态可以区分任务的当前状态。任务按钮是否合并显示，可以在“任务栏和「开始」菜单属性”对话框中进行自定义。

（2）跳转列表。

选定当前任务图标，右击弹出跳转列表菜单，如图 2.3 所示。跳转列表为每个应用程序提供了快捷打开方式。利用全新的跳转列表功能可以打开经常被访问的应用程序或文件。

（3）窗口预览。

正在使用的文件或程序在任务栏上都以缩略图的预览窗口形式表示，如图 2.4 所示。如果将鼠标悬停在预览窗口上，则窗口将展开为全屏显示。也可以直接从预览窗口中关闭当前应用窗口。

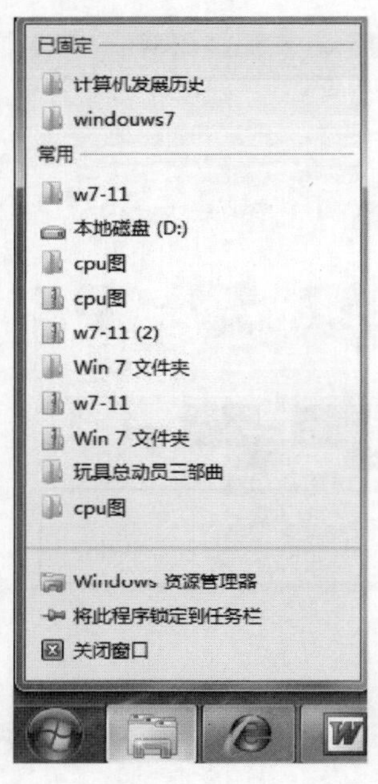

图 2.3 跳转列表菜单

图 2.4 窗口预览功能

3）通知区域

通知区域用于显示应用程序的图标，例如时钟、音量、网络连接等特定程序和设置状态的图标，主要功能是当指针移向某图标时显示该图标的名称或该设置的状态，双击图标通常会打开与之相关的程序或设置显示通知对话框，通知某些信息。

4）"显示桌面"按钮

单击"显示桌面"按钮，可以在窗口和桌面之间进行切换，方便用户快速查看桌面内容。

5）任务栏的设置

Windows 7 的任务栏预览功能更加简单和直观，用户在任务栏空白处单击右键→"属性"命令，打开"任务栏和「开始」菜单属性"对话框，如图 2.5 所示。用户可通过任务栏的各个属性选项，对其相关功能进行自定义调整。

(1) 任务栏外观设置。

任务栏外观设置包括对任务栏的大小、位置、是否隐藏、是否用小图标以及任务栏上按钮的显示方式。

对于任务栏的大小、位置的调整可以直接通过鼠标拖曳方法进行改变；排列按钮也只需将要调整位置的按钮拖动到任务栏其他位置即可。

(2) 任务栏通知区域图标设置。

初始时，"系统通知区"已经有一些图标，安装新程序时，有时会自动将此程序的图标添加到通知区域。用户可以根据自己的个性需要决定哪些图标可见或隐藏。

也可以使用鼠标拖曳的方法显示或隐藏图标。单击通知区域旁边的向上箭头，将要隐藏的图标拖动到"溢出区"即可，如图 2.6 所示。

(3) 任务栏窗口预览(Aero Peek)功能设置。

如选择了"使用 Aero peck 预览桌面"，则指向"显示桌面"按钮，即可查看桌面内容。当

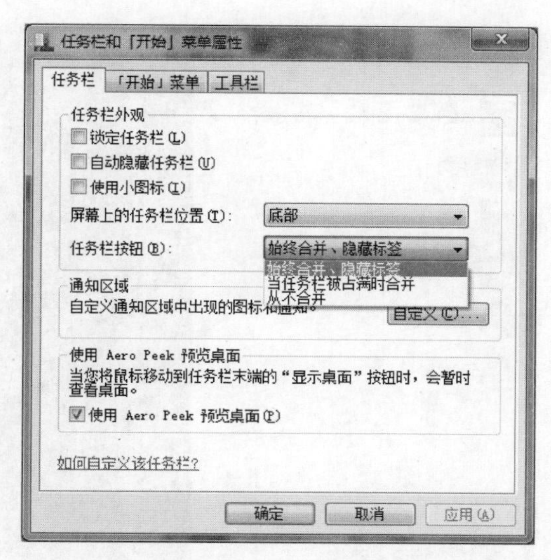

图 2.5 “任务栏和「开始」菜单属性”对话框

鼠标停留在该按钮上时，按钮变亮，可以看到桌面上的所有东西，快捷地浏览桌面的情况，而鼠标离开后即恢复原状。单击该按钮，所有打开的窗口全部最小化，清晰地显示整个桌面，再次单击该按钮，所有最小化窗口全部复原，桌面立即回复原状。

图 2.6 溢出区

4. 开始菜单

在 Windows 7 操作系统中几乎所有的操作都可以通过“开始”菜单开始，“开始”按钮用来运行 Windows 7 的应用程序，它提供了一个选项列表，包含了所有安装程序的快捷方程式。因此，“开始”菜单在 Windows 7 操作系统中有着非常重要的作用。

1) “开始”菜单组成

“开始”按钮在 Windows 7 系统桌面的最左下端，单击该按钮，则弹出“开始”菜单，如图 2.7 所示。Windows 7 的“开始”菜单更加智能，分为左窗格和右窗格两个部分，左窗格显示常用程序列表，右窗格为系统自带功能，这种布局使得用户能更方便地访问经常使用的程序，提高工作效率。

(1) 常用程序区。列出了常用程序的列表，通过它可快速启动常用的程序。

(2) 所有程序区。集合了计算机中所有的程序，用户可以从“所有程序”菜单中单击启动相应的应用程序。

(3) 当前用户图标区。显示当前登录用户账户的图标，单击它还可以设置用户账户。

(4) 系统控制区。列出了“开始”菜单中最常用选项，单击可以快速打开对应窗口。

(5) 搜索区。输入搜索内容，可以快速在计算机中查找程序和文件。

其中“所有程序”选项是最常用的菜单项之一，利用它可以打开 Windows 7 自带的应用程序和安装在计算机中的各种应用程序。

用户除可以单击选择“开始”菜单外，还可以通过键盘来启动“开始”菜单，方法是按 Ctrl+Esc 键。

图 2.7 "开始"菜单

2)"开始"菜单使用

通过"开始"菜单,用户可以快速启动其他应用程序、查找文件及获得帮助等。

3)自定义"开始"菜单

右击"开始"按钮,选择"属性"命令,在"任务栏和「开始」菜单属性"对话框中选择"「开始」菜单"选项卡,单击"自定义"按钮,"开始"菜单的外观和内容,用户可自行组织和定义。根据自己的需要删除及添加菜单项、决定其数目及显示方式,如图 2.8 所示。

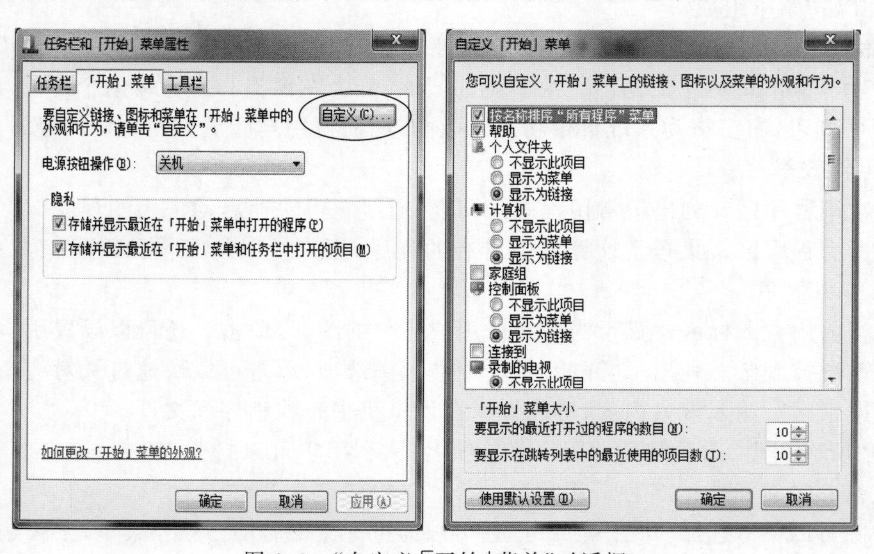

图 2.8 "自定义「开始」菜单"对话框

2.2.3 Windows 7 的基本操作

Windows 本身就是一个基于窗口的操作系统，窗口为用户提供一个开放式的操作界面，所谓"视窗操作系统"即源于此。本节将从窗口、菜单以及对话框 3 个方面介绍 Windows 7 的基本操作。

1. 窗口

当系统启动一个应用程序或打开一个文件时，就在屏幕上开辟一个矩形区域以显示相关信息，这个矩形区域就称为窗口。

1）窗口的组成

Windows 7 有多种窗口，以一个典型的窗口——Windows 资源管理器窗口为例，如图 2.9 所示，其组成包括标题栏、地址栏、搜索栏、菜单栏、工具栏、导航区、工作区、状态栏等。

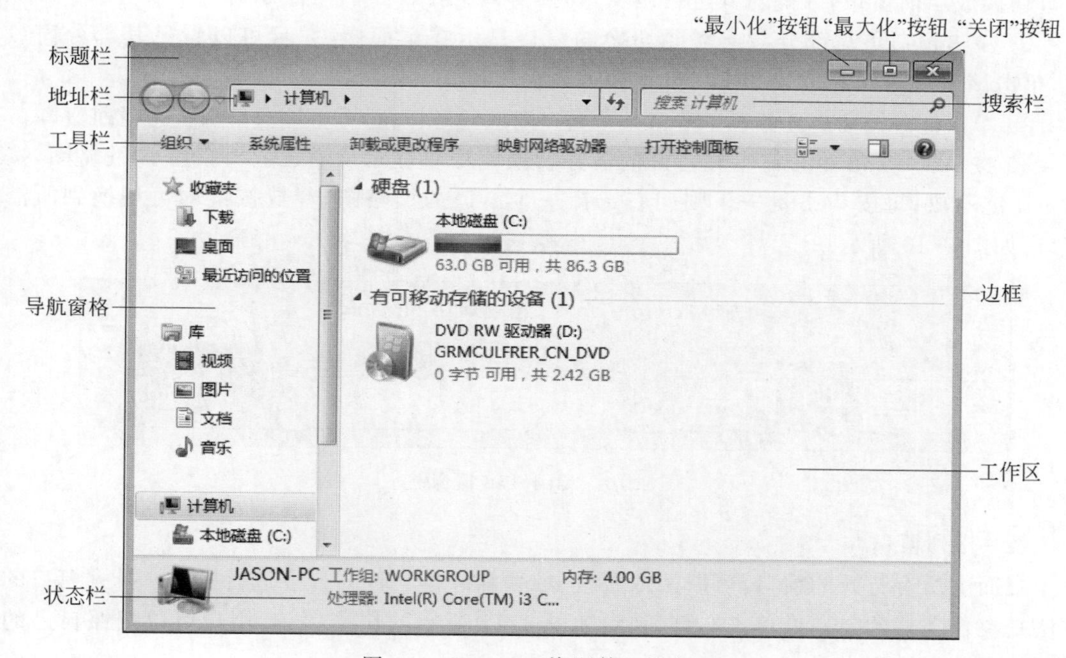

图 2.9 Windows 资源管理器窗口

(1) 标题栏。位于窗口顶部，其右边是最大化、最小化和关闭按钮。

(2) 地址栏。一般情况下显示当前文件在系统中的位置。在地址栏中单击"▶"按钮，从弹出的下拉列表中选择地址，可快速转换至该地址对应的窗口。单击地址左侧的"返回"按钮可切换到上一次浏览的窗口，此时单击前进按钮可返回之前的窗口。

(3) 搜索栏。在其中输入要搜索的内容，即可展开搜索并在窗口工作区中显示搜索结果。除了窗口外，在"开始"菜单中也有一个类似的搜索栏。

(4) 工具栏。将常用的选项制成按钮，以方便操作者使用。

(5) 导航窗格。用于方便管理计算机中的文件资源，其中列出与当前计算机相关的文件和文件夹，一般包括"库""收藏夹""计算机"和"网络"4 个部分，单击每个选项前面的"▶"

按钮,可展开显示其中的内容。

(6) 窗口工作区。用于显示和操作对象。

(7) 状态栏。常用于显示计算机的配置信息和当前选择对象的工作状态,如在"计算机"窗口的状态栏中,显示了当前计算机的名称、CPU与内存等硬件信息。

(8) 菜单栏。在默认情况下,Windows 7系统的窗口不显示菜单栏,用户可以根据自己的要求设定,方法是在计算机窗口中单击"组织"菜单→"布局"→"菜单栏"命令,即可在工具栏上方显示菜单栏。

2) 窗口的相关操作

窗口是Windows 7操作系统的基础,运行一个程序或打开一个文件,都会在桌面上打开一个与之相对应的窗口。

(1) 切换窗口。

在Windows 7操作系统中,无论打开多少个窗口,当前操作窗口只能有一个。只有将窗口切换成当前窗口,才能对其进行编辑,切换窗口主要有如下几种方式。

① 单击窗口可见部分。当需要切换的窗口显示在桌面中,并且可以看见其部分窗口时,单击该窗口的任意位置即可将其切换为当前窗口。

② 单击任务按钮。任务栏中单击某个窗口对应任务按钮,可将该窗口切换为当前窗口。

③ 按Alt+Tab组合键。在打开的任务切换栏中将显示所有已打开的窗口缩略图,按住Alt键不放,每按Tab键一下则向右选择一个窗口的缩略图,释放按键即可切换到所需窗口,如图2.10所示。

图2.10 Alt+Tab组合键

(2) 排列窗口。

桌面上所有打开的窗口,可以采取层叠、堆叠和并排三种的方式进行排列。排列窗口的方法是在任务栏的空白处单击右键,弹出如图2.11所示的快捷菜单,用户可以按照自己的需要从中选择排列方式。

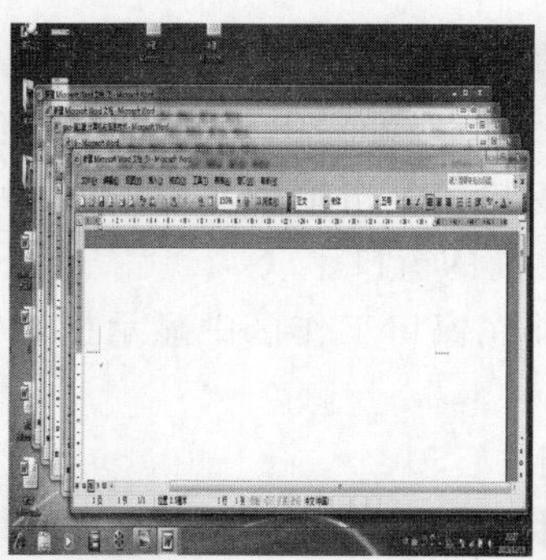
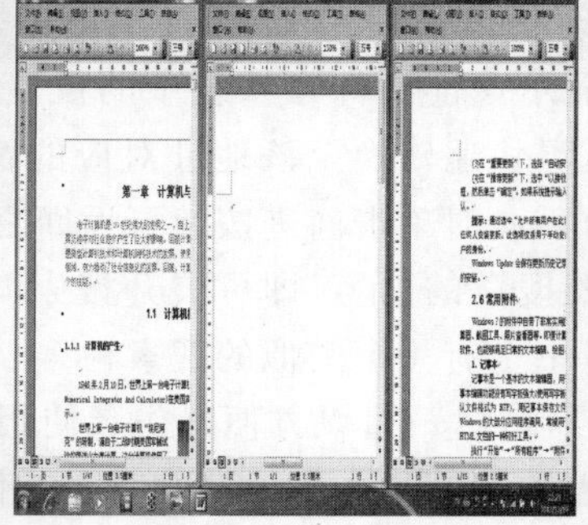
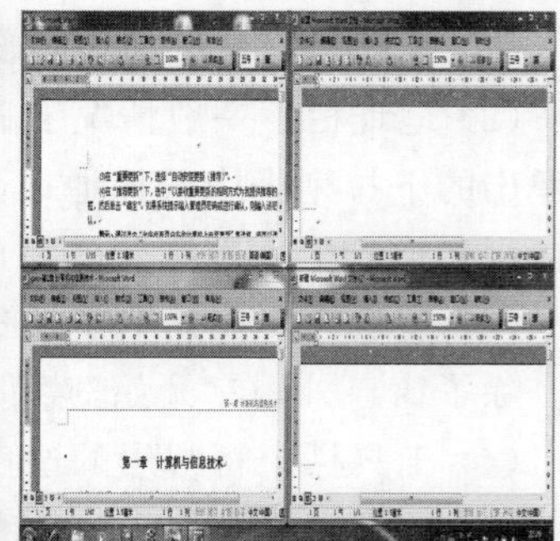

图2.11 3种排列窗口的方式

2. 菜单

菜单是一组操作命令的集合,用户可以从中选择相应的命令来执行。它是一种操作向导,通过简单的鼠标单击即可完成各种操作。

一般地,Windows 7 系统中主要有 4 种形式的菜单。

(1) 开始菜单。

单击桌面左下端"开始"按钮,可弹出"开始"菜单,它包含了 Windows 7 操作系统几乎所有的操作和全部的应用程序。

(2) 控制菜单。

控制菜单包含窗体的操作命令,所有窗口都有控制菜单,如图 2.12 所示。

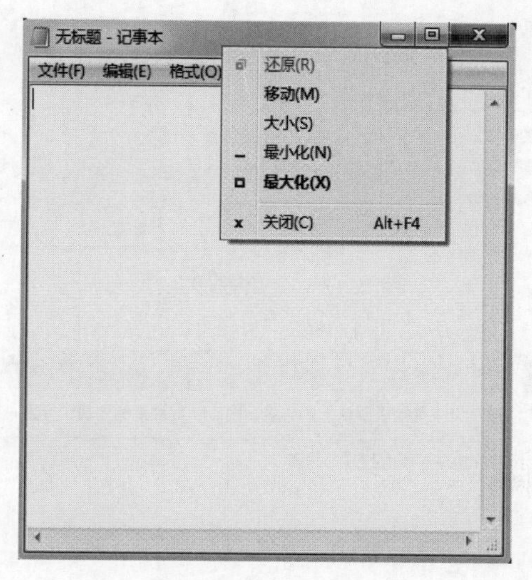

图 2.12 控制菜单

(3) 应用程序菜单。

应用程序菜单是每个应用程序窗口所特有的菜单,位于窗口标题栏下,Windows 7 系统默认时不显示菜单栏,需用户自己设定。应用程序菜单也称为下拉菜单,如图 2.13 所示。

(4) 快捷菜单。

快捷菜单也称右键菜单,用于快速执行某些常用命令,其方法是选定目标对象上单击右键,然后在弹出的菜单中选择所需要执行的命令,即可快速执行操作或打开相应的对话框。

3. 对话框

在 Windows 7 的菜单命令中,选择带省略号的命令后在屏幕上弹出一个特殊的窗口,在该窗口中列出了命令所需要的各种参数、参数的可选项、项目以及提示信息,这种窗口就是对话框,如图 2.14 所示。Windows 7 对话框中常用的控件有如下。

1) 选项卡

在复杂对话框中,有限的空间内不能显示出所有的内容。根据不同的主题设置多个选项卡,每个选项卡代表一个主题,如图 2.15 所示。

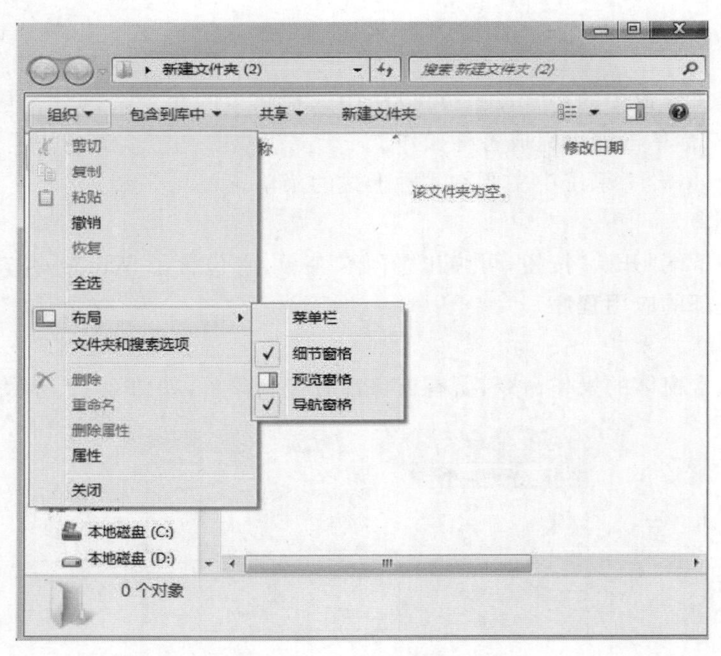

图 2.13　应用程序菜单

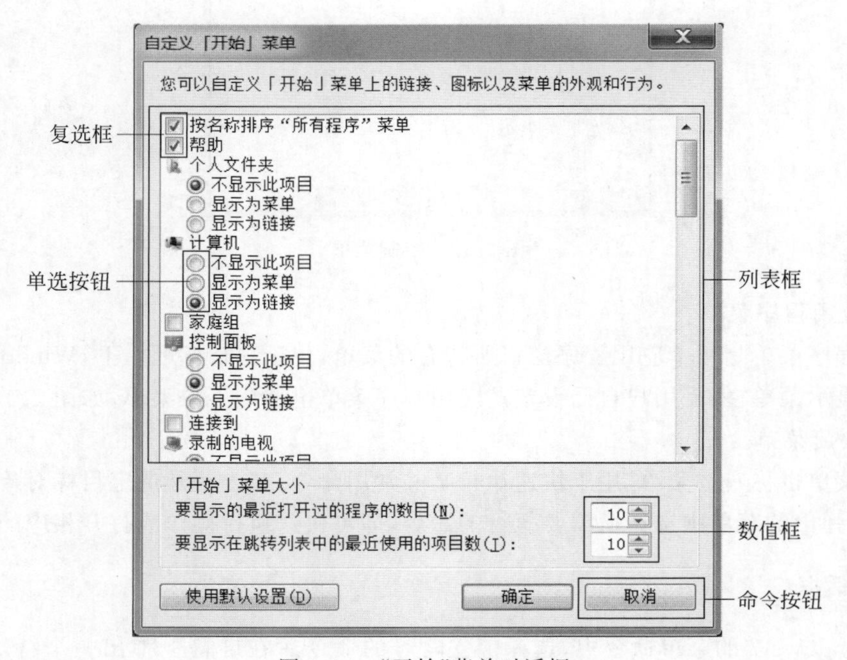

图 2.14　“开始”菜单对话框

2）文本框

文本框提供用户输入信息所在的位置，即输入框。

3）列表框

在一个区域中显示多个选项，这些选项叫作条目，用户根据需要单击某个条目，选中即

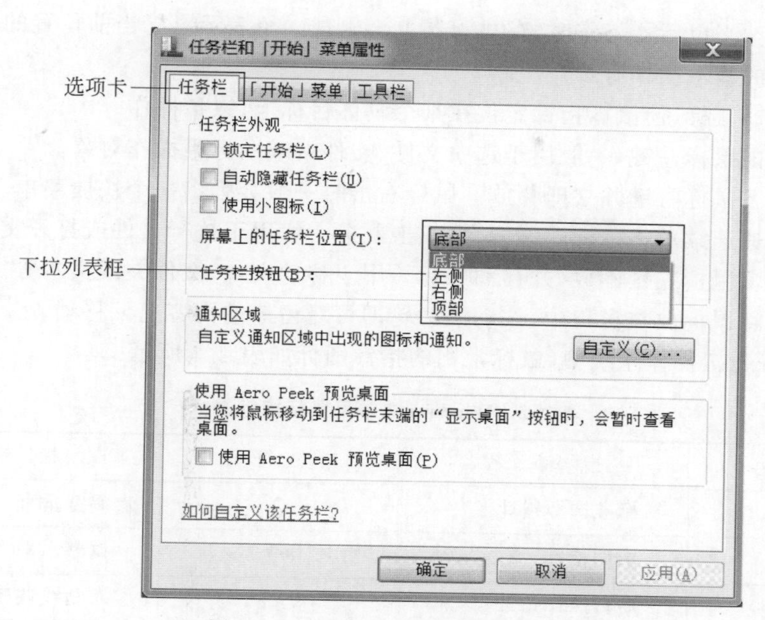

图 2.15 "开始"菜单属性对话框

可，如图 2.14 所示。

4）下拉式列表框

下拉式列表框由一个列表框和一个向下箭头按钮组成。单击右端向下箭头按钮，将打开显示多个选项的列表框，单击选中即可，如图 2.15 所示。

5）复选框

复选框用一个空心的方框表示。它有两种状态，处于选中状态和非选中状态。复选框可以一次选择一项、多项或不选，如图 2.14 所示。

6）单选按钮

单选按钮是用一个圆圈表示的。它有两种状态：选中状态和非选中状态。在这一组选项中，必须选择一个且只能选中一个选项，如图 2.14 所示。

7）数值框

数值框也叫微调按钮，是用户设置某些项目参数的地方。可以直接输入参数，也可以单击微调按钮改变参数大小，如图 2.14 所示。

8）命令按钮

选择参数设置完成后，单击命令按钮可直接执行对话框中显示的命令，如图 2.14 所示。

对话框是一种特殊的窗口，它与普通的 Windows 窗口有相似之处，但是它比一般的窗口更加简洁直观。对话框的大小不可以改变，但与一般窗口一样，可以通过拖动标题栏来改变对话框的位置。

2.2.4 鼠标键盘的应用

1. 鼠标的基本操作

Windows 系列操作系统是基于窗口的用户界面，所以对于窗口的操作，鼠标是一种极其重

要的输入设备。当鼠标器工作时,在显示器上会出现一个表示鼠标当前位置的图标,称为鼠标指针。鼠标的基本操作有:

指向。移动鼠标,使鼠标指针定位在某个具体目标上,以备操作。

单击。单击鼠标左键,一般用于选中文件、文件夹或图标等操作对象。

右击。按下鼠标右键并立即释放。鼠标右击时一般会弹出一个快捷菜单。

双击。快速连续单击鼠标左键两次,双击鼠标一般用于执行文件或打开文件夹。

拖动。按下鼠标左键不放,并移动鼠标。用于移动文件、文件夹或文本等。

滚动轮。将鼠标放在窗口中,按动滚动轮即可对窗口的内容上下移动。

在 Windows 7 操作系统中,鼠标常用的指针图标如表 2.2 所示。

表 2.2 Windows 7 常见鼠标指针图标

指针符号	指针名	指针符号	指针名
	标准选择指针	↕	调整垂直大小指针
	求助指针	↔	调整水平大小指针
	后台操作指针		对角线调整指针
	系统忙指针		移动指针
I	文字选择指针		链接指针
	当前操作无效指针	+	精度选择指针

2. 键盘的基本操作

键盘是一种基本的输入设备。通过键盘可以实现 Windows 7 操作系统提供的操作功能,利用键盘的快捷键可以大大提高工作效率。常用的快捷键如表 2.3 所示。

表 2.3 Windows 7 常用快捷键

快捷键	说明	快捷键	说明
F1	打开帮助	Ctrl+C	复制
F2	重命名文件(夹)	Ctrl+X	剪切
F3	搜索文件或文件夹	Ctrl+V	粘贴
F5	刷新当前窗口	Ctrl+Z	撤销
Delete	删除	Ctrl+A	选定全部内容
Shift+Delete	永久删除所选项	Ctrl+Esc	打开开始菜单
Alt+Tab	在打开项目间切换	Ctrl+Alt+Delete	打开任务管理器
Alt+Esc	以项目打开顺序切换	Alt+F4	退出当前程序

2.3 Windows 7 的文件管理

文件是计算机中信息的存在形式,文件夹是为了更好地管理文件而设计。文件与文件夹的操作是 Windows 7 操作系统的核心操作。Windows 7 具有很强的文件组织和管理能力，借助 Windows 7，用户可以方便地对文件进行管理和控制。本节主要介绍文件和文件夹的常用操作。

2.3.1　文件与文件夹的概念

1. 文件

文件是保存在存储介质上的一组相关信息的集合，通常包括程序和文档。文件是操作系统用来存储和管理信息的基本单位，可以用来存放各种信息。

任何文件都有文件名，文件名是存取文件的依据。Windows 系统的文件名通常由主文件名和扩展名两部分组成，它们之间以点号“.”分割。

其格式是：<主文件名>.<扩展名>。

(1) 主文件名是文件的标识，不可缺少。Windows 7 系统支持长文件名，最多可达 255 个字符，可以使用英文字母(不区分大小写)、数字、汉字和一些特殊符号，且可以包含空格和多个点号，但不能出现以下字符：\ / ： * ？ “ 〈 〉 |，不区分英文大小写。

(2) 扩展名主要用于表示文件的类型，是可选的。若有多个点号，以最后一个点号后的字符作为扩展名；扩展名通常不超过 3 个字符。

(3) 通配符。当查找文件或文件夹时，可以使用通配符“*”和“?”。其中，星号“*”代表任意多个字符，问号“?”代表一个任意字符。

例如，*.txt 表示所有扩展名为 txt 的文件；A?.* 表示主文件名由两个字符组成，且第一个字符是“A”或“a”的文件。

2. 文件类型

根据文件存储内容的不同，把文件分成各种不同的类型。不同的类型通常用文件的扩展名来表示。Windows 7 中常用的文件类型及其扩展名如表 2.4 所示。

表 2.4　文件类型及对应的扩展名

文件类型	扩展名	文件类型	扩展名
系统文件	.sys	声音文件	.wav
可执行程序文件	.exe 或.com	位图文件	.bmp
纯文本文件	.txt	Word 文档文件	.doc
系统配置文件	.ini	Excel 文件	.xls
Web 页文件	.htm 或 html	帮助文件	.hlp
动态链接库文件	.dll	数据库文件	.dbf

3. 文件属性

文件除了文件名之外，还有文件大小、占用空间、所有者信息等，这些信息统称为文件的属性信息。在 Windows 7 中，选定一个文件，右击，选择快捷菜单中的“属性”命令，就可以打开文件的属性窗口。在文件的属性窗口，可以查看文件的类型、描述信息、位置、大小、占用空间、创建、修改、访问时间等信息，还可以查看和设置文件的只读、隐藏和存档等属性。

4. 文件夹

文件夹是 Windows 中保存文件的基本单元,利用文件夹系统可将不同类型、不同用途、不同时间的文件归类保存。文件夹也可以理解为存放文件的容器,便于用户使用和管理文件。

2.3.2 资源管理器

"计算机"与"资源管理器"都是 Windows 7 系统提供的用于管理文件和文件夹的工具,两者的功能类似,其原因是它们调用的都是同一个应用程序 Explorer.exe。这里以"资源管理器"为例进行介绍。

1."资源管理器"窗口

"资源管理器"是 Windows 7 系统提供给用户的一个强大的资源管理工具。通过它可以管理硬盘、映射网络驱动器、外围驱动器、查看控制面板及浏览网页等。

1)启动

(1)单击"开始"→"所有程序"→"附件"→"Windows 资源管理器"命令。

(2)右击任务栏上的"开始"按钮,在弹出的快捷菜单中选择"打开 Windows 资源管理器"命令,都可打开如图 2.16 所示的"资源管理器"窗口。

"资源管理器"窗口打开后,即可使用它来浏览计算机中的文件信息和硬件信息。"资源

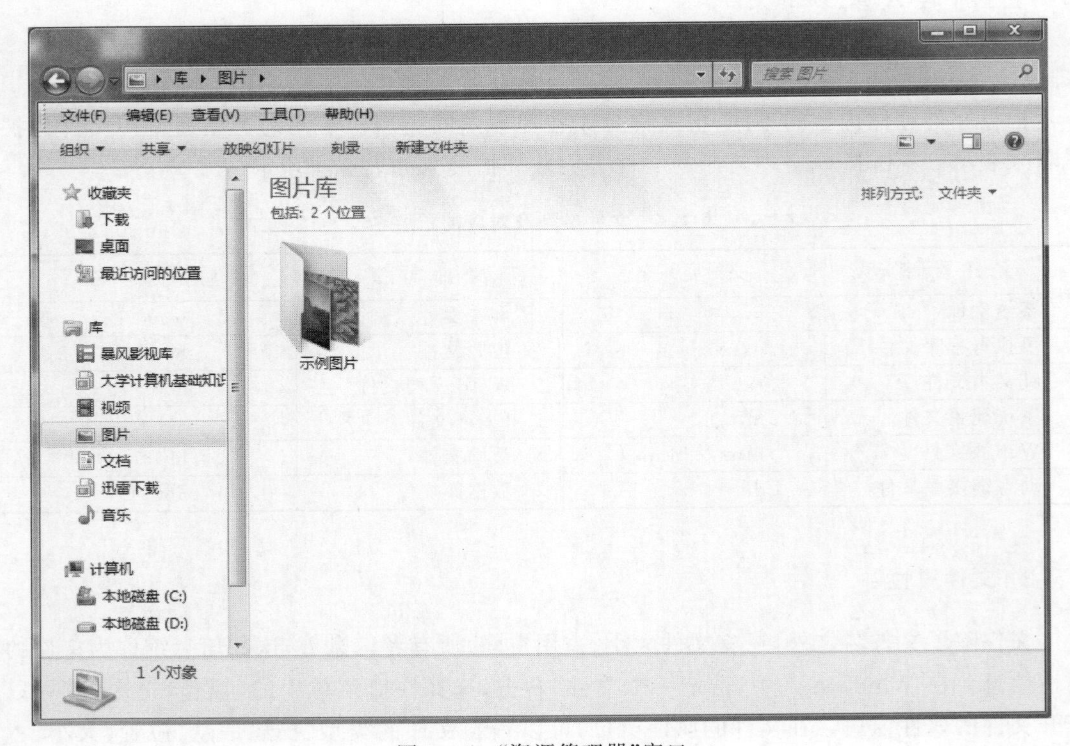

图 2.16 "资源管理器"窗口

管理器”窗口被分成左右两个窗格。左边是列表窗口，可以以目录树的形式显示计算机中的驱动器和文件夹，这样用户可以清楚地看出各个文件夹之间或文件夹和驱动器之间的层次关系；右面是选项内容窗口，显示当前选中的选项里面的内容。

2）收藏夹

收藏夹收录了用户可能要经常访问的位置。Windows 7 系统默认情况下，收藏夹中建立了 3 个快捷方式：“下载”“桌面”和“最近访问的位置”，其中：

（1）“下载”指向的是从因特网下载时默认存档的位置。

（2）“桌面”指向桌面的快捷方式。

（3）“最近访问的位置”中记录了最近访问过的文件或文件夹所在的位置。当用户拖动一个文件夹到收藏夹中时，表示在收藏夹中建立起快捷方式。

3）库

库是 Windows 7 引入的一项新功能，库是一个特殊的文件夹，其目的是快速地访问重要的资源，其实现方式有点类似于应用程序或文件夹的“快捷方式”。库的优势在于：可以将分散在硬盘各个分区的资源统一进行管理，无须在多个资源管理器窗口来回切换。

在 Windows 7 中，系统默认情况下，库中存在 4 个子库，分别是视频库、图片库、文档库和音乐库，其分别链向当前用户下的“我的视频”“我的图片”“我的文档”和“我的音乐”4 个文件夹。当用户在 Windows 7 提供的应用程序中保存创建的文件时，默认的位置是“文档库”所对应的文件夹，从 Internet 下载的视频、图片、网页、歌曲等也会默认分别存放到这 4 个子库中。

用户也可在库中建立“链接”链向磁盘上的文件夹，具体做法是：在目标文件夹上右击，在弹出的快捷菜单中选择“包含到库中”命令，在其子菜单中选择希望加到哪个字库中即可。通过访问这个库，用户可以快速找到所需的文件或文件夹。

4）文件夹标识

如果需要使用的文件或文件夹包含在一个主文件夹中，那么必须将其主文件夹打开，然后将所要的文件夹打开。

如果文件夹图标前面有“ ▷ ”标记，则表示该文件夹下面还包括子文件夹，可以直接通过单击这一标记来展开这一文件夹。

如果文件夹图标前面有“◢”标记，则表示该文件夹下面的子文件夹已经展开。如果一次打开的文件夹太多，资源管理器窗口中会显得特别杂乱，所以使用后的文件夹最好单击文件夹前面或上面的三角箭头标记将其折叠。

5）快捷方式

在图 2.16 窗口中，可以看到有些图标的左下角有一个小箭头，这样的图标代表快捷方式，通过它可以快速启动它所对应的应用程序。

2. 显示方式

在“资源管理器”中，可以使用以下两种方法重新选择项目图标的显示方式。

（1）选择“资源管理器”窗口菜单栏上的“查看”菜单，显示查看下拉式菜单。根据个人的习惯和需要，在“查看”菜单中可以将项目图标的排列方式选择为超大图标、大图标、中等图标、小图标、列表、详细信息、平铺和内容 8 种方式之一。

(2) 使用"查看"选项按钮，选择文件列表窗口中的项目图标显示方式。单击工具栏中"查看"按钮，提示"更改您的视图"，显示列表菜单，如图 2.17 所示。在现实的查看方式列表菜单中，可以根据需要选择项目图标的显示方式。

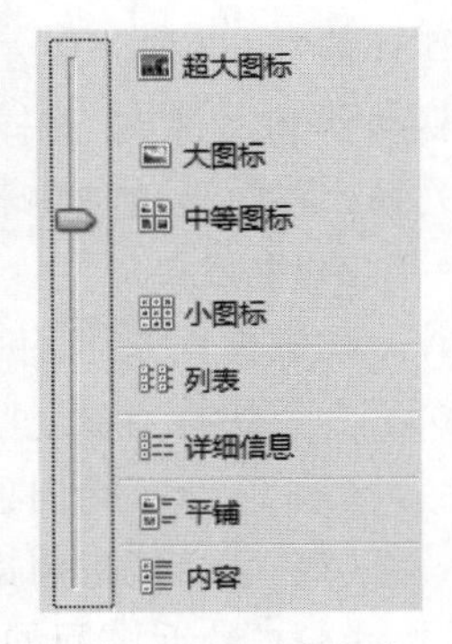

图 2.17　显示方式

3. 排列图标

同"计算机"窗口一样，在"资源管理器"窗口中，单击"查看"→"排列方式"命令，显示"排列图标"选项的级联菜单，可以根据需要改变图标的排列方式。

2.3.3　文件与文件夹的操作

在 Windows 7 中，常用的文件和文件夹管理操作包括新建、选定、移动、复制、删除等。

1. 新建文件夹

在 Windows 7 中，用户可以创建自己的文件夹。创建文件夹的方法如下。

1) 在桌面创建文件夹

在桌面空白处右击→"新建"→"文件夹"命令，将新建一个名为"新建文件夹"的文件夹。此时新建文件夹的名字为"新建文件夹"，其文字处于选中状态，用户可以根据需要输入新的文件夹名，输入后按 Enter 键或单击鼠标，完成文件夹的创建并命名。

2) 通过"计算机"或"资源管理器"创建文件夹

打开"计算机"(或"资源管理器")窗口，选择创建文件夹的位置。如，要在 D 盘上新建一个文件夹，双击 D 盘将其打开，然后执行"文件"→"新建"→"文件夹"命令；或在 D 盘文件列表窗口的空白处右击→"新建"→"文件夹"命令，创建并命名文件夹。

2. 选定文件或文件夹

在 Windows 7 中，对文件或文件夹进行管理操作都有一个前提，就是要先选定要操作的文件或文件夹对象，因此，文件或文件夹的选定操作是其他文件操作的基础。

1) 选择一个文件或文件夹

直接单击要选定的文件或文件夹。

2) 选择多个连续文件或文件夹

(1) 按住 Shift 键选择多个连续文件。单击第一个要选择文件的图标，然后按住 Shift 键，单击最后一个要选择文件，则多个连续的文件对象一起被选中。

(2) 使用鼠标框选多个连续的文件。在第一个或最后一个要选择的文件外侧按住鼠标左键，然后拖动出一个虚线框，将所要选择的文件或文件夹框住，松开鼠标，所需文件或文件夹即被选中。

3) 选择多个不连续文件或文件夹

按住 Ctrl 键不放，依次单击要选择的文件或文件夹。将需要选择的文件全部选中后，松开 Ctrl 键，即被选中。

3. 移动文件或文件夹

为了合理有效地管理文件，经常需要调整某些文件或文件夹的位置，将其从一个磁盘(或文件夹)移动到另一个磁盘(或文件夹)。常用的移动文件或文件夹的方法如下。

1) 使用“剪贴板”

选中需要移动的文件或文件夹，选择菜单栏中“编辑”→“剪切”命令，将选中的文件或文件夹剪切到剪贴板上。然后打开目标文件夹，执行菜单栏中“编辑”→“粘贴”命令，将所剪切的文件或文件夹移动到打开的文件夹中。

2) 用鼠标左键

按下 Shift 键的同时按住鼠标左键拖动所要移动的文件或文件夹到要移动到的目标处，松开鼠标即可。

3) 用鼠标右键

按住鼠标右键拖动所要移动的文件或文件夹到要移动到的目标处，松开鼠标，显示如图 2.18 所示的快捷菜单。选择快捷菜单中的“移动到当前位置”命令即可。

4) 使用菜单选项移动文件或文件夹

选择要移动的文件或文件夹，执行菜单栏上的“编辑”→“移动到文件夹”命令，弹出如图 2.19 所示的“移动项目”对话框，在该对话框中打开目标文件夹，单击“移动”按钮即可。

复制到当前位置(C)
移动到当前位置(M)
在当前位置创建快捷方式(S)
取消

图 2.18 快捷菜单

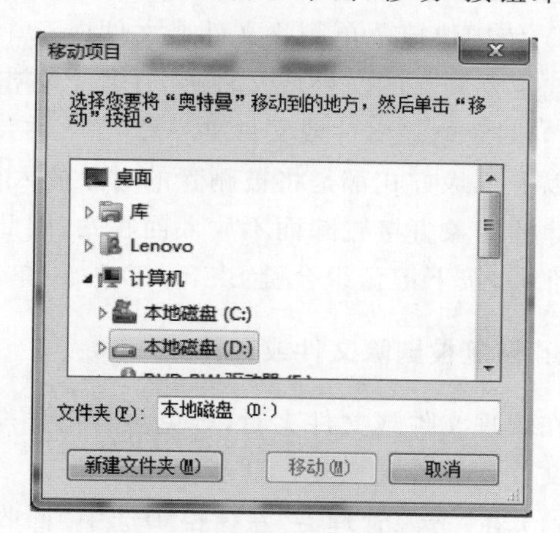

图 2.19 “移动项目”对话框

4. 复制文件或文件夹

对于一些重要的文件有时为了避免其数据丢失，要将一个文件从一个磁盘(或文件夹)复制到另一个磁盘(或文件夹)中，以作为备份。同移动文件类似，常用的复制方法如下。

1) 使用“剪贴板”

选中需要复制的文件或文件夹，执行菜单栏上的“编辑”→“复制”命令，将选中的文件或文件夹复制到剪贴板上，然后将其目标文件夹打开，执行菜单栏上的“编辑”→“粘贴”命令，将所复制的文件或文件夹复制到打开的文件夹中。

2) 用鼠标左键

按下 Ctrl 键的同时按住左键拖动所要复制文件或文件夹到目标位置，松开鼠标即可。

3）用鼠标右键

按住鼠标右键拖动所要复制的文件或文件夹到目标位置，松开鼠标，选择快捷菜单中的“复制”到当前位置命令即可。

4）使用菜单选项复制文件或文件夹

选定要复制的文件或文件夹，执行菜单栏上的“编辑”→“复制到文件夹”命令，在弹出的“复制项目”对话框中打开目标文件夹，单击“复制”按钮即可。

5. 删除文件或文件夹

在 Windows 7 中，一些无用的文件或文件夹应及时删除，以提高磁盘空间的利用率。常用的删除方法如下。

1）使用菜单栏删除

选定要删除的文件或文件夹，在“资源管理器”或“计算机”窗口的菜单栏中执行“文件”→“删除”命令即可。

2）使用键盘删除

选定要删除的文件或文件夹，按下键盘上的 Delete 键即可。

3）直接拖入回收站

选定要删除的文件或文件夹，在回收站图标可见的情况下，直接拖动到回收站即可。

4）使用快捷菜单删除文件或文件夹

选定要删除的文件或文件夹，在其上右击，在弹出的快捷菜单中选择“删除”命令即可。

5）彻底删除文件或文件夹

以上删除方式都是将被删除的对象放入回收站，需要时还可以还原。而彻底删除是将被删除的对象直接删除而不放入回收站，因此，无法还原。其方法是：选中将要删除的文件或文件夹，按下键盘组合键 Shift＋Delete，单击“是”按钮即可。

6. 恢复被删除文件或文件夹

在管理文件或文件夹时，难免会有错误操作等各种情况发生，借助“回收站”可以将被删除的文件或文件夹恢复。其步骤如下：

(1) 在“资源管理器”左窗格中选中“回收站”文件夹，被删除的文件或文件夹将显示在右窗口。

(2) 选择要恢复的文件或文件夹。

(3) 在文件菜单或快捷菜单中选中“还原”命令，即可完成恢复操作。

7. 重命名文件或文件夹

在 Windows 7 中，重命名文件或文件夹的常用方法如下。

1）使用文件菜单

选择需重命名的文件或文件夹，单击菜单栏中“文件”→“重命名”命令，所选文件或文件夹被选中，在文本框中输入新名称，按下 Enter 键或单击文件列表其他位置即可。

2）使用快捷菜单

在需要重命名的文件或文件夹上单击右键，在弹出的快捷菜单中选择“重命名”命令，在文件名的文本框中输入新名称，然后按 Enter 键即可。

3）两次单击鼠标

单击需要重命名的文件或文件夹，然后再次单击此文件或文件夹的名称，此时所选文件被选中，在一个文本框中输入新名称，然后按 Enter 键即可。

8. 更改文件或文件夹属性

在 Windows 7 系统中，在文件或文件夹上右击→快捷菜单选"属性"命令，弹出如图 2.20 的"文件属性"对话框。该对话框提供了该对象的属性信息，如文件类型、大小、创建时间、文件的属性等。

(1) "只读"属性。文件只能允许读操作，即只能运行，不能被修改或删除。

(2) "隐藏"属性。设置为隐藏属性的文件的文件名不在窗口中显示。

例如，使用"属性"对话框可以设置未知类型文件的打开方式。在选择的文件上右击→"属性"→"更改"，"打开方式"对话框中选择打开此文件应用程序。

例如，Windows 7 系统默认情况下，资源管理器不显示系统文件和隐藏文件。如果需要显示被隐藏的文件，可以执行菜单栏"工具"→"文件夹选项"命令，在弹出的"文件夹选项"对话框中选择"查看"选项卡，在"高级设置"列表框，选择"隐藏文件和文件夹"中的"显示所有文件和文件夹"命令，如图 2.21 所示。

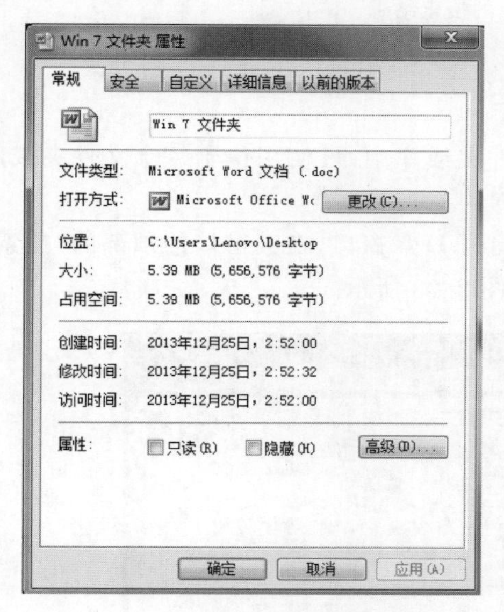

图 2.20 "文件属性"对话框

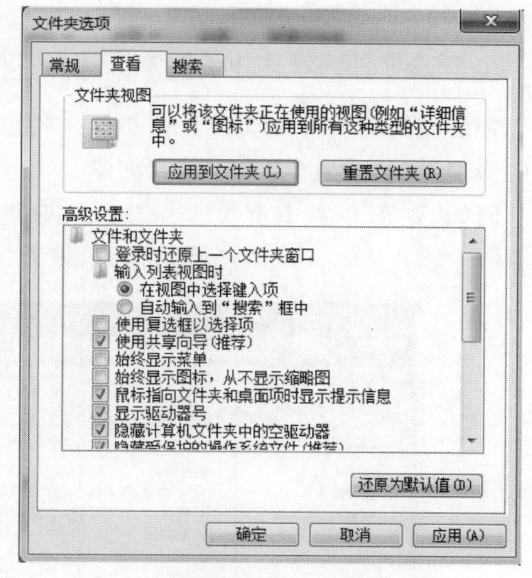

图 2.21 "查看"选项卡

2.3.4 搜索文件或文件夹

在实际操作中，搜索文件与文件夹是常用的操作。Windows 7 操作系统为用户提供了强大的搜索功能，常用方法如下。

1. 使用"开始"菜单的搜索框

单击"开始"按钮→"搜索程序和文件"，在文本框中输入想要查找的信息。

例如，想要查找所有 Word 文件，在搜索文本框中输入“＊. doc”，输入后与所输入文本相匹配的项都会显示在开始菜单上，如图 2.22 所示。

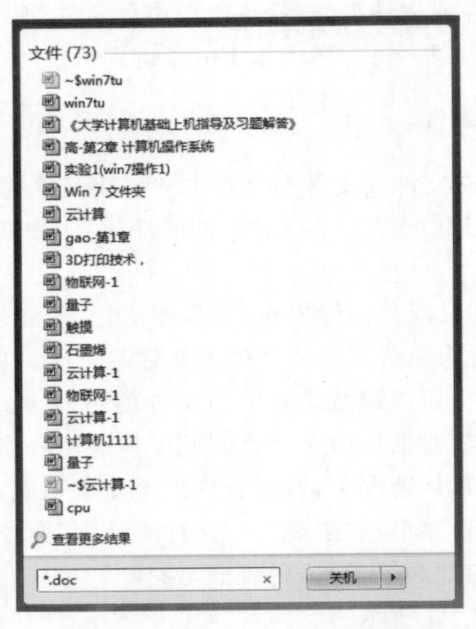

图 2.22　“开始”菜单上的搜索结果

2. 使用文件夹或库中的搜索框

若已知所需文件或文件夹位于某个特定的文件夹或库中，可使用位于每个文件夹或库窗口的顶部的“搜索”文本框进行搜索。

例如，要在 D 盘中查找所有 Word 文件，首先打开 D 盘窗口，在其窗口的顶部的“搜索”文本框中输入“＊. doc”，则开始搜索，搜索结果如图 2.23 所示。

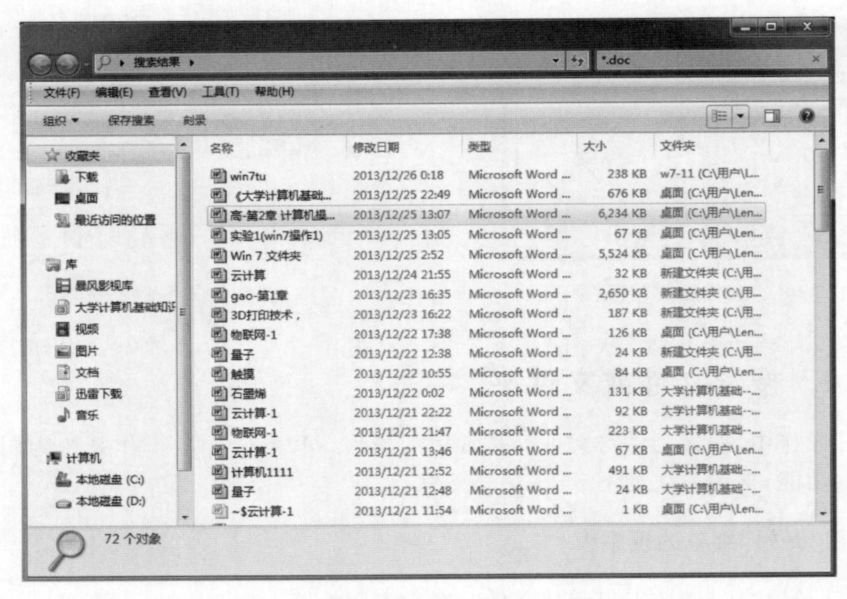

图 2.23　搜索结果

3. 基于一个或多个属性来搜索文件

用户搜索时可在文件夹或库的“搜索”文本框中使用“搜索筛选器”指定属性，从而更加快速地查找指定的文件或文件夹。

例如，在上例中按照“修改日期”来查找符合条件的文件，则需单击“搜索”文本框，搜索筛选器，选择“修改日期”，进行关于日期的设置。

2.3.5 压缩与解压缩文件或文件夹

为了节省磁盘空间，用户可以对一些文件或文件夹进行压缩，压缩文件节省存储空间，提高传输速度，以实现不同用户之间的共享。解压缩文件或文件夹就是从压缩文件中提取文件或文件夹。Windows 7 操作系统置入了压缩文件程序。

1. 压缩文件或文件夹

1）利用 Windows 7 系统自带的压缩程序

确定待压缩的文件或文件夹，在其上右击，在快捷菜单中选择“发送到”→“压缩(zipped)文件夹”命令，之后执行压缩。该压缩方式生成的压缩文件，扩展名为.zip。

2）利用 WinRAR 压缩

如果系统安装了 WinRAR，则选择要压缩的文件或文件夹，如这里选择“模板”文件夹，在该文件夹上右击，在弹出的快捷菜单中选择“添加到‘模板.rar’”命令，之后执行压缩。该压缩方式生成的压缩文件，扩展名为.rar。

3）向压缩文件夹添加文件或文件夹

压缩文件创建后，可直接向其中添加新的文件或文件夹。其方法是：将待添加的文件或文件夹放到压缩文件夹所在的目录下，选择要添加的文件或文件夹，按住鼠标左键，将其拖至压缩文件，放开鼠标，弹出“正在压缩”对话框，执行压缩后，文件自动加入到压缩文件中，双击查看即可。

2. 解压缩文件或文件夹

1）利用 Windows 7 系统自带的压缩程序对文件或文件夹进行解压缩

在要解压的文件上右击，从弹出的快捷菜单中选择“全部提取”选项，弹出“提取压缩(zipped)文件夹”对话框，在该对话框的“选择一个目标并提取文件”部分设置解压缩文件或文件夹的存放位置，单击“提取”即可。

2）利用 WinRAR 压缩程序对文件或文件夹进行解压缩

如果系统安装了 WinRAR，则选择要解压缩的文件或文件夹，如这里选择“模板.rar”，在该文件上单击右键，在弹出的快捷菜单中选择“解压到当前文件夹”选项即可。

2.4 Windows 7 系统设置

控制面板是用户对计算机系统进行配置和管理的重要工具。使用控制面板，用户可以对 Windows 7 的系统进行个性化设置、多用户管理、添加或删除程序、查看硬件设备、进行网络配置等操作。

启动控制面板的方法有很多，常用的有以下几种：

(1) 单击“开始”按钮，在弹出的“开始”菜单选择“控制面板”选项，如图 2.24 所示。

图 2.24　控制面板

(2) 打开“计算机”窗口，在工具栏中单击“打开控制面板”按钮，即可打开。

(3) 打开“计算机”窗口，在地址栏中输入控制面板，按 Enter 键即可打开。

(4) 在“开始”菜单的“运行”窗口，输入 control 命令，按 Enter 键即可打开。

控制面板中为图标的显示提供三种查看方式：即类别、大图标和小图标，如图 2.24 右上角的查看方式，单击“类别”下拉菜单，即可选。通常选择“类别”形式，它把相关的项目组合成一组，并且分 8 组呈现简洁明了。

2.4.1　外观和个性化

外观与个性化选项组主要是为用户提供对 Windows 7 系统的桌面个性化设置、显示设置、桌面小工具设置、任务栏和开始菜单的属性设置、文件夹的设置以及字体设置等。

1. 设置主题

主题决定着整个桌面的显示风格，Windows 7 系统为用户提供了多个主题。在“控制面板”单击“外观和个性化”，选择“个性化”选项，打开“个性化”窗口，如图 2.25 所示。在该窗口中部，主题区域提供了多个主题选择，如 Aero 主题提供了 7 个不同的主题，用户可以根据个人喜好选择一个主题。主题是一整套显示方案，更改主题后，之前所有设置如桌面背景、窗口颜色等元素都将改变。当然，在应用了一个主题后也可以单独更改其他元素，如桌

图 2.25　“个性化”窗口

面背景、颜色、声音和屏保等。内容更改完成后，在“我的主题”中右击“未保存的主题”选项，选择“保存主题”命令，打开“将主题另存为”对话框，输入主题名称，单击“确定”按钮，即可保存设置。

2. 设置桌面背景

单击“个性化”窗口下方“桌面背景”选项，选择想要当作背景的图案，单击“保存修改”按钮即可。如果不想选择 Windows 7 提供的背景图片，可单击“浏览”按钮，在文件系统或网络中搜索用户所需的图片文件作为背景。在 Windows 7 系统中，可以选择一个图片作为桌面背景，用户也可选择多个喜欢的图片创建一个幻灯片作为桌面背景。如图 2.26 所示，选中多个图片，激活该窗体下方的“更改图片时间间隔”下拉菜单，自定义间隔时间后单击“保存修改”按钮即可。幻灯片作为桌面背景是 Windows 7 系统的又一个亮点。

单击窗体下方“图片位置”下拉列表项，还可为背景选择居中、填充、适应、拉伸、平铺 5 种显示方式。

3. 设置颜色和外观

Windows Aero 界面是一种增强型界面，可提供很多新功能，例如，透明窗口边框、动态预览、更平滑的窗口拖曳、关闭和打开窗口的动态效果等。作为安装过程的一部分，Windows 7 会运行性能测试，并检查计算机是否可以满足 Windows Aero 的基本要求。在兼容系统中，

图 2.26 "桌面背景"窗口

Windows 7 默认对窗口和对话框使用 Aero 界面。

单击"个性化"窗口下方的"窗口颜色"选项，打开"窗口颜色和外观"设置窗口，如图 2.27 所示。可对 Aero 颜色方案、窗口透明度和颜色浓度三个方面的外观选项进行优化设置；若选择窗口下部的"高级外观设置"链接，则打开如图 2.28 所示的"窗口颜色和外观"对话框，在"项目"下拉列表框中，可以进一步对桌面、菜单、窗体、标题按钮等进行设置。

4. 设置屏幕保护

屏幕保护程序可以在用户暂时不对计算机进行任何操作时将显示屏幕屏蔽掉，从而节省能源并保护显示器。屏幕保护程序启动后，只需移动鼠标或按任意键，即可退出屏保程序。Windows 7 提供了多种屏幕保护程序，还可以使用计算机内保存的照片作为屏保程序。单击"个性化"窗口下方的"屏幕保护程序"链接，打开"屏幕保护程序设置"对话框，单击"屏幕保护程序"下拉列表框，在其中选择所需选项，在"等待"数值框中输入启动屏幕保护程序的时间，单击"预览"按钮，可预览设置效果。如选择"在恢复时显示登录屏幕"复选框后，屏幕进入屏幕保护程序后，需要输入密码，才能退出屏保程序，这样可以保护计算机数据的安全。设置完成后单击"确定"按钮，即可生效。

5. 设置桌面图标

Windows 7 系统安装完成后，默认情况下，只有"回收站"图标显示在桌面上。为了使用方便，用户可以添加一些常用图标到桌面上。在"个性化"窗口左上部选择"更改桌面图标"

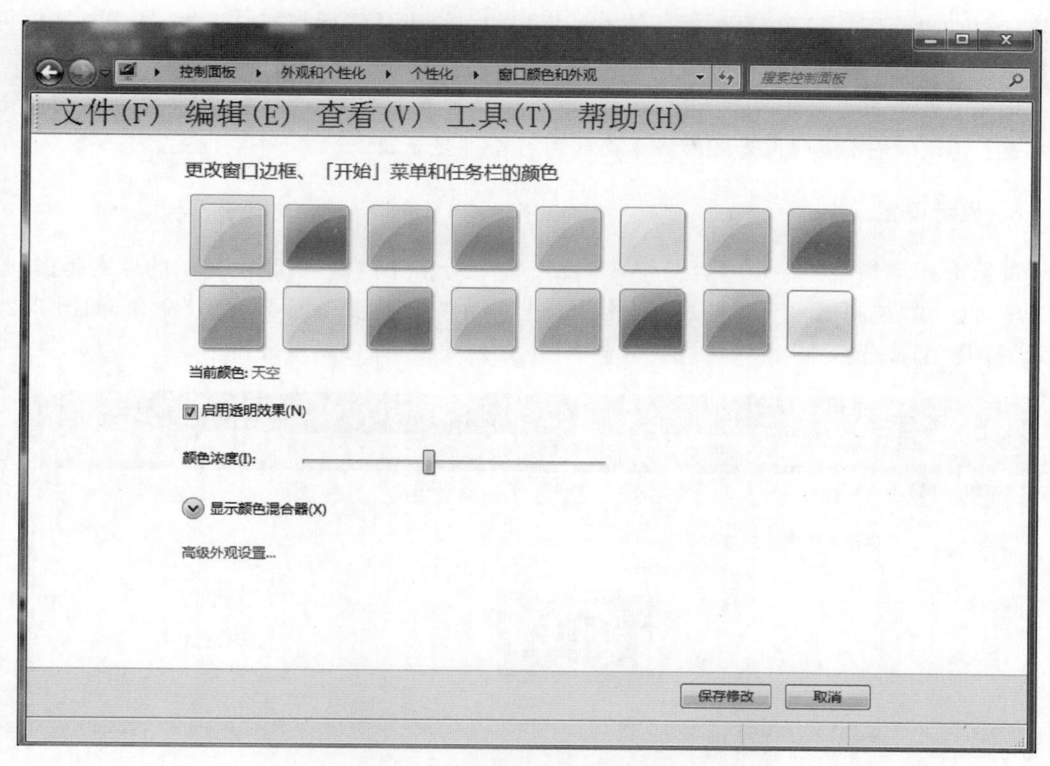

图 2.27 “窗口颜色和外观”窗口

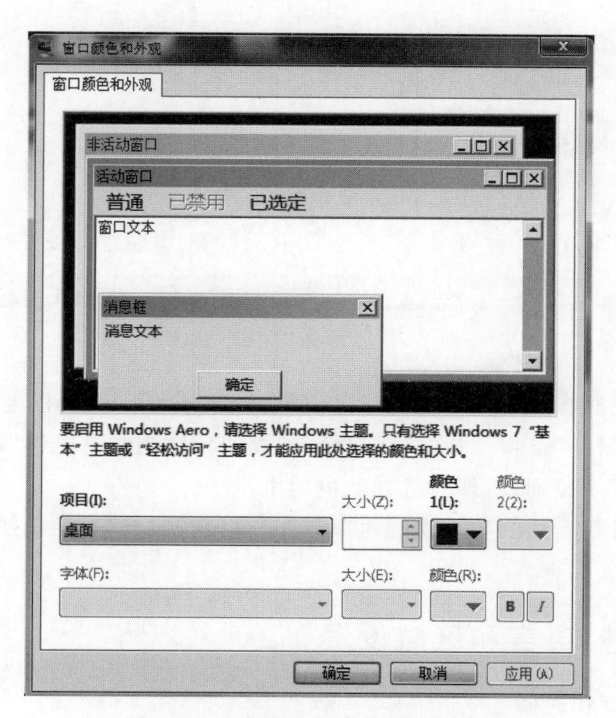

图 2.28 “窗口颜色和外观”对话框

链接,弹出“桌面图标设置”对话框。该对话框中的每个默认图标都有复选框,选中复选框可以显示图标,取消选中复选框可以隐藏图标,选择后单击“确定”按钮即可。

提示: 在桌面空白处单击右键,选择“查看”→“显示桌面图标”命令,可将桌面的图标全部隐藏;再次执行该命令,又可以将桌面的图标全部显示出来。

6. 显示设置

屏幕分辨率指组成显示内容的像素总数。一般分辨率越高,屏幕上显示的像素越多,画面越清晰。在“控制面板”→“外观和个性化”→“显示”→“调整屏幕分辨率”命令,如图 2.29 所示,打开“屏幕分辨率”窗口,单击“分辨率”下拉列表框,即可调整分辨率。

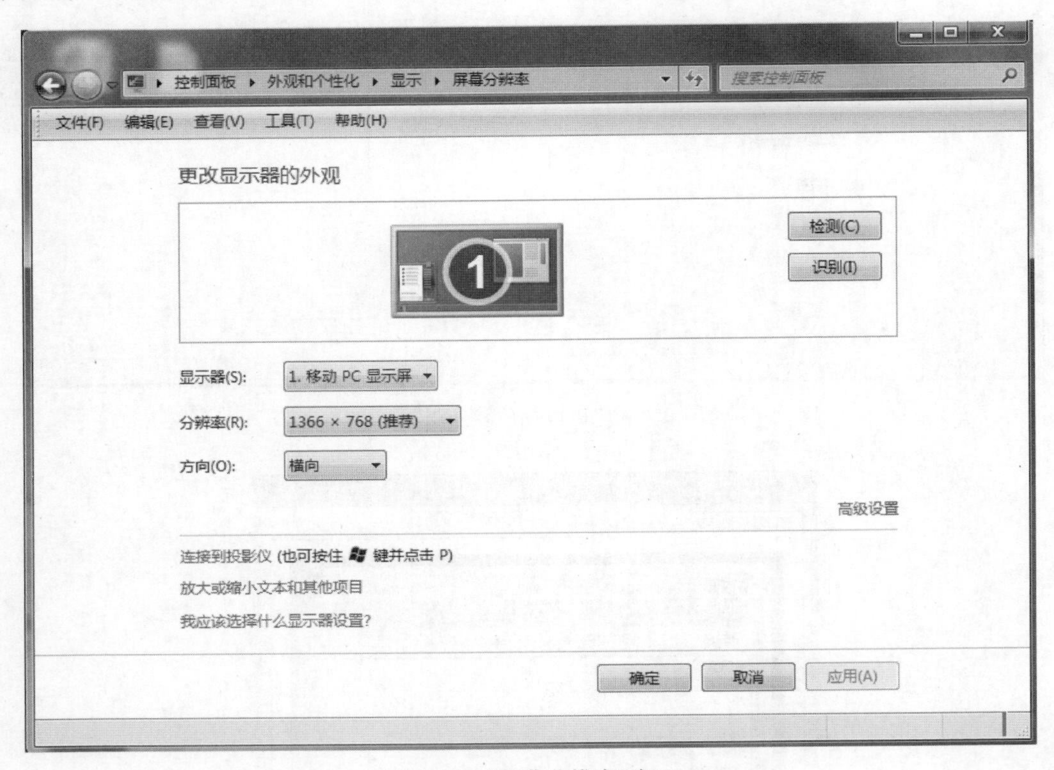

图 2.29 “屏幕分辨率”窗口

颜色质量指可同时在屏幕上显示的颜色数量,颜色质量在很大程度上取决于屏幕分辨率设置。在“屏幕分辨率”窗口选择“高级设置”选项,打开“视频适配器”对话框,在“监视器”选项卡中使用“颜色”下拉列表,即可选择颜色质量。

刷新频率是指屏幕上的内容重绘的速率。在“视频适配器”对话框使用“屏幕刷新频率”下拉列表,即可选刷新频率。

2.4.2 时钟、语言和区域设置

1. 设置系统日期和时间

在“控制面板”中单击“时钟、语言和区域”组,选择“日期和时间”选项打开“日期和时间”

对话框，如图 2.30 所示。在该对话框中设置日期和时间后，单击“确定”按钮即可。设置后，当鼠标单击任务栏的时间后将显示设置效果。

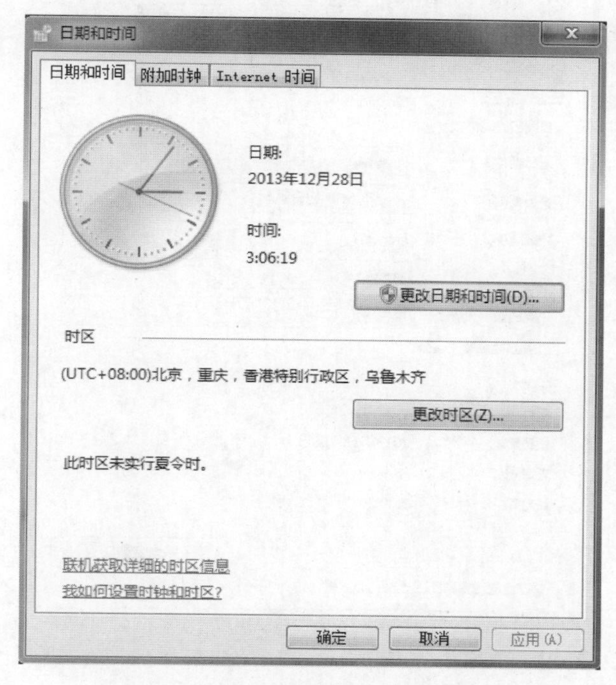

图 2.30 “日期和时间”对话框

2. 设置时区

在“日期和时间”对话框选择“时区”区域中的“更改时区”按钮，打开“时区设置”对话框，在“时区”下拉列表框中，可选所需时区。

3. 设置日期、时间或数字格式

在“控制面板”窗口打开“时钟、语言和区域”窗口，选择“区域和语言”选项，打开“区域和语言”对话框，在“格式”选项卡中可以根据需要来更改日期和时间格式，如图 2.31 所示。单击“其他设置”按钮，打开“自定义格式”对话框，可进一步对数字、货币、时间、日期等格式进行设置。

4. 设置输入法

Windows 7 系统中自带了简体中文等多种汉字输入法，用户可以自定义选择输入法。

1）添加/删除 Windows 7 自带的输入法

例如，以添加“简体中文全拼输入法”为例。如图 2.31 所示，在“区域和语言”对话框中，选择“键盘和语言”选项卡，单击“更改键盘”按钮弹出“文本服务和输入语言”对话框，单击“添加”按钮，弹出“添加输入语言”对话框，选中“简体中文全拼（版本 6.0）”复选框，单击“确定”按钮，返回“文本服务和输入语言”对话框，在“已安装的服务”列表框中可看到已添加的输入法。同样，在这两个对话框中，也可对 Windows 7 自带输入法进行删除操作，如图 2.32 所示。

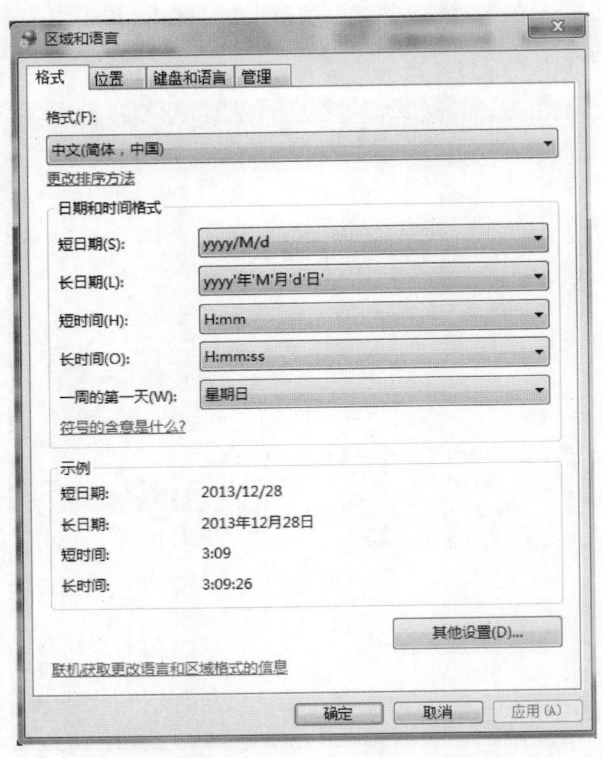

图 2.31　“区域和语言”对话框

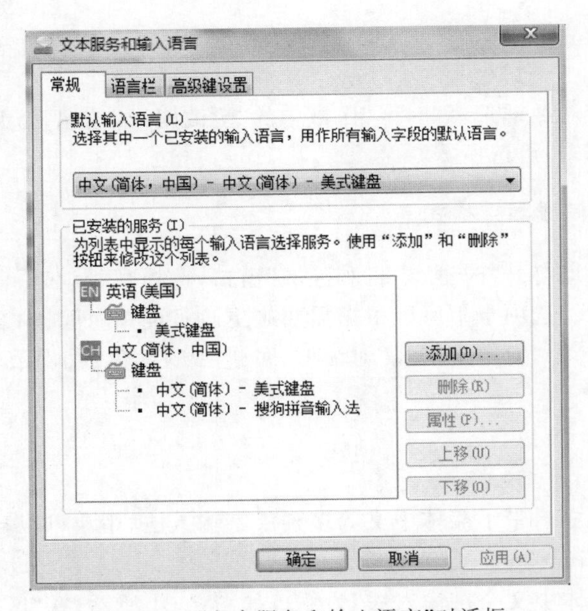

图 2.32　“文本服务和输入语言”对话框

2）语言栏设置

单击“语言栏”选项卡，在“文本服务和输入语言”对话框中可以设置输入法状态栏，如图 2.33 所示。

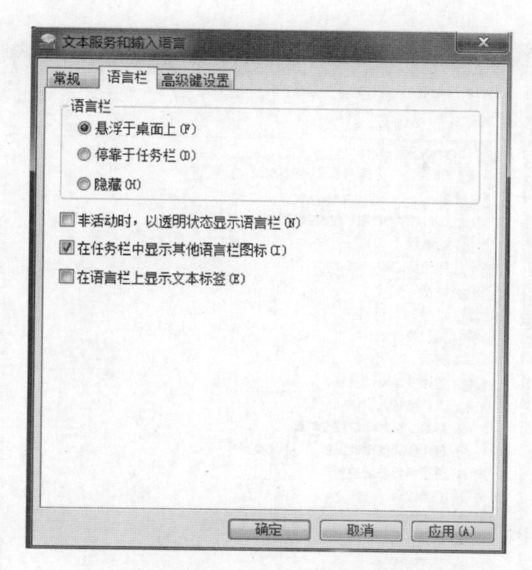

图 2.33 “语言栏”选项卡

3）切换输入法

用户可以添加中英文等多种输入法，各种输入法之间的切换可以使用“输入法列表”菜单切换输入法。单击任务栏右端的“输入法”按钮，将显示安装的所有“输入法列表”菜单，单击“输入法列表”菜单中需要切换到的输入法即可。使用“输入法热键”：如果在“输入法区域设置”对话框中设置了切换输入法的热键，使用这一热键即可切换输入法，例如，通常的热键设置可用中英文切换(Ctrl＋Shift)，也可用 Ctrl＋空格键。

2.4.3 硬件和声音设置

1. 添加/卸载硬件

当前计算机的硬件大多是即插即用型设备，直接连接即可使用。对于非即插即用的硬件，例如打印机、扫描仪等则需要安置相应的驱动程序。Windows 7 系统集成了大量设备的驱动程序。通常当设备连接到计算机时，Windows 7 系统会自动完成对驱动程序的安装。如遇需要手动安装的设备，那就要利用硬件设置了。手动安装驱动程序通常有两种方式。

(1) 如果硬件设备自带安装光盘(或可下载到安装程序)，那么按向导安装即可。

(2) 如果硬件设备只提供了设备的驱动程序，则用户需要手动安装驱动程序。

方法是：在“控制面板”打开“硬件和声音”，单击“设备和打印机”打开“设备管理器”窗口，如图 2.34 所示。在计算机名称上单击右键，选择“添加过时硬件”选项，在弹出的“欢迎使用添加硬件向导”对话框中按向导引导，完成添加即可。如需卸载设备，在其上选中，右击，选择“卸载”选项即可。

2. 添加/删除打印机

1）添加打印机

在“控制面板”单击“硬件和声音”，打开“设备和打印机”，“添加打印机”对话框。以添加

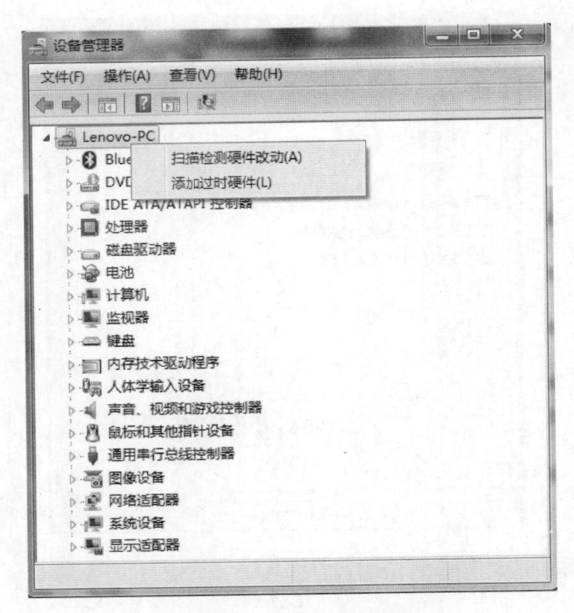

图 2.34 “设备管理器”窗口

本地打印机为例，选择“添加本地打印机”，然后选择打印机端口，单击“下一步”按钮，在弹出对话框中选择厂商和型号(例如选择 Canon 的 inkjet mp750 series)，单击“下一步”按钮，输入打印机名，单击“下一步”开始安装，单击“完成”即可。安装完成后，会在“设备和打印机”窗口中显示已安装好的打印机，如图 2.35 所示。

图 2.35 “设备和打印机”窗口

2）删除打印机

在“设备和打印机”窗口，右击要删除的打印机图标，选择“删除设备”命令即可将所选打印机删除，如图 2.35 所示。

2.4.4 用户账户设置

Windows 7 系统支持多用户使用，每个用户只需建立一个独立的账户，即可按自己需要个性设置。每个用户用自己的账号登录 Windows 7 系统，并且多用户间的系统设置是相互独立的。在 Windows 7 中，系统提供了 3 种不同类型的账户，分别是管理员账户、标准账户和来宾账户。其中：管理员账户操作权限最高，具有完全访问权，可做任何需要的修改；标准账户可执行管理员账户下几乎所有操作，但只能更改不影响其他用户或计算机安全的设置；来宾账户临时用户权限最低，只能进行最基本的操作不能对系统进行修改。

1. 创建新账户

在“控制面板”单击“用户账户和家庭安全”窗口，选择“添加或删除用户账户”打开“管理账户”窗口，单击“创建一个新账户”链接打开“创建新账户”窗口，输入要创建用户账户的名称，单击“创建账户”按钮即完成一个新账户的创建，如图 2.36 所示。

图 2.36 “管理账户”窗口

2. 设置账户

在“管理账户”窗口单击“账户名”（user 账户），弹出“更改账户”窗口，在此窗口可进行更改账户名称、创建密码、更改图片、删除账户等个性操作，如图 2.37 所示。

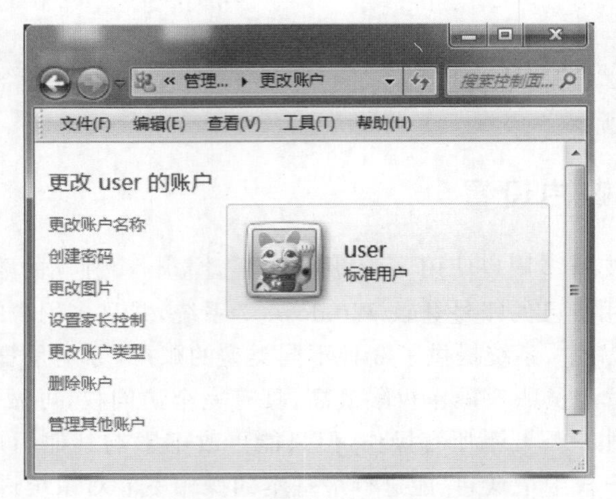

图 2.37 “更改账户”窗口

3. 设置家长控制

Windows 7 提供了“家长控制”功能，使用“家长控制”功能，可以对指定账户的使用时间及使用程序进行限定，可以对孩子玩的游戏的类型进行限定。

2.4.5 程序设置

1. 添加/删除 Windows 组件

Windows 7 系统提供了很多可供选择的组件，用户可以根据实际需要添加到系统中，也可以从系统中删除。在“控制面板”中单击“程序”，选择“打开或关闭 Windows 功能”即打开“Windows 功能”窗口。组件列表框中列出了 Windows 7 系统所包含的组件名称。凡是被选中的复选框表示该组件已经被安装到系统中；未被选中的复选框，表示尚未安装的组件。用鼠标单击复选框中的“√”即可完成相应组件的安装和删除，如图 2.38 所示。

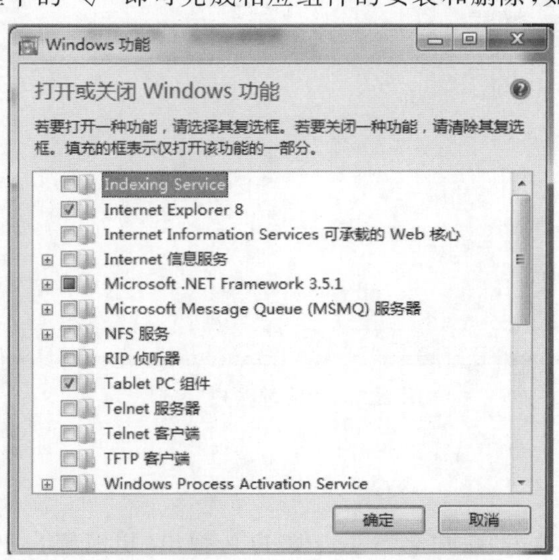

图 2.38 “Windows 功能”窗口

2. 卸载程序

Windows 7 系统提供了用户对应用程序的添加和删除。在“控制面板”中单击“程序”选项，选择“卸载程序”即打开卸载程序窗口。组件列表框中列出了 Windows 7 系统所包含的全部的应用程序。用户可以根据自己的需要，选中任意一个应用程序，即可激活“卸载/更改”按钮，单击“卸载/更改”按钮，完成相应的卸载或者更改操作即可，如图 2.39 所示。

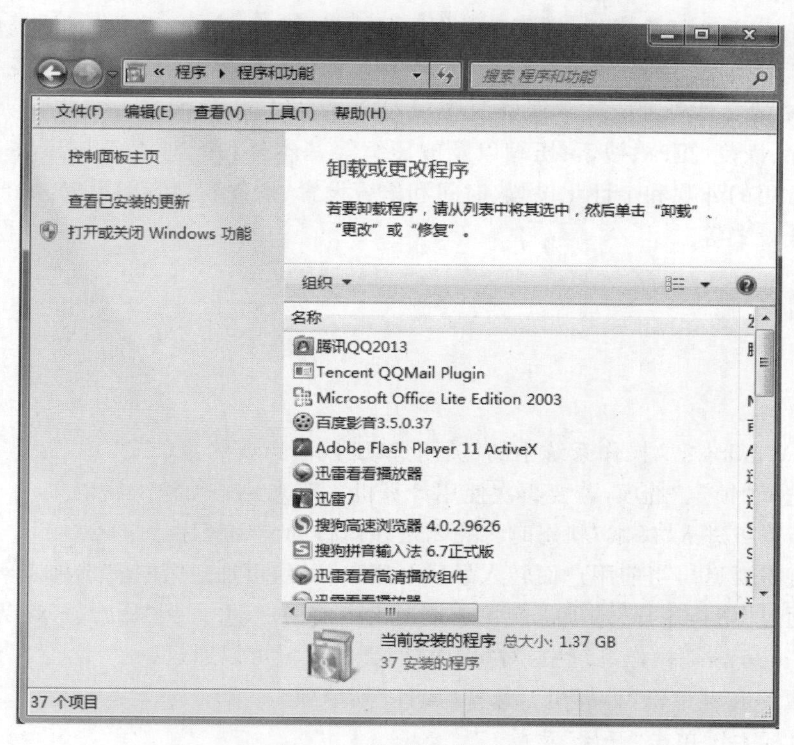

图 2.39　“卸载程序”窗口

2.4.6　安全设置

1. BitLocker To Go

Windows 7 提供了对 USB 移动存储设备(如移动硬盘)驱动器的加密支持，以便在这些数据丢失或被盗时帮助保护它们。BitLocker To Go 的操作非常简单，当需要加密 U 盘时，只需要右击 U 盘盘符，选择“启用 BitLocker”，随后在弹出来的对话框内输入密码即可。

2. 备份和还原

在 Windows 7 中，可以备份整个系统或仅备份具体的文件，甚至还可以从许多高级备份选项中进行选择，例如将文件备份到某个网络位置或将系统备份到 DVD。选择好备份文件的存放位置后，即可选择进行备份的内容。确认文件无误后，单击“更改计划”，可让系统定期帮你备份。单击“保存设置并运行备份”即可。

2.5 本章小结

本章主要讲授了操作系统的基本概念，着重讲授了当前流行的 Windows 7 操作系统，主要对 Windows 7 操作系统的基本操作、文件管理和系统设置 3 个方面进行介绍，这 3 个方面的内容是 Windows 7 初学者需要掌握的基本知识。

对于 Windows 7 操作系统，主要应掌握它的启动、退出、窗口、菜单、对话框以及键盘鼠标的使用等基本操作。熟练掌握系统桌面上图标、背景、任务栏、开始菜单的各项功能。对于 Windows 7 的文件管理应该掌握资源管理器的基本概念，掌握文件或文件夹的新建、选定、复制、删除、恢复、更改、搜索、压缩以及解压缩等基本操作。对于 Windows 7 的系统设置应该掌握常用的外观和个性化设置、时间和语言设置、硬件和声音的设置、账户设置、程序设置以及安全设置等。

习题 2

一、选择题

1. 关于 Windows 7 操作系统中的“关闭选项”说法错误的是(　　)。
   A. 选择“锁定”选项，若要再次使用计算机一般来说必须输入密码
   B. 计算机进入“睡眠”状态时将关闭正在运行的应用程序
   C. 若需要退出当前用户而转入另一个用户环境，可通过“注销”选项来实现
   D. 通过“切换用户”选项也能快速地退出当前用户，并回到“用户登录”界面
2. 在 Windows 7 操作系统中，对“桌面背景”的设置可以通过(　　)。
   A. 鼠标右键单击“计算机”，选择“属性”菜单项
   B. 鼠标右键单击“开始”菜单
   C. 鼠标右键单击桌面空白区，选择“个性化”菜单项
   D. 鼠标右键单击任务栏空白区，选择“属性”菜单项
3. 在 Windows 7 中，不能在任务栏内进行的操作是(　　)。
   A. 排列桌面图标　　　　B. 设置系统日期和时间
   C. 切换窗口　　　　D. 启动“开始”菜单
4. 用鼠标双击窗口的标题栏，则(　　)。
   A. 关闭窗口　　　　B. 最小化窗口
   C. 移动窗口的位置　　　　D. 改变窗口的大小
5. 在 Windows 7 中，多个窗口被打开时，当前窗口只有一个，则其他窗口的程序(　　)。
   A. 终止运行　　　　B. 继续运行
   C. 暂停运行　　　　D. 以上都不正确
6. 把 Windows 7 的应用程序窗口和对话框窗口比较，应用程序窗口可以移动和改变大小，而对话框窗口一般(　　)。
   A. 既不能移动，也不能改变大小　　　　B. 仅可以移动，不能改变大小

C. 仅可以改变大小,不能移动　　　　D. 既能移动,也能改变大小

7. 在 Windows 7 中,打开一个菜单后,其中某菜单项会出现下属级联菜单的标识是(　　)。

A. 菜单项右侧有一组英文提示　　　　B. 菜单项右侧有一个黑色三角形

C. 菜单项右侧有一个黑色圆点　　　　D. 菜单项左侧有一个√

8. 在 Windows 7 的操作过程中,将当前活动窗口复制到剪贴板中的组合键是(　　)。

A. Esc+PrintScreen　　　　B. Shift+PrintScreen

C. Ctrl+PrintScreen　　　　D. Alt+PrintScreen

9. 下列关于 Windows 7 操作系统的剪贴板,说法不正确的是(　　)。

A. 剪贴板是 Windows 在计算机内存中开辟的一个临时存储区

B. 关闭计算机后,剪贴板中的内容还会存在

C. 用于在 Windows 程序之间、文件之间传递信息

D. 当对选定的内容进行复制、剪切或粘贴时要用剪贴板

10. 在 Windows 7 操作系统中,“剪切”命令的组合快捷键是(　　)。

A. Ctrl+C　　B. Ctrl+X　　C. Ctrl+A　　D. Ctrl+V

11. 在 Windows 7 操作系统中,下列 4 个组合键中,系统默认的中英文输入切换键是(　　)。

A. Ctrl+空格　　B. Ctrl+Alt　　C. Shift+空格　　D. Ctrl+Shift

12. 关于“快捷方式”的说法,正确的是(　　)。

A. 它就是应用程序本身

B. 是指向并打开应用程序的一个指针

C. 其大小与应用程序相同

D. 如果应用程序被删除,快捷方式仍然有效

13. 有关“任务管理器”不正确的说法是(　　)。

A. 计算机死机后,通过“任务管理器”关闭程序,有可能恢复计算机的正常运行

B. 同时按 Ctrl + Alt + Del 组合键可出现“启动任务管理器”的界面

C. 任务管理器窗口中不能看到 CPU 的使用情况

D. 右击任务栏空白处,在弹出的快捷菜单中也可以启动任务管理器

14. 在 Windows 7 操作系统中,对文件的确切定义应该是(　　)。

A. 记录在磁盘上的一组有名字的相关信息的集合

B. 记录在磁盘上的一组有名字的相关程序的集合

C. 记录在磁盘上的一组相关数据的集合

D. 记录在磁盘上的一组相关命令的集合

15. 关于 Windows 7 操作系统中的文件命名的规定,以下说法正确的是(　　)。

A. 文件名中不能有空格和扩展名间隔符“.”

B. 文件名可用字符、数字或汉字命名,文件名最多使用 8 个字符

C. 文件名可用允许的字符、数字或汉字命名

D. 文件名可用所有的字符、数字或汉字命名

16. 在 Windows 7 操作系统中,文件名 ABCD. DOC. EXE. TXT 的扩展名是(　　)。

A. ABCD　　B. DOC　　C. EXE　　D. TXT

17. 在 Windows 7 操作系统中,下列关于附件中的工具叙述正确的是(　　)。

A. 写字板是字处理软件,不能插入图形

B. 画图是绘图工具,不能输入文字

C. 画图工具不可以进行图形、图片的编辑处理

D. 记事本不能插入图形

18. 下列关于“回收站”叙述正确的是(　　)。

A. 暂存所有被删除对象

B. 清空回收站内容后,仍可以用命令方式恢复

C. 回收站的内容不可恢复

D. 回收站的内容不占用硬盘空间

19. Windows 7 操作系统中,对“任务栏”的说法正确的是(　　)。

A. 只能改变位置,不能改变大小　　B. 只能改变大小,不能改变位置

C. 既不能改变位置也不能改变大小　　D. 既能改变位置也能改变大小

20. 在 Windows 7 操作系统的操作过程中,当一个应用程序窗口被最小化后,该应用程序将(　　)。

A. 被终止运行　　B. 被转入后台执行

C. 继续执行　　D. 被暂停执行

21. Windows 7 操作系统中,对“对话框”的叙述不正确的是(　　)。

A. 对话框没有“最大化”按钮　　B. 对话框没有“最小化”按钮

C. 对话框不能改变形状大小　　D. 对话框不能移动

22. 在 Windows 7 操作系统中,下列说法正确的是(　　)。

A. 用鼠标左键单击“任务栏”不放,拖动鼠标,则窗口随之移动

B. 用鼠标右键单击“任务栏”不放,拖动鼠标,则窗口随之移动

C. 用鼠标左键单击“标题栏”不放,拖动鼠标,则窗口随之移动

D. 用鼠标右键单击“标题栏”不放,拖动鼠标,则窗口随之移动

23. 在 Windows 7 操作系统中,利用“查找”窗口查找,其中不能按(　　)。

A. 文件中所包含的文字查找　　B. 文件创建日期查找

C. 文件所属类型查找　　D. 文件属性查找

24. Windows 文件可以直接通过“属性”对话框修改的属性有(　　)。

A. 只读、隐藏、存档　　B. 只读、存档、系统

C. 只读、系统、共享　　D. 与 DOS 的文件属性相同

25. 在 Windows 7 操作系统中,单击资源管理器中的(　　)菜单项,可以显示提供给用户的各种帮助文件。

A. 文件　　B. 选项　　C. 窗口　　D. 帮助

二、填空题

1. 操作系统的功能是________。

2. Windows 7 操作系统提供的用户界面是________。

3. 在 Windows 7 操作系统中,控制菜单图标位于窗口的________。

4. 在 Windows 7 操作系统的附件中,“画图”程序保存文件默认的扩展名是________。

5. 在 Windows 7 操作系统中,剪贴板所占用的存储区属于________。
6. 在 Windows 7 操作系统中,要移动桌面上的图标,需要使用的鼠标操作是________。
7. 关闭"当前窗口"或结束"当前应用程序的运行"的快捷键是________。
8. 在 Windows 7 窗口中,按________组合键选中窗口全部对象。
9. 在 Windows 7 操作系统中,为获得相关软件的帮助信息一般按的键是________。
10. 在 Windows 7 操作系统中,Alt+Tab 键的作用是________。
11. 在 Windows 7 操作系统中,允许同时打开________应用程序窗口。
12. 在 Windows 7 操作系统中,"回收站"是________上的一块区域。
13. 在 Windows 7 操作系统中,窗口顶部列出应用程序名字的称为________。
14. 在 Windows 7 操作系统中,"复制"命令的组合快捷键是________。
15. 启动 Windows 7 操作系统中,出现在显示器屏幕整个区域的称为________。

三、简答题

1. 简述什么是操作系统?操作系统的功能有哪些?
2. Windows 7 操作系统有哪些特点?
3. Windows 7 资源管理器有哪些重要作用?资源管理器窗口由哪几部分组成?
4. Windows 7 系统下"Aero 主题"的含义是什么?
5. 怎样在 Windows 7 操作系统中创建一个新文件?
6. 如何在 Windows 7 操作系统中复制一个自定义的文件夹并把它的快捷方式移到桌面上?
7. Windows 7 操作系统中的"库"是什么作用?
8. 为什么要用屏幕保护程序?

实验 2　Windows 7 基本操作

【实验目的】

1. 掌握窗口和菜单的基本操作
2. 掌握文件和文件夹的基本操作和管理方法
3. 掌握常用输入法程序的设置
4. 掌握设置显示属性
5. 掌握 Windows 7 操作系统中常用附件的基本功能

【实验内容】

实验 2-1　菜单的操作

(1) 打开库窗口,通过单击"库"前的"▷"和"◢",观察其子菜单的展开和收起。

(2) 在"计算机"窗口中,单击▤▾依次选择"详细资料""大图标""小图标"及"列表"命令,如图 2.40 所示,观察窗口中各项的变化。

(3) 在"计算机"窗口中,依次单击"查看"菜单下的"列表""详细信息"及"平铺"命令,观察窗口中各项的变化。

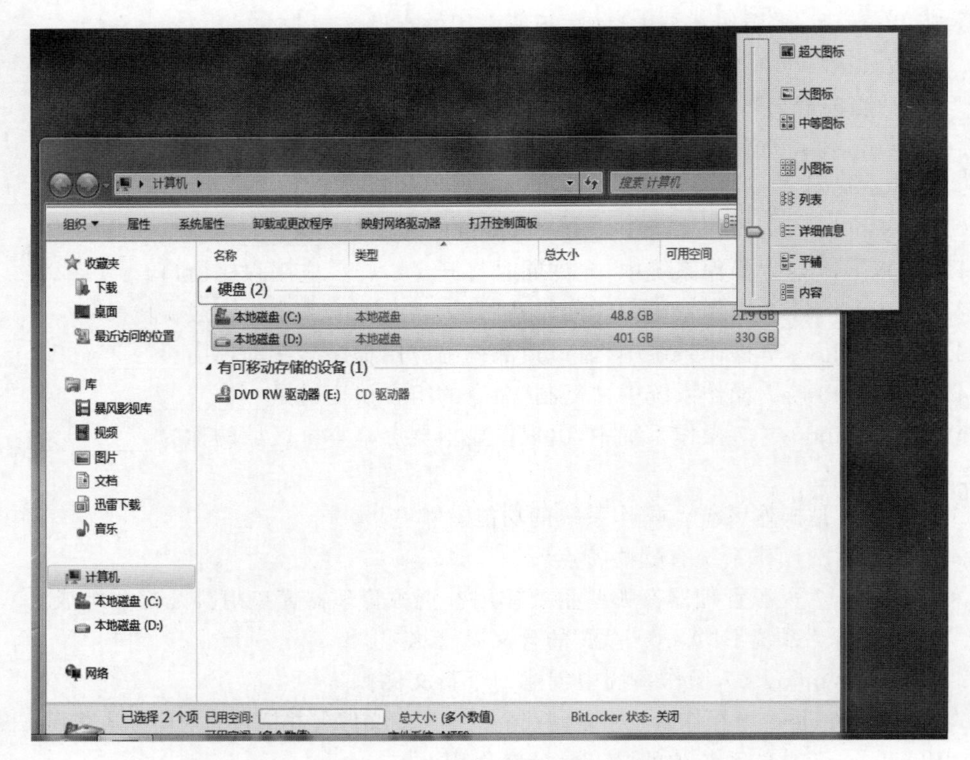

图 2.40 “更改你的视图”中的选项

(4) 在任务栏中,将鼠标选定文件夹图标,右击,观察“弹出菜单”的内容。

实验 2-2　资源管理器的使用

启动 Windows 7 操作系统的资源管理器,浏览 D 盘,把文件及文件夹的显示方式改为“详细信息方式”,并且按照名称排序。

实验 2-3　文件及文件夹的建立

1. 新建文件夹

在 D 盘中,新建一个文件夹并将其命名为“文件夹一”。应用此方法依次建立“文件夹二”“文件夹三”“文件夹四”“文件夹五”。

2. 新建文件

在 D 盘中,新建一个文本文件,即建立一个文件名为 student. txt 的记事本文件。

实验 2-4　文件及文件夹的操作

1. 将“文件夹一”复制并粘贴到“文件夹二”中。
2. 将“文件夹一”剪切并粘贴到“文件夹三”中。
3. 同时选择“文件夹二”“文件夹三”并将它们复制到“文件夹四”中。
4. 同时选择“文件夹二”“student”文件,复制到“文件夹三”中。

5. 将“文件夹一”改名为“test1”。

6. 删除“文件夹五”,然后再删除文件 student。

7. 从回收站中恢复删除的“文件夹五”和文件 student。

实验 2-5 文件及文件夹的属性

1. 查看文件 student. txt 的属性,了解该文件的文件类型、位置、大小、打开方式、创建时间以及属性等基本信息。

2. 查看“文件夹二”的属性,了解该文件夹的位置、大小、包含文件及子文件夹数、创建时间等基本信息,将其属性设置为“隐藏”和“只读”,将其隐藏。然后再恢复显示“文件夹一”。

实验 2-6 查找文件

在 C 盘中,查找所有 txt 类型文件,即查找所有扩展名为. txt 的文本文件。

实验 2-7 添加和删除输入法

在“控制面板”中打开“文本服务和输入语言”对话框,完成有关输入法的操作:

(1) 添加中文搜狗拼音输入法。

(2) 删除郑码输入法。

(3) 将智能 ABC 输入法的热键设置为 Ctrl+Alt+1。

实验 2-8 系统外观和个性化设置

在控制面板中打开外观和个性化对话框。完成以下有关操作:

(1) 更改主题。

(2) 更改桌面背景。分别使用“填充”“适应”“拉伸”“平铺”“居中”效果。

(3) 更改半透明窗体颜色。

(4) 设置系统屏幕保护程序为三维文字,内容为“windows”,等待时间为 1 分钟。

(5) 向桌面添加或者卸载日历小工具。

实验 2-9 计算器使用

(1) 利用计算器计算 15、25、35、45 的平均值。

(2) 把二进制数 11101010 转换成十进制数。

实验 2-10 画板的使用

利用 Windows 7 中的画图附件打开“库\图片\图片示例\企鹅. JPG ”文件。

实验 2-11 截图工具的使用

利用 Windows 7 中的截图工具截取“企鹅”图片,并对该企鹅图片进行编辑。

第3章 计算机网络与信息安全

学习目标

- 理解计算机网络基础知识的概念
- 熟练掌握浏览器的使用和计算机网络资源的使用
- 理解信息安全的定义
- 理解数据加密、数字签名、数字证书的概念
- 理解防火墙的概念
- 熟练掌握计算机病毒预防和消除的方法

计算机网络是现代计算机技术与通信技术密切结合的产物，在当今信息时代，社会对信息共享和信息传递的日益增强，网络已经成为信息社会的命脉，计算机网络日益成为现代社会中各行业不可或缺的一部分。计算机网络技术为信息的获取和利用提供了越来越先进的手段，同时也为好奇者和入侵者打开了方便之门，于是信息安全问题也越来越受关注。网络和信息传播途径有诸多不安全因素，信息文明还面临着诸多威胁和风险。个人担心隐私泄露，企业和组织担心商业秘密被窃取或重要数据被盗，政府部门担心国家机密信息泄露。信息系统的安全不仅关系到金融、商业、政府部门的正常运作、更关系到军事和国家的安全。信息安全已成为国家、政府、部门、组织、个人都必须重视的问题。

本章首先介绍计算机网络的基础和计算机网络资源的使用，再介绍IE浏览器的使用方法，最后介绍信息安全、计算机病毒的防治方法与防火墙的基础知识。

3.1 计算机网络简介

计算机网络是利用通信设备和线路将地理位置不同的、功能独立的多个计算机系统互连起来，以功能完善的网络软件(即网络通信协议、信息交换方式和网络操作系统等)实现网络中资源共享和信息传递的系统。

3.1.1 计算机网络的形成与发展

计算机网络从形成、发展到广泛应用经历六十多年，是由简单到复杂、由低级到高级的发展过程。

1. 计算机网络的发展过程

计算机网络的发展历史大致可以划分为四个阶段。

第一阶段是面向终端的计算机通信网络。1954 年伴随着终端的出现,人们将地理位置分散的多个终端通信线路连接到一台中心计算机上,用户可以在自己的终端上输入程序和数据,通过通信线路传送到中心计算机,通过分时访问技术使用资源进行信息处理,处理结果再通过通信线路回送到用户终端显示或通过打印机打印。

计算机网络

第二阶段是以通信子网为中心的计算机网络。1968 年 12 月,美国国防高级研究计划署(Advanced Research Projects Agency,ARPA)的计算机分组交换网 ARPANET 投入运行,它标志着计算机网络的发展进入了一个新纪元。ARPANET 也使得计算机网络的概念发生了根本性的变化。用户不但共享通信子网资源,还可以共享用户资源子网丰富的硬件和软件资源。

第三阶段是网络体系结构和网络协议的开放式标准化阶段。国际标准化组织(International Standard Organization,ISO)的计算机与信息处理标准化技术委员会 TC87 成立了一个专门研究此问题的分委员会,研究网络体系结构和网络协议国际标准化问题。

第四阶段是 Internet 时代。进入 20 世纪 80 年代,计算机技术、通信技术以及建立在计算机和网络技术基础上的计算机网络技术得到了迅猛的发展,因特网作为覆盖全球的信息基础设施之一,已经成为人类最重要的、最大的知识宝库。互联、高速、智能的计算机网络正成为最新一代的计算机网络的发展方向。

2. 计算机网络的功能

计算机网络使计算机的作用超越了时间和空间的限制,对人们的生活产生着越来越深远的影响。当前计算机网络主要具有以下功能。

1) 计算机通信

使不同地区的网络用户可通过网络进行对话,实现终端与计算机、计算机与计算机之间可互相交换数据和信息。

2) 资源共享

凡是入网用户均能享受网络中各个计算机系统的全部或部分软件、硬件和数据资源,为最本质的功能。

3) 分布式处理

将一个复杂的任务分解,然后放在多台计算机上进行处理,降低软件设计的复杂性,提高效率降低成本。

4) 负载分担

当网络中某一局部负荷过重时,可将某些任务传送给其他的计算机去处理,以均匀负载。

5) 集中管理

对地理位置上分散的组织和部门,通过计算机网络实现集中管理。

计算机网络功能

3. 计算机网络的分类

计算机网络类型的划分方法有许多种,IEEE(国际电子电气工程师协会)根据计算机网络覆盖区域大小,将计算机网络划分为局域网(Local Area Network,LAN)、城域网

(Metropolitan Area Network,MAN)和广域网(Wide Area Network,WAN)3 种。

1) 局域网

局域网指覆盖在较小的局部区域范围内,将内部的计算机、外部设备互联构成的计算机网络。一般较常见于一个房间、一个办公室、一幢大楼、一个小区、一个学校或者一个企业园区等,覆盖的范围相对较小。局域网有以太网(Ethernet)、令牌环网、光纤分布式接口网络几种类型,最为常见的局域网大多采用以太网标准的以太网。以太网的传输速率为 10Mb/s~10Gb/s。

2) 城域网

城域网的规模局限在一座城市的范围内,一般是一个城市内部的计算机互联构成的城市地区网络。城域网比局域网覆盖的范围更广,连接的计算机更多,可以说是局域网在城市范围内的延伸。在一个城市区域,城域网通常由多个局域网构成。这种网络连接的距离在 10~100km 的区域。

3) 广域网

广域网覆盖的地理范围更广,它一般由不同城市和不同国家的局域网、城域网互联构成。网络覆盖跨越国界、洲界,甚至遍及全球范围。局域网是组成其他两种类型网络的基础,城域网一般都加入了广域网。广域网的典型代表是因特网。

3.1.2 计算机网络体系结构

在研究计算机网络时,分层次的论述有助于清晰地描述和理解复杂的计算机网络系统。ISO(国际标准化组织)定义了网络互连的 7 层框架。遵照这个共同的开放模型,各个网络产品生产厂商就可以开发兼容的网络产品,开放系统互连模型的建立,大大推动了网络通信的发展。

1. OSI 参考模型

计算机网络刚刚出现的时候,很多大型公司都拥有了网络技术,公司内部计算机可以相互连接,可是却不能与其他公司连接,因为没有一个统一的规范。计算机之间相互传输的信息对方不能理解。为使不同计算机厂家的计算机能够互相通信,以便在更大的范围内建立计算机网络,有必要建立一个国际范围的网络体系结构标准。OSI 参考模型将计算机网络划分为 7 层,由下至上依次是物理层、数据链路层、网络层、传输层、会话层、表示层和应用层,如图 3.1 所示。

应用层
表示层
会话层
传输层
网络层
数据链路层
物理层

图 3.1 OSI 参考模型

2. OSI 参考模型各个层次划分遵循原则

(1) 网络中各节点都有相同的层次。

(2) 不同节点的同等层具有相同的功能。

(3) 同一节点内相邻层之间通过接口通信。

(4) 每一层使用下层提供的服务,并向其上层提供服务。

(5) 不同节点的同等层按照协议实现对等层之间的通信。

3.1.3　局域网拓扑结构

网络的拓扑结构是抛开网络物理连接来讨论网络系统的连接形式，它反映了网络的整体结构及各模块间的关系，网络中各站点相互连接的方法和形式称为网络拓扑。拓扑图给出网络服务器、工作站的网络配置和相互间的连接，它的结构主要有星状结构、环状结构、总线型结构、树状结构、网状结构等。

1. 星状结构

星状结构是通过中心转发设备向四周连接的链路结构，任何两个普通节点之间都只能通过中心转发设备进行转接。它具有如下优点：结构简单，便于管理；控制简单，便于建网；网络延迟时间较小，传输误差较低。但缺点也是明显的：通信线材消耗较多，成本高，中央节点负载较重，中心转发设备出故障才会引起全网瘫痪，如图 3.2 所示。

2. 环状结构

环状结构由网络中所有节点通过点到点的链路首尾相连形成一个闭合的环，所有的链路都按同一方向围绕着环进行循环传输，信息从一个节点传到另一个节点。特点是：信息流在网络中是沿着固定方向流动的，其传输控制简单，实时性强，但是可靠性差，不便于网络扩充，某个节点出故障就可以破坏全网的通信，如图 3.3 所示。

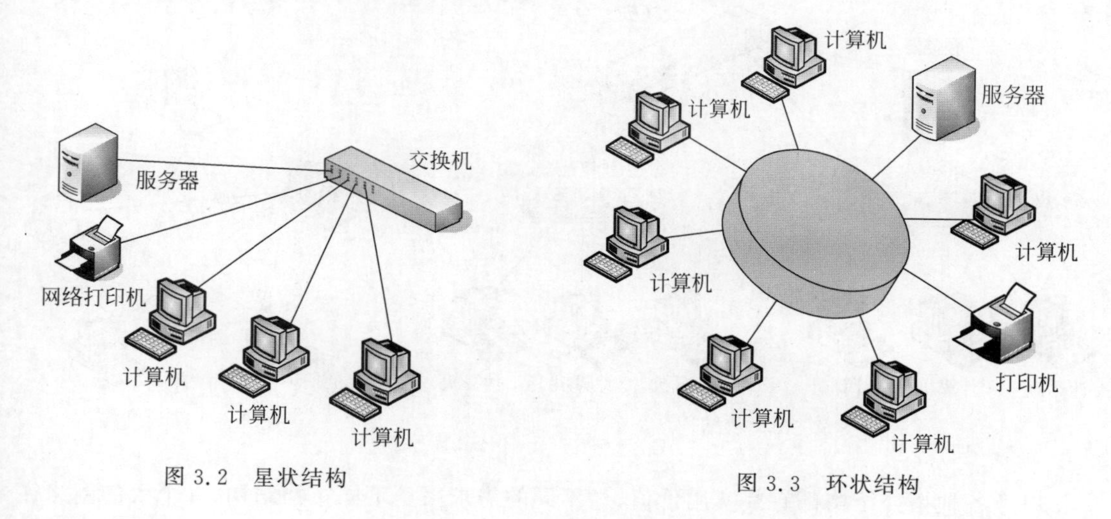

图 3.2　星状结构　　图 3.3　环状结构

3. 总线型结构

总线型结构是指所有接入网络的设备均连接到一条公用通信传输线路上，传输线路上的信息传递总是从发送信息的节点开始向两端扩散。为了防止信号在线路终端发生反射，需要在两端安装终结器。总线型结构的网络优点是结构简单、可充性好、用的电缆少、安装容易。缺点是当其中任何一个连接点发生故障，都会造成全线瘫痪，故障诊断困难、故障隔离困难。一般只被用于计算机数量很少的网络，如图 3.4 所示。

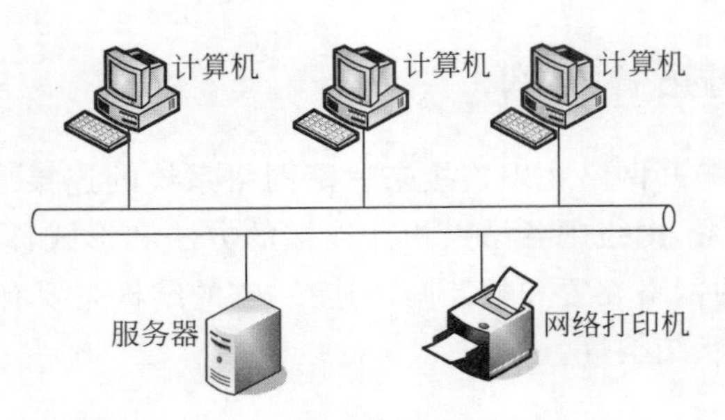

图 3.4　总线型结构

4. 树状结构

树状结构是分级的集中控制式网络，与星状结构相比，它的通信线路总长度短，成本较低，节点易于扩充，寻找路径比较方便，但除了叶节点及其相连的线路外，任意节点或其相连的线路故障都会使系统受到影响，如图 3.5 所示。

5. 网状结构

在网状结构中，网络的每台设备之间均有点到点的链路连接。这种连接安装复杂，成本较高，但系统可靠性高，容错能力强。互联网就是这种网状结构，它将各种结构的局域网连接起来，组成一个大的网络，如图 3.6 所示。

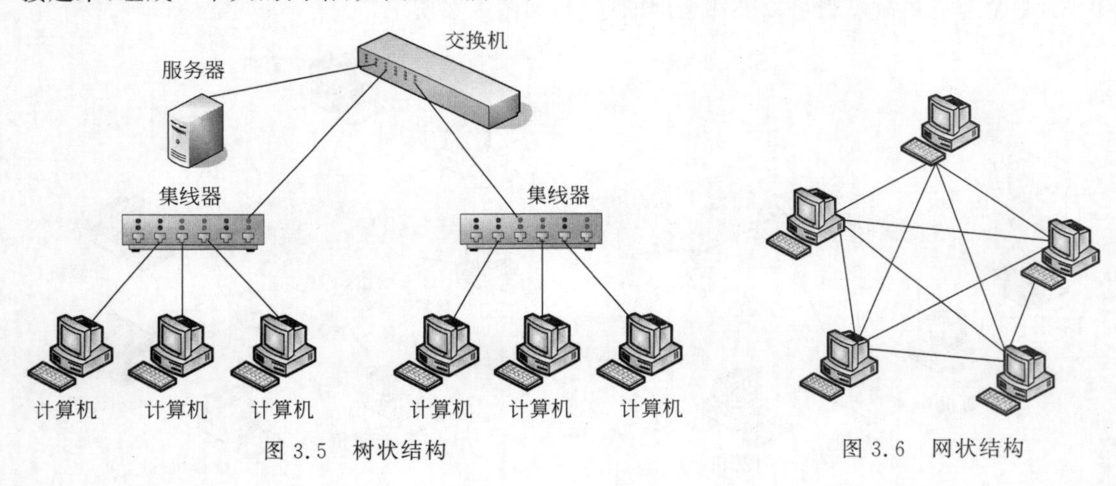

图 3.5　树状结构　　　　图 3.6　网状结构

以上各种拓扑结构都有其实用价值，对不同的需求采用不同拓扑结构，一个大的网络往往是几种结构的组合使用。

3.1.4　网络协议与 IP 地址

在计算机网络中，两个相互通信的实体处在不同的地理位置，其上的两个进程相互通信，必须对整个通信过程的各个环节制定规则或约定，包括传送信息采用哪种数据交换方式、采用什么样的数据格式来表示数据信息和控制信息、若传输出错则采用哪种差错控制方式、收发双方选用哪种同步方式等，都需要通过按照预先共同约定好的规则进行，这些规则就是网络协议，不同的计算机之间必须使用相同的网络协议才能进行通信。

计算机网络协议

1. TCP/IP 协议

TCP/IP 协议（Transmission Control Protocol/Internet Protocol）叫作传输控制/网际协议，这个协议是 Internet 国际互联网络的基础。TCP/IP 在计算机网络体系结构中占有非常重要的地位，是 Internet 的核心。TCP 和 IP 是其中最重要的两个协议，即传输控制协议（TCP）和网际协议（IP），现在 TCP/IP 成了一组协议的代名词。它将网络体系结构分为四层，即网络接口层、互联层、传输层和应用层。

2. IP 地址

通过 TCP/IP 协议进行通信的计算机之间，为了确保计算机在网络中能相互识别，每台计算机都必须有一个唯一的标识，即 IP 地址。按照 TCP/IP 协议规定，IP 地址长 32 位，平均分成四段，每段由 8 位二进制数组成，为便于书写，将每段 8 位二进制数用十进制数表示，中间用小数点分开，每组数字介于 0～255，如 192.168.0.1，10.0.0.1 等。IP 地址按网络规模的大小主要可分成三类：A 类地址、B 类地址、C 类地址。

1）A 类 IP 地址

一个 A 类 IP 地址由 1 字节的网络地址和 3 字节主机地址组成，网络地址的最高位必须是“0”，地址范围从 1.0.0.0 到 126.0.0.0。可用的 A 类网络有 126 个，每个网络能容纳 1 亿多个主机。

2）B 类 IP 地址

一个 B 类 IP 地址由 2 字节的网络地址和 2 字节的主机地址组成，网络地址的最高位必须是“10”，地址范围从 128.0.0.0 到 191.255.255.255。可用的 B 类网络有 16 382 个，每个网络能容纳 6 万多个主机。

3）C 类 IP 地址

一个 C 类 IP 地址由 3 字节的网络地址和 1 字节的主机地址组成，网络地址的最高位必须是“110”。范围从 192.0.0.0 到 223.255.255.255。C 类网络可达 209 万余个，每个网络能容纳 254 个主机。

3. 域名

域名（Domain Name）是由一串用点分隔的名字组成的 Internet 上某一台计算机或计算机组的名称，用于在数据传输时标识计算机的电子方位（有时也指地理位置，地理上的域名，指代有行政自主权的一个地方区域）。域名是一个 IP 地址上有“面具”。设置域名的目的是使服务器的地址便于记忆和沟通（如网站、电子邮件、FTP 等）。

网络是基于 TCP/IP 协议进行通信和连接的，每一台主机都有一个唯一的标识固定的 IP 地址，由于 IP 地址是数字标识，使用时难以记忆和书写，因此在 IP 地址的基础上又发展出一种符号化的地址方案，来代替数字型的 IP 地址。每一个符号化的地址都与特定的 IP 地址对应，这样网络上的资源访问起来就容易得多了。这个与网络上的数字型 IP 地址相对应的字符型地址，就被称为域名。以“百度”域名为例，标号“baidu”是这个域名的主域名体，而最后的标号“com”则是该域名的后缀，代表的这是一个 com 国际域名，是顶级域名。

3.2 局域网

局域网(Local Area Network,LAN)是指在某一区域内由多台计算机互联成的计算机组,一般在方圆几千米以内。局域网可以实现文件管理、应用软件共享、打印机共享、工作组内的日程安排、电子邮件和传真通信服务等功能。局域网由网络硬件(包括网络服务器、网络工作站、网络打印机、网卡、网络互联设备等)、网络传输介质及网络软件组成。

3.2.1 局域网的简介

一般把在有限的范围内,彼此之间的距离不太远的外部设备和通信设备互联在一起的网络系统称为局域网。它可以是一个办公室内的几台计算机互相连接组成的网络,也可以是一栋楼房上下几百台,甚至上千台计算机互相连接而组成的网络。因此,这里所谓的"局域",其实是指相互连接的计算机相对集中于某一区域。

3.2.2 局域网连接设备

网络连接设备用于将一个网络的几个网段(segments)连接起来,或将几个网络(LAN-LAN,WAN-WAN,LAN-WAN)连接起来形成一个互联网络(interwork or internet)。常用的连接局域网设备主要有网卡、交换机、集线器以及路由器等。

3.3 计算机网络资源使用

计算机网络资源是现代计算机网络的最主要的作用,它包括软件共享、硬件共享及数据共享。软件共享包括各种语言处理程序、应用程序和服务程序。硬件共享是指可在网络范围内提供对处理资源、存储资源、输入输出资源等硬件资源的共享,特别是对一些高级和昂贵的设备,如巨型计算机、大容量存储器、绘图仪、高分辨率的激光打印机等的共享。

3.3.1 局域网中设置共享磁盘

通过网络实现资源共享是网络中最常见的应用,在小型家庭或办公网络中,实现磁盘共享也是常见的典型应用。下面通过实例介绍局域网中设置共享磁盘的过程。

(1) 打开"资源管理器"或"计算机",找到要共享的磁盘,在该磁盘上右击,在弹出的快捷菜单中选择"共享",打开"高级共享"对话框,如图 3.7 所示。

(2) 进行磁盘共享设置,选择"共享"设置,如图 3.8 所示。

(3) 选择"高级共享"选项卡,弹出"高级共享"对话框,选择"共享此文件夹",并设置"共享名"。

(4) 单击"确定"按钮,完成共享设置。该磁盘前面会加一个"群"的图标,表示此磁盘可以通过网上邻居进行共享相关操作了。

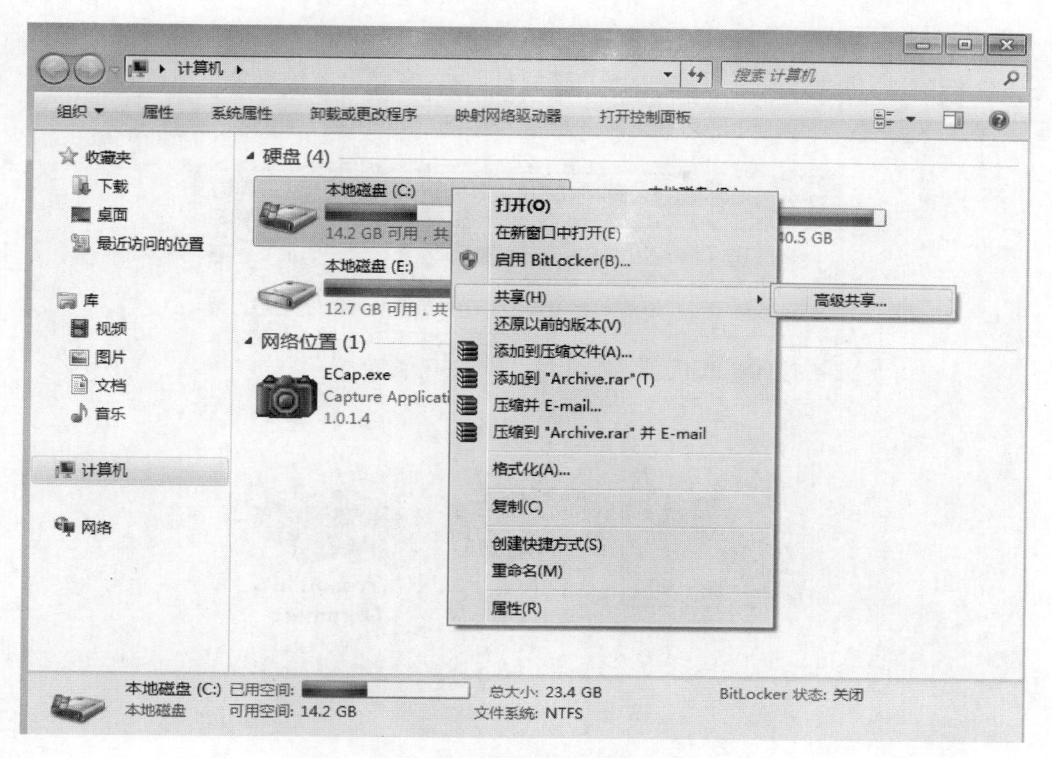

图 3.7 “高级共享”对话框

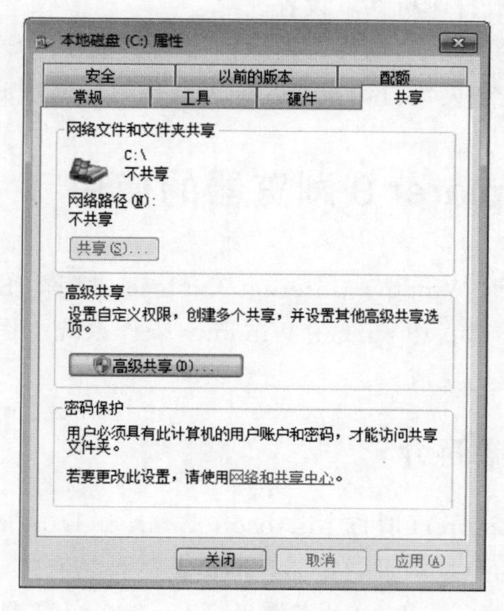

图 3.8 “共享”选项设置

3.3.2 局域网中设置共享打印机

当计算机安装了一台打印机，并希望将此打印机在局域网中进行共享时，可按照如下步骤。

(1) 单击“开始”按钮,选择“设备和打印机”命令,打开此窗口。

(2) 在“打印机与传真”窗口右击要共享的打印机,在弹出的快捷菜单中选择“共享”,如图3.9所示。

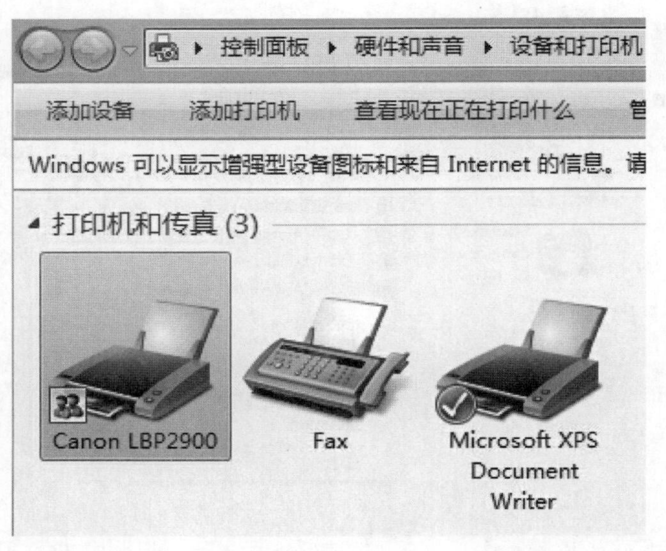

图 3.9　打印机属性选项

(3) 在打开的“打印机属性”对话框中选择“共享这台打印机”,在“共享名”中输入一个名字,单击“确定”按钮,完成打印机共享设置。

至此,打印机已被设置成共享,当同一局域网中的其他用户要使用此打印机,只需在他自己的计算机上按提示“安装网络打印机”后,便可与你共同使用此打印机。

3.4　Internet Explorer 9 浏览器的使用

Internet Explorer,全称 Windows Internet Explorer,简称 IE,是美国微软公司推出的一款网页浏览器。从 IE4 开始,IE 集成在 Windows 操作系统中作为默认浏览器(IE9 除外,并未在任何 Windows 系统中集成)。

3.4.1　IE 浏览器简介

Windows Internet Explorer(旧称 Microsoft Internet Explorer,简称 IE,俗称“网络探索者”),是微软公司推出的一款网页浏览器。浏览器的种类有几十种,常见的有火狐浏览器 Mozilla-Firefox、Opera、Tencent Traveler(腾讯 TT)、360 浏览器、百度浏览器、agicMaster(M2,魔法大师)、miniie、Thooe(随 E 浏览器)、遨游、绿色浏览器 Greenbrowser、Safari 等。

Internet Explorer 的市场占有率高达 70%。它是使用最广泛的网页浏览器。目前最新版本是 Internet Explorer 11,此版本在速度、标准支持和界面均有很大的改善。在其他操作系统的 Internet Explorer 包括前称 Pocket Internet Explorer 的 Internet Explorer Mobile,用在 Windows Phone 及 Windows Mobile 上。

3.4.2　如何启动IE浏览器

启动IE浏览器的方法很简单，双击桌面上的Internet Explorer图标，或是单击快速启动工具栏上的Internet Explorer按钮，或是通过单击“开始”菜单查找Internet Explorer图标，均可启动IE浏览器。

1. 桌面快捷方式

在桌面上双击Internet Explorer图标启动IE浏览器。

2. 快速启动栏

通过在桌面底部快速启动栏的Internet Explorer图标启动IE浏览器。

3. 通过“开始”菜单

在桌面单击“开始”菜单→“选择所有程序”→Internet Explorer图标，即可启动IE浏览器。

3.4.3　Internet Explorer的窗口界面

在网上进行网页浏览时，主要通过Internet Explorer完成。Internet Explorer提供了直观、方便、友好的用户界面，如图3.10所示。

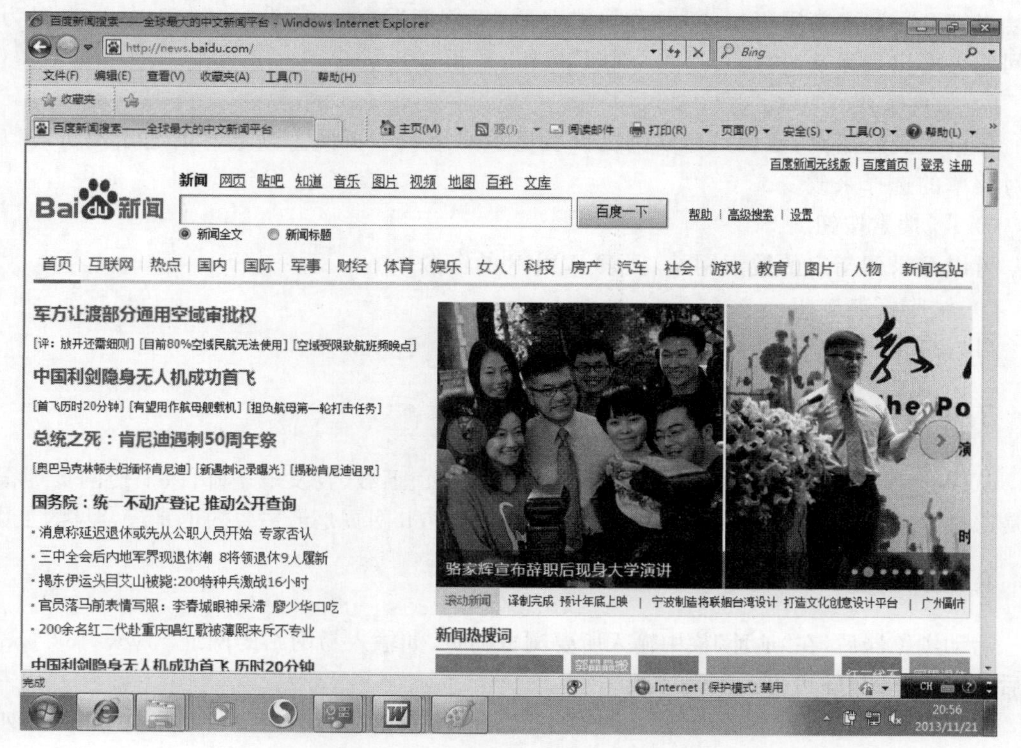

图3.10　IE浏览器的窗口组成

1. IE 浏览器的窗口组成

(1) 标题栏。显示浏览器当前正在访问网页的标题。

(2) 菜单栏。包含了在使用浏览器浏览时能选择的各项命令。

(3) 工具栏。包括一些常用的按钮,如前后翻页键、停止键等。

(4) 地址栏。可输入要浏览的网页地址。

(5) 网页区。显示当前正在访问网页的内容。

(6) 状态栏。显示浏览器下载网页的实际工作状态。

2. IE 浏览器的几个主要按钮功能

1) 后退

回到浏览器访问过的上一个网页。如果要查看浏览过的网页列表,可单击工具栏上的"后退"或"前进"按钮右侧的小箭头,然后单击要查看的网页。

2) 前进

回到浏览器访问过的下一个网页,单击此按钮可以方便地前进到任意一个启动浏览器后已访问过的网页。

3) 停止

停止下载当前网页,有时发觉网页的下载没完没了或对下载网页不感兴趣,可以单击此按钮停止当前网页的下载。

4) 刷新

当打开一些更新得很快的页面时,需要单击"刷新"按钮;或者是当打开的站点因为传输问题页面出现残缺时,也可单击"刷新"按钮,重新打开站点。

5) 主页按钮

可以回到起始页,也就是启动浏览器后显示的第一个页面。浏览器的起始网页可以通过对菜单的选择来改变。

6) 搜索按钮

可以登录到指定的搜索网站,搜索 WWW 的资源。

7) 收藏夹按钮

可以打开收藏夹下拉列表。

3.4.4 使用 IE 浏览器浏览网页

从 Web 服务器上搜索需要的信息、浏览 Web 网页、下载、收发电子邮件、上传网页等很多都是通过 IE 浏览器来完成的。通过 IE 浏览器浏览 Web 网页是最主要的也是最常见的工作。

1. 输入网址

启动浏览器后,在"地址"栏中输入所要浏览的页,如输入易网站的网址"www. 163. com",然后按 Enter 键,即可打开网易主页。

如果以前浏览过网易的内容,也可单击"地址"栏右侧的向下箭头,在弹出的下拉式列表框中选择 http://www. 163. com 也可以很方便地打开网易主页。

2. 在IE浏览器浏览所需内容

在打开的网页上,找到自己感兴趣的文章或话题,移动鼠标,使指针指向该标题,鼠标指针就变成一个“小手”的形状,则表示该标题上带有“超链接”,单击,即可打开关于该新闻的IE浏览器窗口。打开并浏览“新闻”栏目内容。

如在所示的IE窗口中,单击任意的带有超链接的文本或图片,即可打开一个新的关于该超链接的IE窗口。

3. 结束浏览

单击窗口右上角的“关闭”按钮,即可关闭目前打开的IE窗口。

3.5 计算机信息安全

信息安全是指信息系统的硬件、软件和数据因为偶然和恶意的原因而遭到破坏、更改和泄露,保障系统连续正常运行和信息服务不中断。信息安全的本质和目的就是保护合法用户使用系统资源和访问系统中存储的信息的权利和利益,保护用户的隐私。

3.5.1 信息安全的定义

从技术角度看,计算机信息安全是一个涉及计算机科学、网络技术、通信技术、密码技术、信息安全技术等多种学科的边缘性综合学科。

信息安全包括两个方面:一方面是信息本身的安全,即在信息传输过程中是否有人把信息截获,尤其是重要文件的截获,造成泄密,此方面偏重于静态信息保护;另一方面是信息系统或网络系统本身的安全,一些人出于恶意或好奇进入系统使系统瘫痪,或者在网上传播病毒,此方面着重于动态意义描述。

信息安全是研究在特定应用环境下,依据特定的安全策略,对信息及信息系统实施防护、检测和恢复的科学。

3.5.2 信息安全的要素

计算机信息安全包括物理安全、运行安全、数据安全、信息安全四个方面。

1. 物理安全

物理安全主要是指因为主机、计算机网络的硬件设备、各种通信线路和信息存储设备等物理介质造成的信息泄露、丢失或服务中断等不安全因素。主要涉及网络与信息系统的机密性、可用性、完整性、生存性、稳定性、可靠性等基本属性。所面对的威胁主要包括电源故障、通信干扰、信号注入、人为破坏、自然灾害、设备故障等;主要的保护方式有加扰处理、电磁屏蔽、数据检验、容错、冗余、系统备份等。

2. 运行安全

运行安全是指对网络与信息系统的运行过程和运行状态的保护。主要涉及网络与信息系统的真实性、可控性、可用性、合法性、唯一性、可追溯性、占有性、生存性、稳定性、可靠性等。

所面对的威胁包括非法使用资源、系统安全漏洞利用、网络阻塞、网络病毒、越权访问、非法控制系统、黑客攻击、拒绝服务攻击、软件质量差、系统崩溃等；主要的保护方式有防火墙与物理隔离、风险分析与漏洞扫描、应急响应、病毒防治、访问控制、安全审计、入侵检测、源路由过滤、降级使用、数据备份等。

3. 数据安全

数据安全是指对信息在数据收集、处理、存储、检索、传输、交换、显示、扩散等过程中的保护，使得在数据处理层面保障信息依据授权使用，不被非法冒充、窃取、篡改、抵赖。主要涉及信息的机密性、真实性、实用性、完整性、唯一性、不可否认性、生存性等。

所面对的威胁包括窃取、伪造、密钥截获、篡改、冒充、抵赖、攻击密钥等；主要的保护方式有加密、认证、非对称密钥、完整性验证、鉴别、数字签名、秘密共享等。

4. 内容安全

内容安全是指对信息在网络内流动中的选择性阻断，以保证信息流动的可控能力。被阻断的对象可以是通过内容能够判断出来的会对系统造成威胁的脚本病毒；因无限制扩散而导致消耗用户资源的垃圾类邮件；导致社会不稳定的有害信息，等等。主要涉及信息的机密性、真实性、可控性、可用性、完整性、可靠性等。

所面对的难题包括信息不可识别(因加密)、信息不可更改、信息不可阻断、信息不可替换、信息不可选择、系统不可控等；主要的处置手段是密文解析或形态解析、流动信息的裁剪、信息的阻断、信息的替换、信息的过滤、系统的控制等。

3.6 信息安全基础

随着网络的普及与发展，人们十分关心在网络上交换信息的安全性，普遍认为密码技术是解决信息安全保护的一个最有效的方法。事实上，现在网络上应用的保护信息安全的技术(如数据加密技术、数字签名技术、消息认证与身份识别技术、防火墙技术以及反病毒技术)都是以密码技术为基础的。

3.6.1 数据加密

数据密码加密技术是为了提高信息系统及数据的安全性和保密性，防止秘密数据被外部破解所采用的主要技术之一。数据加密的基本思想就是伪装信息，使非法接入者无法理解信息的真正含义。借助加密手段，信息以密文的方式归档存储在计算机中，或通过网络进行传输，即使发生非法截获数据或数据泄露的事件，非授权用户也不能理解数据的真正含义。

1. 加密与解密的概念

用某种方法伪装消息以隐藏它的内容的过程称为加密，加了密的消息称为密文，而把密文转变为明文的过程称为解密，如图 3.11 所示。

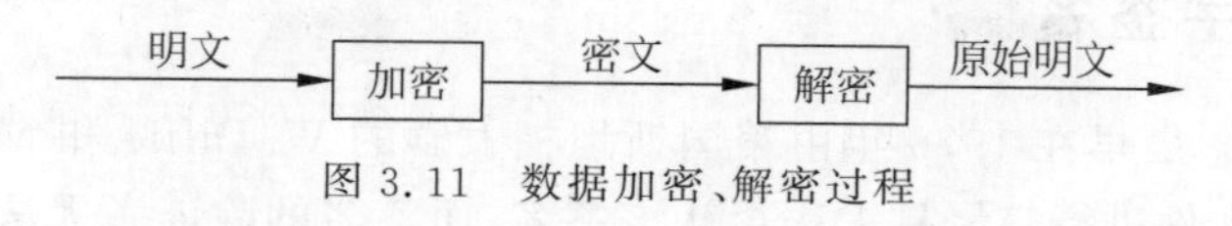

图 3.11 数据加密、解密过程

数据加密技术的术语如下。

(1) 明文。需要传输的原文。

(2) 密文。对原文加密后的信息。

(3) 加密算法。将明文加密为密文的变换方法。

(4) 解密算法。将密文解密为明文的变换方法。

(5) 密钥。控制加密结果的数字或字符串。

发送方用加密密钥，通过加密设备或算法，将信息加密后发送出去。接收方在收到密文后，用解密密钥将密文解密，恢复为明文。如果传输中有人窃取，他只能得到无法理解的密文，从而对信息起到保密作用。

2. 现代密码体制

密码体制是指实现加密和解密功能的密码方案，从密钥使用策略上，可分为对称密码体制(Symmetric Key Cryptosystem)和非对称密码体制(Asymmetric Key Cryptosystem)两种。

1) 对称加密算法

对称算法有时又叫传统密码算法，就是加密密钥能够从解密密钥中推算出来，反过来也成立。在对称加密技术中，文件的加密和解密使用的是同一密钥。这些算法也叫秘密密钥算法或单密钥算法，它要求发送者和接收者在安全通信之前，商定一个密钥。对称算法的安全性依赖于密钥，泄漏密钥就意味着任何人都能对消息进行加密/解密。

对称密码算法有两种类型：分组密码(Block Cipher)和流密码(Stream Cipher，或称序列密码)。分组密码一次处理一个输入块，每个输入块生成一个输出块。流密码对单个输入元素进行连续处理，同时产生连续单个输出元素。分组密码将明文消息划分成固定长度的分组，各分组分别在密钥的控制下变换成等长度的密文分组。分组密码的工作原理如图 3.12 所示。

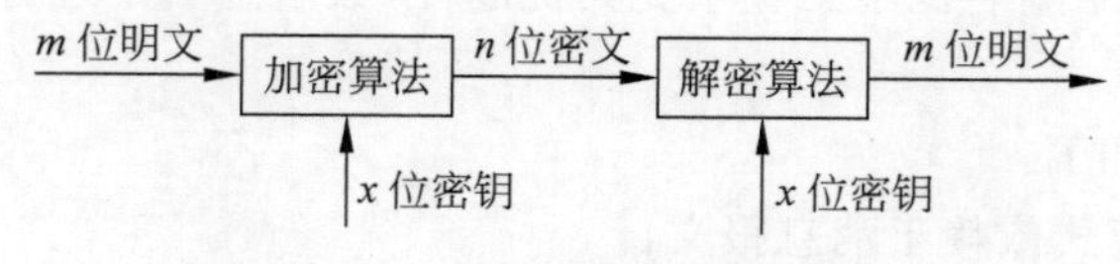

图 3.12 对称密钥加、解密过程

2) 非对称加密算法

非对称加密算法的设计原理为：用作加密的密钥不同于用作解密的密钥，而且解密密钥不能根据加密密钥计算出来(至少在合理假定的有限时间内)。非对称算法也叫作公开密钥算法，是因为加密密钥能够公开，即陌生者能用加密密钥加密信息，但只有用相应的解密密钥才能解密信息。在这些系统中，加密密钥叫作公开密钥，解密密钥叫作私有密钥。

公开密钥和私有密钥是成对出现的，使用公开密钥加密的数据，只有使用对应的私有密钥才能解密；使用私有密钥加密的数据，只有使用对应的公开密钥才能解密。

3.6.2 数字签名

数字签名的概念最早在1976年由美国斯坦福大学的W. Diffie和M. Hellman提出，其目的是使签名者对文件进行签署且无法否认该签名，而签名的验证者无法篡改已被签名的文件。1978年，麻省理工学院Rivest、Shamir和Adleman给出了数字签名的具体应用方案。

数字签名(digital signature)是在数字文档上进行身份认证技术，类似于纸张上的手写签名，是无法伪造的。它利用数据加密技术，按照某种协议来产生一个反映被签署文件的特征和签署人特征，以保证文件的真实性和有效性的数字技术。

1. 数字签名的作用

1）信息传输的保密性

交易中的商务信息均有保密的要求。如果信用卡的账号和用户名被别人获悉，就可能被盗用；订货和付款的信息被竞争对手获悉，就可能丧失商机，因此在电子商务的信息传播中一般都有加密的要求。

2）交易者身份的可鉴别性

网上交易的双方很可能素昧平生，相隔千里。商家要确认客户端不是骗子，而客户也要相信网上的商店不是一个玩弄欺诈的黑店，因此能方便而可靠地确认对方的身份是网上交易的前提，为了做到安全、保密、可靠地开展服务活动，都需要进行身份认证的工作。

3）数据交换的完整性

交易的文件是不能被修改的，以保障交易的严肃性和公正性。

4）发送信息的不可否认性

由于商情的千变万化，交易一旦达成是不能被否认的，否则必然会损害一方的利益。因此电子交易通信过程的各个环节都必须是不可否认的。

5）信息传递的不可重放性

在数字签名中，如果采用了对签名报文添加流水号、时间戳等技术，可以防止重放攻击。

2. 数字签名的用途

在网络应用中，数字签名比手工签字更具优越性，数字签名是进行身份鉴别与网上安全交易的通用实施技术。

数字签名的特点如下：

(1) 签名的比特模式依赖于消息报文。

(2) 数字签名对发送者来说必须是唯一的，能够防止伪造和抵赖。

(3) 产生数字签名的算法必须相对简单、易于实现，且能够在存储介质上备份。

(4) 对数字签名的识别、证实和鉴别也必须相对简单，易于实现。

(5) 无论攻击者采用何种手法，伪造数字签名在计算上是不可行的。

3.6.3 数字证书

数字证书如同我们日常生活中使用的身份证，它是持有者在网络上证明自己身份的凭证。在一个电子商务系统中，所有参与活动的实体都必须用证书来表明自己的身份。

1. 数字证书的定义

证书是一个经证书授权中心数字签名的包含公开密钥拥有者信息以及公开密钥的文件。证书一方面可以用来向系统中的其他实体证明自己的身份；另一方面，由于每份证书都携带着证书持有者的公钥，所以证书也可以向接收者证实某人或某个机构对公开密钥的拥有，同时也起着公钥分发的作用。

数字证书采用公钥体制，即利用一对互相匹配的密钥进行加密、解密。每个用户自己设定一把特定的仅为本人所有的私有密钥(私钥)，用它进行解密和签名；同时设定一把公共密钥(公钥)并由本人公开，为一组用户所共享，用于加密和验证签名。

2. 常用的数字证书

数字证书必须具有唯一性和可靠性。为了达到这一目的，需要采用很多技术来实现。常用的数字证书有如下几种。

1) SPKI(Simple Public Key Infrastructure)

SPKI是由IETF SPKI工作组指定的一系列技术和参考文档，包括SPKI证书格式。SPKI证书又叫授权证书，主要目的是传递许可权。目前只有很少的SPKI证书应用需求，而且缺乏市场需求。

2) PGP(Pretty Good Privacy)

PGP是一种对电子邮件和文件进行加密与数字签名的方法。它规范了在两个实体间传递信息、文件和PGP密钥时的报文格式。

PGP证书与X.509证书之间存在着显著不同，它的信任策略主要基于个人而不是企业。因此，虽然在Internet上的电子邮件通信中得到了一定范围内的应用，但对企业内部网来说，却不是最好的解决方案。

3) SET (Secure Electronic Transaction)

SET(安全电子交易)标准定义了在分布式网络上进行信用卡支付交易所需的标准。它采用了X.509第3版公钥证书的格式，并指定了自己私有的扩展。非SET应用无法识别SET定义的私有扩展，因此非SET应用无法接受SET证书。

4) 属性证书

属性证书用来传递一个给定主体的属性，以便于灵活、可扩展的特权管理。属性证书不是公钥证书，但它的主体可以结合相应公钥证书通过“指针”来确定。

3. 数字证书的验证

数字证书的验证，是验证一个证书的有效性、完整性、可用性的过程。证书验证主要包括以下几方面的内容。

(1) 验证证书签名是否正确有效，这需要知道签发证书的CA的公钥。

(2) 验证证书的完整性，即验证CA签名的证书散列值与单独计算的散列值是否一致。

(3) 验证证书是否在有效期内。

(4) 查看证书撤销列表，验证证书没有被撤销。

(5) 验证证书的使用方式与任何生命的策略及使用限制一致。

数字证书的用途很广泛,它可以用于方便、快捷、安全地发送电子邮件、访问安全站点、网上招标投标、网上签约、网上订购、网上公文的安全传送、网上办公、网上缴费、网上缴税、网上购物等安全电子事务处理和安全电子交易活动。

3.7 计算机病毒的防治

计算机病毒(Computer Viruse)是编制者在计算机程序中插入的破坏计算机功能或者数据的代码,能影响计算机使用,能自我复制的一组计算机指令或程序代码。从1984年第一个病毒"小球"诞生以来,计算机病毒不断翻新。计算机病毒的防治工作的基本任务是在计算机的使用管理中,利用各种行政和技术手段,防止计算机病毒的入侵、存留、蔓延。

3.7.1 计算机病毒的概念

"病毒"一词来源于生物学,计算机病毒与医学上的"病毒"不同,计算机病毒最早是由美国加州大学的Fred Cohen提出的。他在1983年编写了一个小程序,这个程序可以自我复制,能在计算机中传播。该程序对计算机并无害处,能潜伏于合法的程序当中,传染到计算机上。

计算机病毒有很多种定义,国外最流行的定义为:计算机病毒是一段附着在其他程序上的可以实现自我繁殖的程序代码。在《中华人民共和国计算机信息系统安全保护条例》中的定义是:"计算机病毒是指编制或者在计算机程序中插入的破坏计算机功能或者数据,影响计算机使用并且能够自我复制的一组计算机指令或者程序代码。"广义上说,凡能够引起计算机故障,破坏计算机数据的程序通常为计算机病毒。

3.7.2 计算机病毒的特点与分类

计算机病毒

病毒到底有多少,各种说法不一。但不管怎样,病毒的数量确实在不断地增加,而且它们种类不一,感染目标和破坏行为也不尽相同。对病毒进行分类、研究病毒的特点,是为了更好地了解病毒,找到防治方法,使计算机免遭病毒的侵害。

1. 计算机病毒特点

计算机病毒是一段特殊的程序,除了与其他程序一样,可以存储和运行外,计算机病毒还有寄生性、传染性、潜伏性、隐藏性、破坏性等特征。

1) 寄生性

计算机病毒寄生在其他程序之中,当执行这个程序时,病毒就起破坏作用,而在未启动这个程序之前,它是不易被人发觉的。

2) 传染性

计算机病毒不但本身具有破坏性,更有害的是具有传染性,一旦病毒被复制或产生变种,其速度之快令人难以预防。传染性是病毒的基本特征。

3）潜伏性

有些病毒像定时炸弹一样，让它什么时间发作是预先设计好的。例如“黑色星期五”病毒，不到预定时间一点都觉察不出来，等到条件具备的时候一下子就爆炸开来，对系统进行破坏。

4）隐藏性

计算机病毒具有很强的隐藏性，有的可以通过病毒软件检查出来，有的根本就查不出来，有的时隐时现，变化无常，这类病毒处理起来通常很困难。

5）破坏性

计算机中毒后，可能会导致正常的程序无法运行，把计算机内的文件删除或受到不同程度的损坏。通常表现为增加、删减、改变、移动。

2. 病毒类型

按照计算机病毒的诸多特点及特性，其分类方法有很多种，按寄生方式分为引导型病毒、文件型病毒和混合型病毒；按照计算机病毒的破坏情况分类可分为良性计算机病毒和恶性计算机病毒；按照计算机病毒攻击的系统分为攻击DOS系统的病毒和攻击Windows系统的病毒。

某些病毒结合了诸多病毒的特性，例如将黑客、木马和蠕虫病毒集于一身，这种新型病毒对计算机网络有着致命的破坏性。甚至有的病毒给全球的计算机网络带来了不可预估的灾难。病毒发展初期，一些编程高手只是想要炫耀自己的高超技术，现如今有人想要通过某些病毒，来谋取一些非法利益，其中“木马盗号”便是商业用途病毒中最为典型的一个代表，通过木马病毒来盗取用户的银行卡账号、QQ密码和个人资料等。

3.7.3 计算机病毒的防范

计算机病毒防范，是指建立合理的计算机病毒防范体系和制度。对于计算机病毒，需要树立以防为主、清除为辅的观念，防患于未然。

1. 计算机病毒的预防

计算机病毒的传染是通过一定途径实现的，为此要以预防为主，制定出一系列的安全措施，堵塞计算机病毒的传染途径，降低病毒的传染概率，即使受到传染，也可以立即采取有效措施将病毒消除，使病毒造成的危害减少到最低限度。对用户来说，抗病毒最有效的方法是备份，抗病毒最有效的手段是病毒库升级要快。

2. 计算机病毒的检测

计算机病毒的检测通常采用手工检测和自动检测两种方法。

1）手工检测

它的基本过程是利用工具软件，对易遭病毒攻击和修改的内存及磁盘的有关部分进行检查，通过与在正常情况下的状态进行对比分析，判断是否被病毒感染。用这种方法检测病毒，费时费力，但可以检测识别未知病毒，以及检测一些自动检测工具不能识别的新病毒。

2）自动检测

自动检测是指通过病毒诊断软件来识别一个系统是否含有病毒的方法。自动检测相对比较简单，一般用户都可以进行。这种方法可以方便地检测大量的病毒，但是，自动检测工具只能识别已知病毒，对未知病毒不能识别。

3. 计算机病毒的清除

1）清除病毒的原理

清除计算机病毒要建立在正确检测病毒的基础之上。清除病毒主要应做好以下工作：

(1) 清除内存中的病毒。

(2) 清除磁盘中的病毒。

(3) 病毒发作后的善后处理。

2）清除病毒的方法

由于计算机病毒不仅干扰受感染的计算机的正常工作，更严重的是继续传播病毒、泄密和干扰网络的正常运行。通常用人工处理或反病毒软件两种方式进行清除。

(1) 人工清除法。

人工处理的方法有：用正常的文件覆盖被病毒感染的文件；删除被病毒感染的文件；重新格式化磁盘，但这种方法有一定的危险性，容易造成对文件数据的破坏。

(2) 杀毒软件清除法。

杀毒软件是专门用于防堵、清除病毒的工具。采用杀毒软件清除法对病毒进行清除是一种较好的方法。对于感染主引导型病毒的机器可采用事先备份的该硬盘的主引导扇区文件进行恢复。

(3) 程序覆盖法。

程序覆盖法适用于文件型病毒，一旦发现文件被感染，可将事先保留的无毒备份重新拷入系统即可。

(4) 格式化磁盘法。

格式化磁盘法不能轻易使用，因为它会破坏磁盘的所有数据，并且格式化对磁盘亦有损害，在万不得已情况下，才使用此方法。

3.8 防火墙技术

防火墙是为了防止火灾蔓延而设置的防火障碍，网络系统中的防火墙的功能与之类似，它是用于防止网络外部恶意攻击的安全防护措施。因此防火墙(Firewall)就是各企业及组织在设置信息安全解决方案中最常被优先考虑的安全控管机制。

3.8.1 防火墙的定义

在计算机网络中，防火墙通过对数据包的筛选和屏蔽，可以防止非法的访问进入内部或外部计算机网络。

1. 防火墙的概念

我国公安安全行业标准中对防火墙的定义为："设置在两个或多个网络之间的安全阻隔，用于保证本地网络资源的安全，通常由包含软件部分和硬件部分的一个系统或多个系统的组合。"

防火墙作为网络防护的第一道防线，由软件和硬件设备组合而成，它位于企业或网络群体计算机与外界网络的边界，限制着外界用户对内部网络的访问以及管理内部用户访问外界网络的权限。

防火墙是一种必不可少的安全增强点，它将不可信任网络同可信任网络隔离开，如图3.13所示。防火墙筛选两个网络间所有的连接，决定哪些传输应该被允许，而哪些应该被禁止。

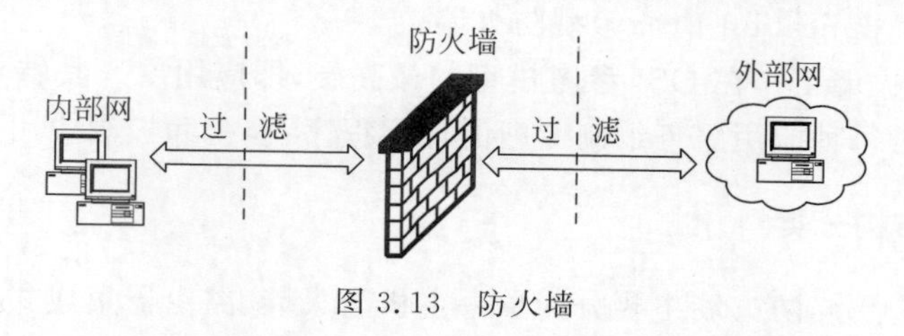

图3.13　防火墙

2. 防火墙的特性

防火墙是放置在两个网络之间的一些组件，防火墙一般有3个特性：

(1) 所有的通信都经过防火墙。

(2) 防火墙只放行经过授权的网络流量。

(3) 防火墙能经受得住对其本身的攻击。

防火墙主要提供以下4种服务：

(1) 服务控制：确定可以访问的网络服务类型。

(2) 方向控制：特定服务的方向流控制。

(3) 用户控制：内部用户、外部用户所需的某种形式的认证机制。

(4) 行为控制：控制如何使用某种特定的服务。

3.8.2　防火墙的分类

防火墙的分类方法很多，可以分别从采用的防火墙技术、软硬件形式等标准来划分。

1. 按防火墙软硬件形式分类

1) 软件防火墙

软件防火墙运行于特定的机器上，它需要客户预先安装好的计算机操作系统的支持，一般来说这台计算机就是整个网络的网关，俗称"个人防火墙"。软件防火墙就像其他的软件产品一样，需要先在计算机上安装并配置才可以使用。

2) 硬件防火墙

这里说的硬件防火墙是指所谓的硬件防火墙，之所以加上"所谓"二字是针对芯片级防火墙说的，它们最大的差别在于是否基于专用的硬件平台。目前市场上大多数防火墙都是这种所谓的硬件防火墙。

3）芯片级防火墙

芯片级防火墙基于专门的硬件平台，没有操作系统。

2. 按防火墙技术分类

1）包过滤(Packing Filtering)型防火墙

包过滤防火墙工作在OSI网络参考模型的网络层和传输层，它根据数据包头源地址、目的地址、端口号和协议类型等标志确定是否允许通过。只有满足过滤条件的数据包才被转发到相应的目的地，其余数据包则从数据流中被丢弃。

2）应用代理(Application Proxy)型防火墙

应用代理型防火墙工作在OSI参考模型的最高层，即应用层。其特点是完全"阻隔"了网络通信流，通过对每种应用服务编制专门的代理程序，监视和控制应用层通信流。

3. 按防火墙结构分类

从防火墙结构上分，防火墙主要分为单一主机防火墙、路由器集成式防火墙和分布式防火墙三种。

1）单一主机防火墙

单一主机防火墙是最为传统的防火墙，独立于其他网络设备，位于网络边界。

2）路由器集成式防火墙

原来的单一主机防火墙价格非常昂贵，仅有少数大型企业才能承受得起，为了降低企业网络成本，现在许多高档路由器都集成了防火墙功能。

3）分布式防火墙

有的防火墙已不再是一个独立的硬件实体，而是由多个软硬件组成的系统，这种防火墙俗称"分布式防火墙"。分布式防火墙再也不是只位于网络边界，而是渗透于网络的每一台主机，对整个内部网络的主机实施保护。

3.8.3 黑客

一般来说，以入侵他人计算机系统为乐趣并进行破坏的人，被称为"黑帽子"，"Cracker"指的也是这种人。

1. 黑客的定义

黑客一词，源于英文Hacker，原指热衷于计算机技术，水平高超的计算机专家，尤其是程序设计人员，也有人把他们比作"侠客"。黑客是那些检查系统完整性和安全性的人，他们精通计算机硬件和软件知识，并有能力通过新的方法剖析系统。黑客通常会去寻找网络中的漏洞，但是往往并不破坏计算机系统。正是因为黑客的存在，人们才会不断了解计算机系统中存在的安全问题。

入侵者(Cracker，有人翻译成"骇客")是那些利用网络漏洞破坏系统的人，他们往往会通过计算机系统漏洞来入侵。他们具有广泛的计算机知识，与黑客不同的是，他们以破坏为目的。真正的黑客应该是负责任的人,他们认为破坏计算机系统是不正当的。但是现在Hacker和Cracker已经混为一谈,人们通常将入侵计算机系统的人统称为黑客。

2. 黑客的主要行为

黑客利用漏洞来做以下几方面的工作。

1) 获取系统信息

有些漏洞可以泄漏系统信息,暴露敏感资料(如银行客户账号),黑客们利用系统信息进入系统。

2) 入侵系统

通过漏洞进入系统内部,取得服务器上的内部资料,甚至完全掌管服务器。

3) 寻找下一个目标

一个胜利意味着下一个目标的出现,黑客会充分利用自己已经掌管的服务器作为工具,寻找并入侵下一个相似的系统。

3. 黑客的预防措施

常用的黑客预防措施有如下几种。

1) 防火墙技术

使用防火墙来防止外部网络对内部网络的未经授权访问,建立网络信息系统的对外安全屏障,以便对外部网络与内部网络交流的数据进行检测,符合的予以放行,不符合的则拒之门外。

2) 安全监测与扫描工具

经常使用安全监测与扫描工具作为加强内部网络与系统的安全防护性能和抗破坏能力的主要手段,用于发现安全漏洞及薄弱环节。当网络或系统被黑客攻击时,可用该软件及时发现黑客入侵的迹象,并进行处理。

3) 网络监控工具

使用有效的控制手段抓住入侵者。经常使用网络监控工具对网络和系统的运行情况进行实时监控,用于发现黑客或入侵者的不良企图及越权使用,及时进行相关处理,防患于未然。

4)备份系统

经常备份系统,以便在被攻击后能及时修复系统,将损失减少到最低程度。

5) 防范意识

加强安全防范意识,有效地防止黑客的攻击。

3.9 本章小结

计算机网络是现代计算机技术与通信技术密切结合的产物,计算机网络经历了由简单到复杂、由低级到高级的发展过程。计算机网络类型按照计算机连网络覆盖区域大可划分为局域网、城域网和广域网。其拓扑图结构主要有星型结构、环型结构、总线型结构、树型结构、网状结构等。TCP/IP协议在计算机网络体系结构中占有非常重要的地位,它将网络体系结构分为网络接口层、互联层、传输层和应用层。

局域网是指在某一区域内由多台计算机互联成的计算机组。局域网可以实现文件管理、应用软件共享、打印机共享、工作组内的日程安排、电子邮件和传真通信服务等功能。局域网由网络硬件和网络传输介质,以及网络软件所组成。

Internet Explorer 是美国微软公司推出的一款网页浏览器。它提供了直观、方便、友好的用户界面,通过它可以从 Web 服务器上搜索需要的信息、浏览 Web 网页、下载、收发电子邮件、上传网页等。电子邮件是一种用电子手段提供信息交换的通信方式,它可以是文字、图像、声音等多种形式。免费空间就是指网络上的免费提供的网络空间,通过它可以搭建个人网络空间。

随着信息化建设的不断深入,复杂应用系统和计算机网络的广泛应用,特别是政府上网工程和电子商务的开展,信息系统的安全问题日益显得重要。由于网络系统的开放性、互联性和资源共享性,以及网络协议本身先天的缺陷和安全漏洞,使得网络极易受到"黑客"、病毒、恶意软件的攻击,给信息系统带来各种各样的安全问题。本章介绍了信息安全的基本概念,信息安全的相关技术和措施,如数据加密、数字签名、数字证书、防火墙等,以及计算机病毒的防治技术。

习题 3

一、单选题

1. TCP/IP 体系结构中,最低层是( )。

A. 网络接口层　　B. 网际层　　C. 传输层　　D. 物理层

2. 下列不属于网页浏览器的是( )。

A. Internet Explorer　　B. FireFox

C. Google Chrome　　D. CNKI25

3. 下列能完成邮件发送的服务器的是( )。

A. SMTP　　B. ISP　　C. POP　　D. FTP

4. 保存当前网页时要指定保存类型,可以有( )种选择。

A. 1　　B. 2　　C. 3　　D. 4

5. 电子邮件地址 liming@ 163. net 中的 163. net 是( )。

A. 电子信箱服务器　　B. 电子邮局

C. IP 地址　　D. 域名

6. 从冯·诺依曼计算机理论模式来看,目前的计算机在( )上还无法消除病毒的破坏和黑客的攻击。

A. 理论　　B. 技术　　C. 资金　　D. 速度

7. 信息安全主要涉及信息存储安全、信息传输安全以及信息内容的( )。

A. 审计　　B. 过滤　　C. 加密　　D. 签名

8. 计算机病毒是影响计算机使用并能自我复制的一组计算机指令或( )。

A. 程序代码　　B. 二进制数据

C. 黑客程序　　D. 木马程序

9. 发现计算机感染病毒后,可用来清除病毒的操作是(　　)。
A. 使用杀毒软件　　B. 扫描磁盘
C. 整理磁盘碎片　　D. 重新启动计算机

10. 为了预防计算机病毒,对于外来磁盘应(　　)。
A. 禁止使用　　B. 先查毒,后使用
C. 使用后,就杀毒　　D. 随便使用

二、简答题

1. 计算机网络的发展过程。
2. 计算机网络的用途有哪些?
3. 计算机网络有哪些分类?
4. OSI参考模型如何划分的?
5. 局域网最基本的拓朴结构有哪几种?
6. 什么是数据加密?
7. 计算机病毒的特点?
8. 什么是防火墙?

实验3　网络组建

【实验目的】

1. 熟悉无线网络设备的基本功能及基本参数
2. 了解家庭无线网络设置的需求
3. 根据家庭需要组建家庭无线网络

【实验题目】

实验3-1　组建家庭无线网络

计算机技术和电子信息技术的日渐成熟,电子产品以前所未有的速度迅速进入千家万户。随着网络的普及,千家万户对Internet的需求也越来越多。大学新生小明打算自己动手组建家庭无线网络,请你根据所学的网络知识,为他设计一下方案。

【实验要求】

无线路由器的种类很多,价格相差很多,请根据当前网上报价,结合当地电子市场实际选择性价比高的产品,准备好长度适合的网线,最后要熟练掌握WiFi的设置步骤和方法。

第4章 Word文档编辑

学习目标

- 熟练编辑文字格式
- 熟练设置段落格式
- 熟练绘制表格并应用公式计算表格内容
- 熟练设置图文对象格式
- 操作长文档和设置页面格式

Office是一套由微软公司开发的办公软件，是微软影响力最广泛的产品之一，它和Windows操作系统一起被称为微软双雄。Office 2010是国家计算机二级考试指定版本，适用于文字编辑、表格处理、幻灯片制作以及数据库管理等。它既可以通过PC使用，又可以通过Web使用；界面比之前的版本更加简洁明快，可以让用户更加方便、自由地表达想法、解决问题以及与他人联系。

4.1 软件介绍

Office是一套由微软公司开发的办公软件，是微软影响力最广泛的产品之一，其版本随需求不断更新升级，配合国家计算机二级考试要求，本书采用Office 2010版本。该版本又分为初级版、家庭及学生版、家庭及商业版、标准版、专业版和专业高级版，本书采用标准版，适用于文字编辑、表格处理、幻灯片制作以及数据库管理等。

Word是Office组件中被用户使用最为广泛的应用软件，它的主要功能是进行文字的处理。学习过程中应掌握对文档中的字、词、句、篇的编辑、修改、修饰及特殊文字的效果处理，掌握表格的创建、修改、修饰，图片、公式等对象的使用方法，达到能够排版、输出符合各种要求的文档。

Word 2010摒弃了此前版本的菜单栏、工具栏的形式，采用了选项卡、功能组的方式。视图模式的视觉效果更加生动。工作界面包含了功能区、工作区。

4.1.1 Word 2010 窗口组成

启动Word 2010应用程序之后，系统会默认创建一个文件名为“文档1”的窗口，如图4.1所示。

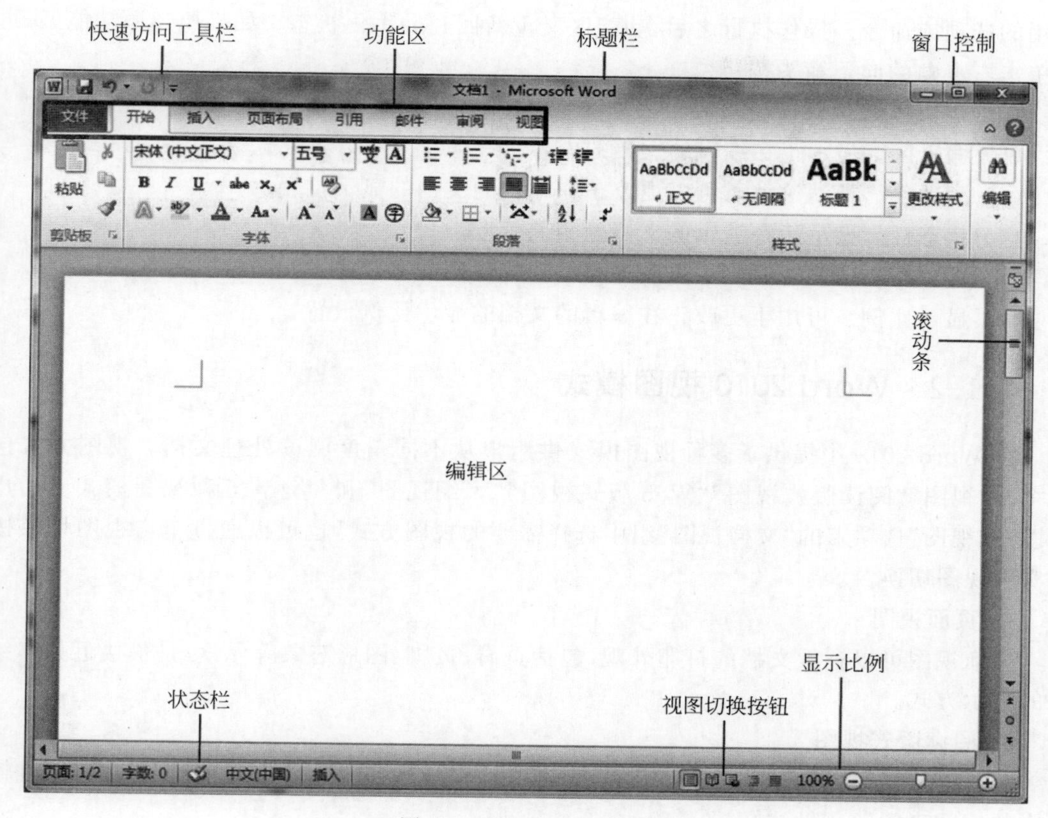

图 4.1　Word 2010 界面

(1) 标题栏。显示正在编辑的文档的文件名及所使用的应用程序名称。例如"文档 1-Microsoft Word"中,"文档 1"是文件名;Microsoft Word 是应用程序名。

(2) 快速访问工具栏。处于窗口左上角,包括最常用命令,例如"保存""撤销"和"恢复"等。快速访问工具栏的末尾是一个下拉菜单,允许用户根据自己的需要添加其他经常使用的命令。

(3) 窗口控制按钮。用于控制窗口大小和关闭,分别为"最小化""最大化/向下还原""关闭"按钮。

(4) 功能区。包括处理文档时需要用到的命令。功能区取代了低版本的菜单和工具栏。功能区中的每个选项卡都有不同的按钮和命令,这些按钮和命令按照不同功能被编排到不同的组中。例如,"开始"选项卡中包含"剪贴板""字体""段落""样式""编辑"五个组。

某些组的右下角有一个向右下方的小箭头,单击这个按钮,将会弹出一个带有更多命令的对话框或任务窗格。例如,在 Word 2010 的"开始"选项卡中单击"字体"组右下角的箭头,则会弹出"字体"对话框。

为了拥有更大的可视阅读空间,用户可以通过右击功能区空白的地方,然后选择"功能区最小化",或者单击右上角的向上箭头,就可以迅速地将功能区收起来。功能区最小化之后,用户只能看到选项卡。

若要在功能区处于最小化状态时使用它,用户可以单击要使用的选项卡,然后再单击要使用的选项或命令。操作执行之后,功能区又重新回到最小化状态。如果想还原功能区,可以单击右上角的向下箭头按钮。

用户也可以通过双击功能区中的选项卡,来实现展开或收起功能区。

(5) 编辑区。显示正在编辑的文档的内容。

(6) 滚动条。拖动滚动条可以更改正在编辑的文档的显示位置。

(7) 状态栏。显示正在编辑的文档的相关信息。

(8) 视图切换按钮。可用于更改正在编辑的文档的显示模式。

(9) 显示比例。可用于更改正在编辑的文档的显示比例设置。

4.1.2 Word 2010 视图模式

在 Word 2010 中提供了多种视图模式供用户从不同角度阅读处理文档。视图方式包括“页面视图”“阅读版式视图”“Web 版式视图”“大纲视图”和“草稿”五种视图模式。用户可以在“视图”选项卡的“文档视图”组中选择需要的视图方式,也可以通过单击视图切换按钮实现视图切换。

1) 页面视图

页面视图可以查看文档的打印外观,包括页眉、页脚、图形对象等元素,是最接近打印结果的显示方式。

2) 阅读版式视图

“文件”按钮、功能区等窗口元素被隐藏起来。以阅读版式方式查看文档,用户可以利用最大的空间来阅读或批注文档。

3) Web 版式视图

以网页的方式显示文档,Web 版式视图适用于发送电子邮件和创建网页。

4) 大纲视图

“大纲视图”主要用于设置文档和显示标题的层级结构,并可以方便地折叠和展开各种层级的文档。大纲视图广泛用于长文档的快速浏览和设置。

5) 草稿视图

“草稿视图”取消了页面边距、分栏、页眉页脚和图片等元素,仅显示标题和正文,是最节省计算机系统硬件资源的视图模式。

4.2 案例

4.2.1 【案例 1】创建书法字帖

案例描述

(1) 书法字帖的内容为“书山有路勤为径学海无涯苦作舟”,效果如图 4.2 所示(系统字体:华文行楷,排列顺序:根据发音)。

(2) 为文档设置保护密码,打开密码为 123。

(3) 以“书法字帖”为名将文档保存在 D 盘根目录下并关闭文档。

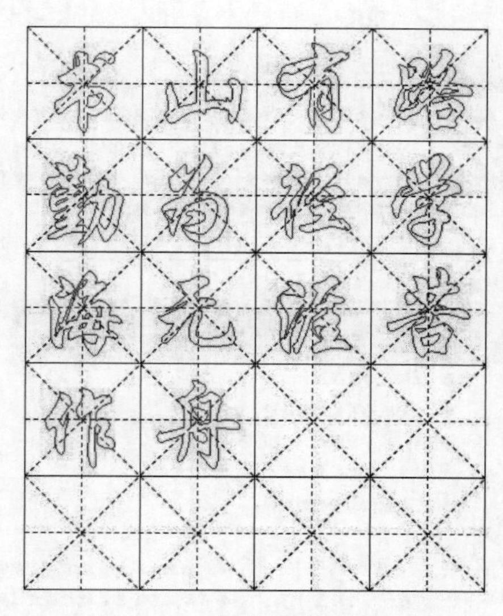

图 4.2 《书法字贴》效果图

知识要点

文档的建立与加密。

案例操作

(1) 根据模板创建文件。“文件”选项卡→“新建”命令→“书法字帖”→“创建”按钮。

(2) 选择字帖中需要的字。“系统字体”下拉列表中选择“华文行楷”,然后在“可用字符”下选择需要的字。

(3) 设置保护密码。“文件”选项卡→“保存”命令→“工具”→“常规选项”→设置打开文件时的密码。

4.2.2 【案例 2】Word 文字排版操作

案例描述

利用提供的文字,实现图 4.3 样文效果。

(1) 在文本的最前面插入标题“云服务”。将标题居中,标题字体设置为黑体、红色、字体大小为一号,字符间距加宽 6 磅;并设标题文字的文本轮廓为“蓝色,强调文字颜色 1,淡色 40%”。

(2) 将正文中所有中文字体设置为楷体 GB_2312、小四,英文字体设置为 Arial、小四。

(3) 将正文所有段落设置为首行缩进 2 字符,1.5 倍行距。

(4) 将正文中的“Microsoft”都替换成“微软”,并将文中所有的“云服务”设置为加粗,加下画波浪线(不包括标题)。

(5) 将文字“2012 年 11 月 1 日,Microsoft 和上海市政府及世纪互联签署协议,……实现 Microsoft 企业级云服务的正式落地。”加着重号。

(6) 将正文第一段“云服务的商业模式……个性化需求。”与第二段“其繁殖方式是……例如:云导。”合并为一段;将正文第三段与第四段内容位置互换。

(7) 正文第一段设置首字下沉 3 行。

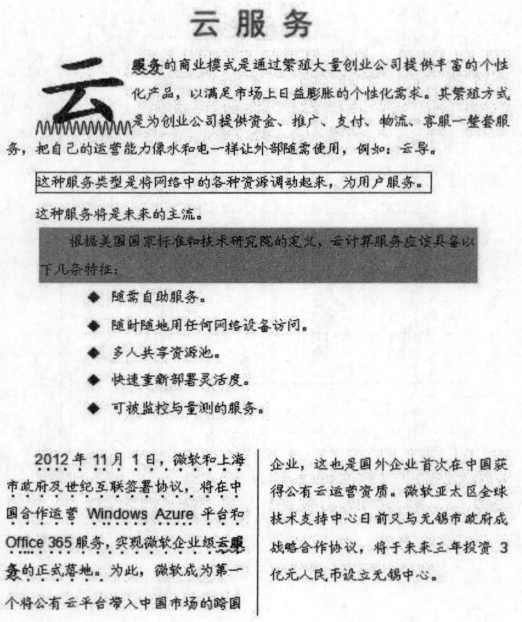

云服务

云服务的商业模式是通过繁殖大量创业公司提供丰富的个性化产品，以满足市场上日益膨胀的个性化需求。其繁殖方式是为创业公司提供资金、推广、支付、物流、客服一整套服务，把自己的运营能力像水和电一样让外部随需使用，例如：云导。

这种服务类型是将网络中的各种资源调动起来，为用户服务。

这种服务将是未来的主流。

根据美国国家标准和技术研究院的定义，云计算服务应该具备以下几条特征：

◆ 随需自助服务。
◆ 随时随地用任何网络设备访问。
◆ 多人共享资源池。
◆ 快速重新部署灵活度。
◆ 可被监控与量测的服务。

2012年11月1日，微软和上海市政府及世纪互联签署协议，将在中国合作运营 Windows Azure 平台和 Office 365 服务，实现微软企业级云服务的正式落地。为此，微软成为第一个将公有云平台带入中国市场的跨国企业，这也是国外企业首次在中国获得公有云运营资质。微软亚太区全球技术支持中心目前又与无锡市政府成战略合作协议，将于未来三年投资 3 亿元人民币设立无锡中心。

图 4.3 《云服务》效果图

(8) 为正文第二段文字设置边框。

(9) 第四段左右各缩进 1 厘米，并加“红色，强调文字颜色 2，淡色 40%”底纹。

(10) 为“随需自助服务。随时随地用任何网络设备访问。多人共享资源池。快速重新部署灵活度。可被监控与量测的服务。”添加项目符号◆。

(11) 将正文最后一段分为等宽两栏，加分隔线。

知识要点

(1) 文档编辑基本操作。

(2) 段落修饰与文本的修饰。

(3) 文本的分栏。

(4) 查找与替换。

案例操作

(1) 插入标题段。将光标定位至第一段开头，按下回车即可增加空行。

(2) 文字格式。“开始”选项卡→“字体”组中进行设置。

(3) 中英文字体设置。“开始”选项卡→“字体”组 按钮。在弹出的“字体”对话框的“字体”选项卡中，“中文字体”下拉列表中设置中文字体，“西文字体”下拉列表中设置英文字体。

(4) 段落格式。“开始”选项卡→“段落”组 按钮，然后在弹出的“段落”对话框中进行设置。

(5) 文字替换。“开始”选项卡→“编辑”组中的“替换”按钮。

(6) 着重号。在“字体”对话框中可以设置着重号。

(7) 合并段落。将光标放至第一段结尾处，按 Delete 键，即可将第一段与第二段合并。

(8) 段落位置互换。鼠标选中第四段，拖曳至第三段前。

(9) 首字下沉。“插入”选项卡→“文本”组中的“首字下沉”下拉按钮→“首字下沉选项”命令。

(10) 文字边框。“开始”选项卡→“段落”组中的“边框”按钮→“边框和底纹”命令，在“边框和底纹”对话框的“边框”选项卡中进行设置。注意“应用于”下拉列表中选择“文字”。

(11) 段落左右缩进。“开始”选项卡→“段落”组 按钮，在打开的“段落”对话框中进行设置。

(12) 段落底纹。“开始”选项卡→“段落”组中的“边框”按钮→“边框和底纹”命令，在“边框和底纹”对话框的“边框”选项卡中进行设置。注意“应用于”下拉列表中选择“段落”。

(13) 项目符号。选中要添加项目符号的段落，“开始”选项卡→“段落”组中的“项目符号”下拉按钮。从弹出的下拉列表中选择需要的项目符号。

(14) 分栏。选中要分栏的段落，“页面布局”选项卡→“页面设置”组中的“分栏”下拉按钮→“更多分栏”命令。

4.2.3 【案例 3】Word 表格编辑功能

案例描述

(1) 创建一个 5 行 6 列的表格，如图 4.4 所示。

课程表						
星期 / 时间		一	二	三	四	五
上午	1-2	英语	物理	高数	计算机	英语
	3-4	高数	制图	英语	哲学	高数
下午	5-6	计算机	英语听力		体育	制图
	7-8	物理实验				

图 4.4 “课程表”效果图

(2) 绘制斜线表头，并输入行标题为“星期”，列标题为“时间”。

(3) 合并和拆分单元格，样式如图 4.5 所示。

星期 / 时间						

图 4.5 合并和拆分单元格

(4) 在表格最上方插入一行，输入表标题“课程表”，文字格式设置为隶书、小一、加粗、文字效果为“渐变填充—橙色，强调文字颜色 6，内部阴影”，并按样文在表格内输入文字。

(5) 设置表格样式为“中等深浅底纹 1-强调文字颜色 3”(第 10 行第 5 个)。

(6) 将表格的对齐方式设置为“居中”，所有单元格的对齐方式为“水平居中”。

知识要点

表格的编辑与修饰。

案例操作

(1) 创建表格。“插入”选项卡→“表格”组中的“表格”按钮。

(2) 绘制斜线表头。将光标定位在第1行第1列的单元格中,“表格工具/设计”→“边框”下拉按钮→“斜下框线”。

(3) 合并或拆分单元格。选中要合并或拆分的单元格,“表格工具/布局”→“合并”组中的“合并单元格”/“拆分单元格”按钮。

(4) 插入行。选中第1行,“表格工具/布局”→“行和列”组中的“在上方插入”按钮。

(5) 字体格式。“开始”选项卡→“字体”组中设置。

(6) 设置表格样式。“表格工具/设计”→“表格样式”组中选择需要的表格样式。

(7) 表格对齐方式。选中表格,右击,在弹出的快捷菜单中选择“表格属性”,然后在“表格属性”对话框的“表格”选项卡中的“对齐方式”栏下选择“居中”。

(8) 单元格对齐方式。选中要设置对齐方式的单元格,“表格工具/布局”→“对齐方式”组中选择相应的单元格对齐方式。

4.2.4 【案例4】Word表格计算功能

案例描述

(1) 录入文字,如图4.6所示,并将其转换成5行4列表格,如图4.7所示。

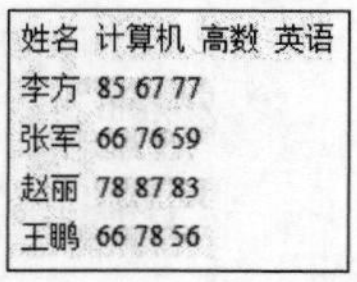

姓名 计算机 高数 英语
李方 85 67 77
张军 66 76 59
赵丽 78 87 83
王鹏 66 78 56

图4.6 “成绩单”样图

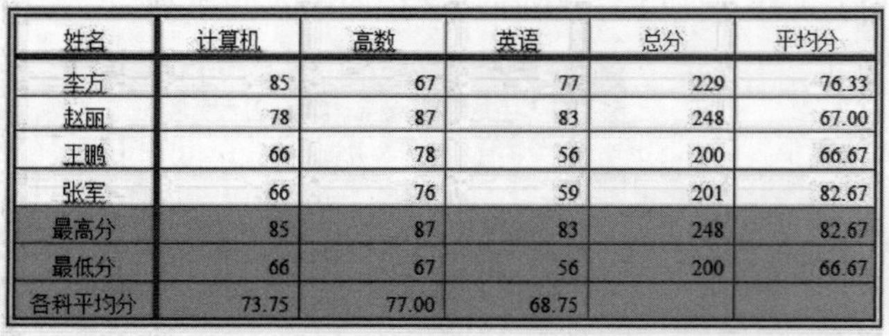

姓名	计算机	高数	英语	总分	平均分
李方	85	67	77	229	76.33
赵丽	78	87	83	248	67.00
王鹏	66	78	56	200	66.67
张军	66	76	59	201	82.67
最高分	85	87	83	248	82.67
最低分	66	67	56	200	66.67
各科平均分	73.75	77.00	68.75		

图4.7 “成绩单”效果图

(2) 在表格最后增加两列,列标题分别为“总分”“平均分”。

(3) 在表格最下面增加三行,行标题分别为“最高分”“最低分”“各科平均分”。

(4) 将表格设置为行高0.5厘米,列宽2.5厘米。

(5) 计算每个人的总分、平均分(保留2位小数)以及各科的最高分、最低分、平均分。

(6) 表格以“计算机”为主要关键字递减排序,如果“计算机”成绩相同,则以“高数”递减排序(不包括最后三行)。

(7) 表格中文字水平居中,数字靠下右对齐。

(8) 表格外边框线设置为蓝色1.5磅双实线,表格内边框设置为红色0.5磅单实线,并将第1行下框线和第1列右框线设置为3磅单实线。

(9) 为最后三行加橙色底纹。

知识要点

表格计算。

案例操作

(1) 文字转换成表格。选择需要转换的文本,“插入”选项卡→“表格”组中的“表格”按钮→“文本转换成表格”命令。

(2) 增加两列。选中最后两列,然后单击“表格工具”/“布局”选项卡→“行和列”组中的“在右侧插入”按钮。

(3) 增加三行。选中最后三行,然后单击“表格工具”/“布局”选项卡→“行和列”组中的“在下方插入”按钮。

(4) 行高和列宽。选中表格,“表格工具/布局”选项卡→在“单元格大小”组的“高度”和“宽度”数值框中设置值。或者右击选中的表格,在弹出的快捷菜单中选择“表格属性”,然后在“表格属性”对话框的“行”“列”选项卡中进行设置。

(5) 计算每个人的总分。将光标放在第2行第5列,“表格工具/布局”→“数据”组中的“公式”按钮。在“公式”文本框中输入“=SUM(LEFT)”,同样方法计算其他人的总分。

(6) 计算每个人的平均分。将光标放在第2行第6列,“表格工具/布局”→单击“数据”组中的“公式”按钮。在“公式”文本框中输入“=AVERAGE(B2:D2)”,也可以输入“=E2/3”,然后在“数字格式”下拉列表中选择“0.00”格式。同样方法计算其他人的平均分。

说明:在输入计算公式时,要用到单元格地址。单元格的地址用其所在的列号和行号表示。列号依次用字母A,B,C…表示,行号依次用数字1,2,3…表示,如B2表示第2列第2行的单元格。此外,要注意公式不能使用全角的标点符号,如“:”,否则,系统将显示“语法错误”。

(7) 计算各科最高分。将光标第6行第2列,“表格工具/布局”→“数据”组中的“公式”按钮。在“公式”文本框中输入“=MAX(ABOVE)”,计算“计算机”的最高分,其他科目的最高分计算方法类似。

(8) 计算各科最低分。将光标第7行第2列,“表格工具/布局”→“数据”组中的“公式”按钮。在“公式”文本框中输入“=MIN(B2:B5)”,计算“计算机”的低分,其他科目的最低分计算方法类似。

(9) 计算各科目平均分。将光标定位在第8行第2列,“表格工具/布局”→单击“数据”组中的“公式”按钮。在“公式”文本框中输入“=AVERAGE(B2:B5)”,计算“计算机”的平均分,其他科目的平均分计算方法类似。

(10) 排序。选择表格前5行数据,“表格工具/布局”选项卡→“数据”组中的“排序”按钮。在弹出的“排序”对话框“主要关键字”下拉列表中选择“计算机”选项,并且选中“降序”单选按钮;“次要关键字”下拉列表中选择“高数”选项,并且选中“降序”单选按钮。

(11) 表格边框线。“表格工具/设计”选项卡→“表格样式”组的“边框”按钮,在弹出的“边框和底纹”对话框中进行设置。

(12) 添加底纹。选中最后三行,“表格工具/设计”选项卡→“表格样式”组中的“底纹”按钮,在弹出的列表中选择底纹颜色。

4.2.5 【案例5】Word图文混排操作

案例描述

(1) 利用提供的文字,设置出效果如图4.8。将标题“满江红”设置为艺术字。艺术样式为“填充—橙色，强调文字颜色 6，轮廓—强调文字颜色 6，发光—强调文字颜色 6”，字体为“华文楷体”，加粗，艺术字形状为“倒 V 形”。

(2) 设置艺术字的文本填充颜色为预设“熊熊火焰”，三维效果为“等轴右上”，阴影效果为“向右偏移”，棱台效果为“松散嵌入”。

(3) 设置艺术字版式为“四周型环绕”，艺术字所放位置如图 4.8 所示。

(4) 将副标题“——根据岳飞《满江红》改写的散文”设置为“方正舒体”、小四、右对齐。

(5) 在文档中插入一个竖排文本框，高度为 5 厘米，宽度为 7 厘米，填充颜色为预设中的“红木”，版式为“四周型”，文本框位置如图 4.8 所示。

(6) 在文本框中添加文字，内容如图 4.8 所示，并将文字设置为黑体、加粗、黄色。

(7) 在文档中插入图片“Flower. jpg”，图片高度为 7 厘米、宽度为 5 厘米，效果为“冲蚀”，版式为“衬于文字下方”。

(8) 将“怎能忘记靖康二年的国耻还未洗雪，……欣赏神州大地巨龙般的腾飞！”段分为等宽三栏。

(9) 在文档中插入自选图形“横卷形”，填充颜色为预设中的“漫漫黄沙”，并添加文字“我爱你，我的祖国！”。同时将文字设置为楷体_GB2312、小三、红色、居中对齐。版式为“四周型”，所放位置如图 4.8 所示。

——根据岳飞《满江红》改写的散文

多少年来，神州大地烽烟四起，战祸连连，华夏的山河支离破碎，多少英雄豪杰只得在风雨初歇之时“把栏杆拍遍”，看着狼烟不断蔓延过祖国的边疆，异族的铁蹄在家园的土地上无情地践踏，满腔热血不禁一涌而上，顿时怒气冲天，誓要将

乌云冲破，直上云霄，将异族踩在脚处遁行！只可惜天不怜惜，不肯赐我膀，于是乎只能举目远望，对天长啸：与我，怎救我大好河山！”如此壮烈情怀应是无限地爱国催化而成的吧。十又算什么？尘烟未定，我怎么能善功名利禄，又算什么？我只愿能够征家乡的浮云、明月将是我最好的伴侣等待了，不要让丝丝发缕染上岁月的独自悲哀，我宁可献身在鲜红的爱国中！

怒发冲冠，凭栏处潇潇雨歇。抬望眼，仰天长啸，壮怀激烈。三十功名尘与土，八千里路云和月。莫等闲白了少年头，空悲切。靖康耻，犹未雪。臣子恨，何时灭！驾长车踏破贺兰山缺。壮志饥餐胡虏肉，笑谈渴饮匈奴血。待从头收拾旧山河，朝天阙。

下，无一对翅“时不激昂的年过三罢甘休！战沙场，不要再伤痕，血泊之

怎能忘记靖康二年的国耻还未洗雪，怎了得臣子的满心愤恨何时可灭！让我来告诉你，当神州子孙的铁骑、战车杀败敌人的队伍，当攻破异族的城池，当烧毁那恶魔的巢穴来祭奠祖国多少年来所遭受的苦难和耻辱！拥有收复失地的壮志就不怕无物充饥，敌人的肉可以强壮我们的身体，谈笑间也不用担心口渴难耐，异族的血可以滋润我们的喉咙！亲爱的祖国啊，请一定要等着我！等我将敌人消灭干净；等我将那些异族赶出你神圣的领土；等我将支离破碎的山河再次变得壮丽秀美，到那时，那个时候我再登上九尺高楼，欣赏你婀娜多姿的抚媚；欣赏你气壮山河的雄伟；欣赏神州大地巨龙般的腾飞！

❖ 三十功名尘与土，八千里路云和月。(岳飞)
❖ 人生自古谁无死，留取丹心照汗青。(文天祥)

我爱你，我的祖国！

图 4.8 《满江红》效果图

(10) 为“三十功名尘与土，……留取丹心照汗青。(文天祥)”添加项目符号❖。

知识要点

文本框、剪贴画、艺术字的操作。

案例操作

(1) 插入艺术字。“插入”选项卡→“文本”组中的“艺术字”按钮,第2行第2列即为所需艺术字样式。

(2) 设置艺术字形状。选中艺术字,“绘图工具/格式”选项卡→“艺术字样式”组中的“文本效果”按钮→“转换”命令,弹出的下拉列表的“弯曲”区域中第2行第1列即为所需样式。

(3) 艺术字的文本填充效果设置。选中艺术字,“绘图工具/格式”选项卡→“艺术字样式”组中的“文本填充”按钮→“渐变”→“其他渐变”。然后在“设置文本效果格式”对话框中选择“渐变填充”单选按钮,单击“预设颜色”下拉按钮,在弹出的列表中选择第2行第4列的“熊熊火焰”。最后,单击“关闭”按钮。

(4) 设置艺术字三维效果、阴影效果和棱台效果。“绘图工具/格式”选项卡→“艺术字样式”组中的“文本效果”按钮。在弹出列表中的“阴影”命令可以设置艺术字阴影效果;“棱台”命令设置艺术字的棱台效果;“三维旋转”命令可以设置艺术字的三维效果。

(5) 设置艺术字版式。选中艺术字,“绘图工具/格式”→“排列”组中的“自动换行”按钮,然后从弹出的下拉列表中选择需要的环绕方式。

(6) 插入竖排文本框。将光标定位到需要插入文本框位置,“插入”选项卡→“文本”组中的“文本框”按钮→“绘制竖排文本框”。

(7) 设置文本框大小。选中文本框,“绘图工具/格式”选项卡→“大小”组中设置文本框大小。

(8) 文本框的填充颜色。选中文本框,“绘图工具/格式”选项卡→“形状样式”组中的“形状填充”按钮→“渐变”→“其他渐变”。然后在“设置形状格式”对话框中选择“渐变填充”单选按钮,单击“预设颜色”下拉按钮,在弹出的列表中选择第3行第5列的“红木”。最后,单击“关闭”按钮。

(9) 设置文本框版式。选中文本框,“绘图工具/格式”→“排列”组中的“自动换行”按钮,然后从弹出的下拉列表中选择需要的环绕方式。

(10) 插入图片。“插入”选项卡→“插图”组中的“图片”按钮,浏览图片的存储位置,选择图片,然后点击“插入”按钮。

(11) 设置图片大小。选中图片,“图片工具/格式”→“大小”组中设置图片的大小。

(12) 设置图片效果“冲蚀”。选中图片,“图片工具/格式”选项卡→“调整”组中的“颜色”按钮。在“重新着色”区域下选择“冲蚀”。

(13) 设置图片版式。选中图片,“图片工具/格式”→“排列”组中的“自动换行”按钮,然后从弹出的下拉列表中选择需要的环绕方式。

(14) 分栏。选中要分栏的段落,“页面布局”选项卡→“页面设置”组中的“分栏”按钮,然后从弹出的下拉列表中选择合适的栏数。

(15) 绘制自选图形。光标定位到需要插入自选图形的位置,“插入”选项卡→“插图”组中的“形状”按钮,然后从弹出的列表中选择需要的图形。此例在“星与旗帜”一栏下,选择“横卷形”。

(16) 设置自选图形的填充颜色。选中自选图形,“绘图工具/格式”选项卡→“形状样式”组中的“形状填充”按钮→“渐变”→“其他渐变”。然后在“设置形状格式”对话框中选择

“渐变填充”单选按钮，单击“预设颜色”下拉按钮，在弹出的列表中选择第 2 行第 1 列的“漫漫黄沙”。最后，单击“关闭”按钮。

(17) 设置自选图形版式。选中自选图形，“绘图工具/格式”→“排列”组中的“自动换行”按钮，然后从弹出的下拉列表中选择需要的环绕方式。

(18) 添加项目符号。选中要添加项目符号的段落，“开始”选项卡→“段落”组中的“项目符号”下拉按钮，然后从弹出的列表中选择合适的项目符号。

4.2.6 【案例 6】长文档编辑功能

案例描述

(1) 将正文各段设置首行缩进 2 个字符、宋体、五号。

(2) 将各章名设为标题 1；将各节名设为标题 2；将各节内标题设为标题 3，如图 4.9 (左)所示。

(3) 生成目录，显示级别为 2 级，将文字“目录”设置成加粗、二号、居中对齐，如图 4.9 (右)所示。

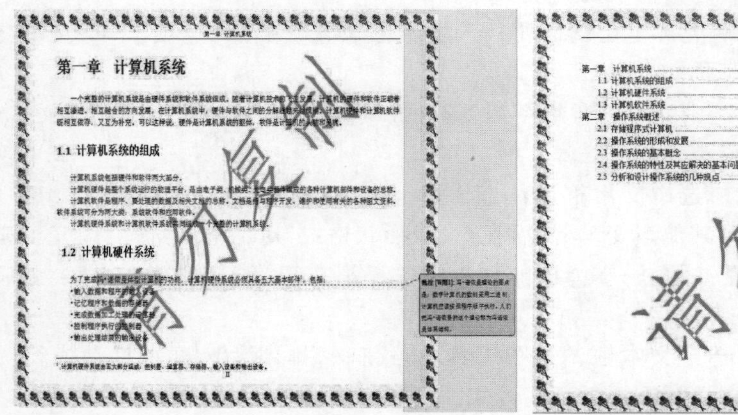

图 4.9 《长文档编辑功能》效果图

(4) 按章分节，在每章后插入分节符，分节符类型为下一页。其中目录为一部分，每一章为一部分，参考文献为一部分。

(5) 为文档目录页添加页眉“目录”。

(6) 为第一章奇数页添加页眉“大学计算机基础”，偶数页添加页眉“第一章 计算机系统”。同样为第二章奇数页添加页眉“大学计算机基础”，偶数页添加页眉“第二章 操作系统概述”。

(7) 在文档页脚中插入页码，格式为“Ⅰ，Ⅱ，Ⅲ，…”，居中对齐。

(8) 为Ⅱ页 14 行中的“冯 · 诺依曼体系计算机”添加批注，内容为“冯 · 诺依曼理论的要点是：数字计算机的数制采用二进制；计算机应该按照程序顺序执行。人们把冯 · 诺依曼的这个理论称为冯诺依曼体系结构。”

(9) 为“计算机硬件系统必须具备五大基本部件”添加脚注，内容为“计算机硬件系统由五大部分组成：控制器、运算器、存储器、输入设备和输出设备。”

(10) 将文档上、下边距均设置为 2 厘米,左、右边距均设置为 3 厘米。

(11) 将文档纸张大小设置为自定义,宽为 25 厘米,高为 20 厘米。

(12) 为文档添加文字背景水印"请勿复制",并设置仿宋_GB2312,蓝色,其他选项默认。为文档添加艺术型页面边框,图案为 ,应用于整篇文档。

知识要点

(1) Word 页面设置。

(2) Word 的超链接。

(3) 样式的使用。

(4) 目录生成。

(5) 长文档的排版。

案例操作

(1) 应用标题样式。打开"样式"窗格,方法为:"开始"选项卡→"样式"组中的 按钮。在"样式"窗格中单击"选项",然后在弹出的"样式窗格选项"对话框中的"选择要显示的样式"下拉列表框中选择"所有样式"选项,单击"确定"按钮。选中要应用样式的段落。然后在"样式"窗格的列表框中选择所需样式。

(2) 插入目录。将光标定位在要插入目录的位置,"引用"选项卡→"目录"组中的"目录"按钮→"插入目录"。然后在弹出的"目录"对话框中,"显示级别"数值框中设置 2,单击"确定"按钮。

(3) 每一章从新页开始。将光标放置"第一章计算机系统"前,"页面布局"选项卡→"页面设置"组中的"分隔符"按钮→"下一页"。同样方法,设置"第二章操作系统概述"从新页开始。

(4) 添加页眉。将光标放置要插入页眉的页上,"插入"选项卡→"页眉和页脚"组中的"页眉"按钮→"编辑页眉",随即进入页眉的编辑状态。输入页眉内容。

(5) 设置页眉奇偶页不同。进入页眉编辑状态,"页眉和页脚工具/设计"选项卡→"选项"组,选中"奇偶页不同"复选框。

(6) 创建各章不同的页眉和页脚。按章将文档分割成"节"后,进入页眉编辑状态。将光标放置每一章的首个页眉处,断开当前节与前一节的页眉或页脚之间的关系。"页眉和页脚工具/设计"选项卡→"导航"组中的"链接到前一条页眉"按钮。

(7) 设置页码格式。"插入"选项卡→"页眉和页脚"组中的"页码"按钮→"设置页码格式"。然后在弹出的"页码格式"对话框中进行设置。

(8) 插入居中页码。"插入"选项卡→"页眉和页脚"组中的"页码"按钮→"页面底端"→"普通数字 2"。

(9) 添加批注。选中要添加批注的文字,"审阅"选项卡→"批注"组中的"新建批注"按钮,随即进入批注的编辑状态,输入批注的内容。

(10) 添加脚注。将光标定位在要添加脚注的位置,"引用"选项卡→"脚注"组中的"插入脚注"按钮,输入脚注内容。

(11) 设置页面边距。"页面布局"选项卡→"页面设置"组中的"页边距"按钮→"自定义页边距",然后在弹出的"页面设置"对话框的"页边距"选项卡中进行设置。

(12) 设置纸张大小。"页面布局"选项卡→"页面设置"组中的"纸张大小"按钮→"其他页面大小”，然后在弹出的“页面设置”对话框的“纸张”选项卡中进行设置。

(13) 设置水印。“页面布局”选项卡→“页面背景”组中的“水印”按钮→“自定义水印”，然后在弹出的“水印”对话框中设置文字水印的文字、字体及字体颜色等。

(14) 添加艺术型页面边框。“页面布局”选项卡→“页面背景”组中的“页面边框”按钮，在弹出的“边框和底纹”对话框的“页面边框”选项卡中，“艺术型”下拉列表中，选择需要的样式，在“应用于”下拉列表中选择“整篇文档”。

4.2.7 【案例 7】邮件合并

案例描述

请按下列要求，完成邀请函的制作，如图 4.10 所示。

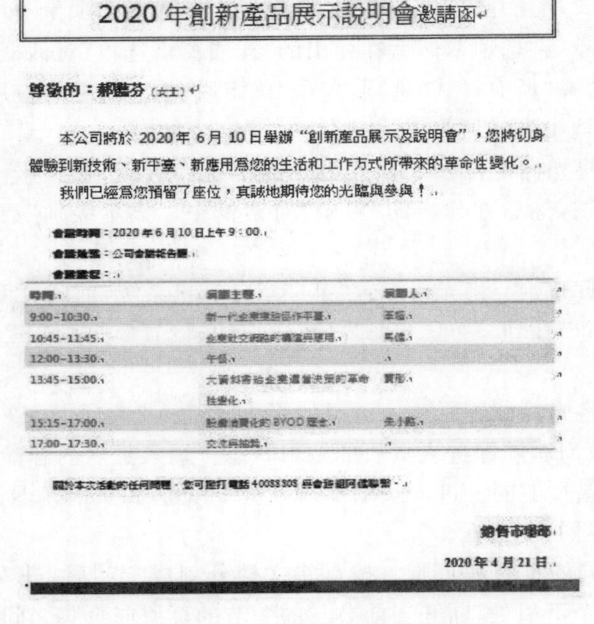

2020 年創新產品展示說明會邀請函

尊敬的：郝豔芬（女士）

本公司將於 2020 年 6 月 10 日舉辦“創新產品展示及說明會”，您將切身體驗到新技術、新平臺、新應用爲您的生活和工作方式所帶來的革命性變化。

我們已經爲您預留了座位，真誠地期待您的光臨與參與！

會議時間：2020 年 6 月 10 日上午 9：00

會議地點：公司會議報告廳

會議議程：

時間	演講主題	演講人
9:00–10:30	新一代企業業務協作平臺	[illegible]
10:45–11:45	企業社交網路的構建與應用	[illegible]
12:00–13:30	午餐	
13:45–15:00	大資料帶給企業運營決策的革命性變化	[illegible]
15:15–17:00	設備消費化的 BYOD 理念	[illegible]
17:00–17:30	交流與抽獎	

關於本次活動的任何問題，您可撥打電話 4008855 [illegible]

銷售市場部

2020 年 4 月 21 日

图 4.10 《邀请函》效果图

(1) 将文档中“会议议程：”段落后的 7 行文字转换为 3 列、7 行的表格，并根据窗口大小自动调整表格列宽。

(2) 为制作完成的表格套用表格样式“浅色底纹-强调文字颜色 4”，使表格更加美观。

(3) 为了可以在以后的邀请函制作中再利用会议议程内容，将文档中的表格内容保存至“表格”部件库，并将其命名为“会议议程”。

(4) 将文档末尾处的日期调整为可以根据邀请函生成日期而自动更新的格式，日期格式显示为“2014 年 1 月 1 日”。

(5) 在“尊敬的”文字后面，插入拟邀请的客户姓名和称谓。拟邀请的客户姓名在“通讯录.xlsx”文件中，客户称谓则根据客户性别自动显示为“先生”或“女士”，例如“范俊弟(先生)”“黄雅玲(女士)”。

(6) 每个客户的邀请函占一页内容，且每页邀请函中只能包含一位客户姓名，所有的邀请函页面另外保存在一个名为“Word-邀请函. docx”文件中。如果需要，删除“Word-邀请函. docx”文件中的空白页面。

(7) 本次会议邀请的客户均来自台资企业，因此，将“Word-邀请函. docx”中的所有文字内容设置为繁体中文格式，以便于客户阅读。

知识要点

邮件合并。

案例操作

(1) 文本转换为表格。选中“会议议程”文字下方的7行文字，单击“插入”选项卡下“表格”组中的“表格”下拉按钮，在弹出的下拉列表中选择“文本转换成表格”命令，单击“确定”按钮。

(2) 设置表格样式。选中表格，单击“设计”选项卡下的“表格样式”组中选择“浅色底纹-强调文字颜色4”。

(3) 保存至“表格”部件库。选中所有表格内容，“插入”→“文本”组中的“文档部件”按钮→选择“将所选内容保存到文档部件库”命令。然后，在打开的“新建构建模块”对话框中将“名称”设置为“会议议程”，在“库”下拉列表项选择表格，单击“确定”按钮。

(4) 设置日期。选中“2015年10月20日”，“插入”→“文本”组中的“日期和时间”按钮→在弹出的对话框中将“语言(国家/地区)”设置为“中文(中国)”，在“可用格式”中选择“2015年1月1日”同样的格式，勾选“自动更新”，单击“确定”按钮。

(5) 邮件合并。

步骤1：把鼠标定位在“尊敬的：”文字之后，“邮件”→“开始邮件合并”组中，单击“开始邮件合并”下拉按钮，在弹出的下拉列表中选择“邮件合并分步向导”命令。

步骤2：打开“邮件合并”任务窗格，进入“邮件合并分步向导”的第1步。在“选择文档类型”中选择一个希望创建的输出文档的类型，此处选择“信函”。

步骤3：单击“下一步：正在启动文档”超链接，进入“邮件合并分步向导”的第2步，在“选择开始文档”选项区域中选中“使用当前文档”单选按钮，以当前文档作为邮件合并的主文档。

步骤4：接着单击“下一步：选取收件人”超链接，进入第3步，在“选择收件人”选项区域中选中“使用现有列表”单选按钮。

步骤5：然后单击“浏览”超链接，打开“选取数据源”对话框，选择“通讯录. xlsx”文件后单击“打开”按钮，进入“邮件合并收件人”对话框，单击“确定”按钮完成现有工作表的链接工作。

步骤6：选择了收件人的列表之后，单击“下一步：撰写信函”超链接，进入第4步。在“撰写信函”区域中单击“其他项目”超链接。打开“插入合并域”对话框，在“域”列表框中，选择“姓名”域，单击“插入”按钮。插入完所需的域后，单击“关闭”按钮，关闭“插入合并域”对话框。文档中的相应位置就会出现已插入的域标记。

(6) 自动显示“先生”或“女士”。在“邮件”选项卡的“编写和插入域”组中，单击“规则”下拉列表中的“如果……那么……否则……”命令。在弹出的“插入 Word 域：IF”对话框中的“域名”下拉列表框中选择“性别”，在“比较条件”下拉列表框中选择“等于”，在“比较对象”文本框中输入“男”，在“则插入此文字”文本框中输入“(先生)”，在“否则插入此文字”文本框中输入“(女士)”。最后单击“确定”按钮，即可使被邀请人的称谓与性别建立关联。

（7）单个邀请函。

步骤1：在“邮件合并”任务窗格中，单击“下一步：预览信函”超链接，进入第5步。在“预览信函”选项区域中，单击“<<”或“>>”按钮，可查看具有不同邀请人的姓名和称谓的信函。

步骤2：预览并处理输出文档后，单击“下一步：完成合并”超链接，进入“邮件合并分步向导”的最后一步。此处单击“编辑单个信函”超链接，打开“合并到新文档”对话框，在“合并记录”选项区域中，选中“全部”单选按钮。

步骤3：设置完后单击“确定”按钮，即可在文中看到，每页邀请函中只包含一位被邀请人的姓名和称谓。单击“文件”选项卡下的“另存为”按钮，保存文件名为“Word-邀请函.docx”。

（8）文字设置为繁体中文格式。选中“Word-邀请函.docx”中的所有内容，“审阅”→“中文简繁转换”组中的“简转繁”按钮，将所有文字转换为繁体文字。

4.3 本章小结

文字是一篇文档的基本元素，文字的操作包括编辑、选中、查找、删除和替换等。其中文字的编辑包括字体、大小、颜色、间距、加粗、倾斜、下画线等。

段落是文字的集合，段落的操作包括对齐方式、缩进、行间距、段落间距、合并段落和划分调整段落等。

为了丰富文档功能，段落中可以插入编辑图片、表格、图形和文档等对象。

Word 通过“样式”管理文档的整体架构、设置段落的样式、提取目录信息等。

实验4 Word 文字编辑

【实验目的】

1. 掌握 Word 文档的建立、保存与打开。
2. 掌握文档的输入、编辑等基本操作。
3. 掌握文本的段落修饰与文本的修饰。
4. 掌握文档的查找与替换。
5. 掌握制表位的使用。

实验 4-1

实验 4-1 段落效果编辑

编辑文档 word-41.docx，实现如图 4.11 效果。

（1）题目：隶书二号字加粗并居中；作者：宋体小三号字并右对齐。

（2）正文各段首行缩进两个字符；第一段宋体五号字，左右缩进5个字符，底纹为白色，背景1，深色15%；其他各段宋体小四号字。

（3）将“不以物喜，……，则忧其君。”部分文字设置为红色、加粗；将“先天下……而乐乎！”部分文字添加着重号。

岳阳楼记

[北宋]范仲淹

庆历四年春，滕子京谪守巴陵郡。越明年，政通人和，百废俱兴，乃重修岳阳楼，增其旧制，刻唐贤今人诗赋于其上，属予作文以记之。

予观夫巴陵胜状，在洞庭一湖。衔远山，吞长江，浩浩汤汤，横无际涯；朝晖夕阴，气象万千；此则岳阳楼之大观也，前人之述备矣。

然则北通巫峡，南极潇湘，迁客骚人，多会于此，览物之情，得无异乎？

若夫霪雨霏霏，连月不开；阴风怒号，浊浪排空；日星隐耀，山岳潜形；商旅不行，樯倾楫摧；薄暮冥冥，虎啸猿啼；登斯楼也，则有去国怀乡，忧谗畏讥，满目萧然，感极而悲者矣。

至若春和景明，波澜不惊，上下天光，一碧万顷；沙鸥翔集，锦鳞游泳，岸芷汀兰，郁郁青青。而或长烟一空，皓月千里，浮光跃金，静影沉璧，渔歌互答，此乐何极！登斯楼也，则有心旷神怡，宠辱皆忘，把酒临风，其喜洋洋者矣。

嗟夫！予尝求古仁人之心，或异二者之为，何哉？**不以物喜，不以己悲，居庙堂之高，则忧其民；处江湖之远，则忧其君。**是进亦忧，退亦忧，然则何时而乐耶？其必曰："先天下之忧而忧，后天下之乐而乐"乎！

噫！微斯人，吾谁与归！

时六年九月十五日。

图 4.11 《段落编辑》效果图

(4) 最后一段设置为右对齐。

实验 4-2　制表位的使用

编辑文档 word-42.docx，实现图 4.12 样文效果。

【商品广告】

营造放心消费环境★★★★★

★★★★★国美 3·15 家电节隆重开幕

家居天地

产品名称	型号	价格
松下彩电	TC43P18G	7888.60元
东芝50寸背投	PDP50	7199.67元
康佳新品纯平	P22967S	2099.10元

冰凉世界

产品名称	型号	价格
海尔冰柜	88升快速制冷	2080.50元
荣事达冰箱	188升超静节能	1888.00元
小天鹅冰箱	191升大冷藏室	1618.50元

洁净空间

产品名称	型号	价格
海尔金统帅洗衣机	185SN	2080.50元
LG滚筒	12175ND	4550.00元
荣事达波轮	6011C	980.00元

咸阳商城：咸阳市人民西路丽彩广场.....(0910) 3363035

大雁塔商城：西安市雁引路1号.............(029) 5533641

东郊兴庆商城：西安市兴庆北路64号 (029) 3229742，7219521

宝鸡商城：宝鸡市经二路160号.............800-840-8855

北大街商城：西安市北大街113号通济广场 (029) 8364254

图 4.12 《制表位》效果图

(1) 按图 4.12 所示，在文档中插入符号【】、★。标题“营造放心消费环境”为“华文彩云”字体，字号从初号到小二不等并加粗；同时提升文字位置并加宽★间距，如样文所示。

(2) “国美 3 · 15 家电节隆重开幕”为“华文行楷”字体，二号字并倾斜，行距设为“固定值为 41 磅”。

(3) 小标题“震撼天地”等为方正舒体，并为文字添加“白色，背景 1，深色 25%”底纹，其他汉字为隶书、英文为 Verdana 体，五号字。

(4) 利用制表位来实现商品价格单的设计。

实验 4-3　页码设置

实验 4-3

(1) 打开文档 word-43. docx。

(2) 将标题段文字(“蛙泳”)设置为二号红色黑体、加粗、字符间距加宽 20 磅、段后间距 0.5 行。

(3) 设置正文各段落(蛙泳是一种……蛙泳配合技术。)左右各缩进 1.5 字符，行距为 18 磅。

(4) 在页面底端(页脚)居中位置插入大写罗马数字页码，起始页码设置为“Ⅳ”。

实验 4-4　页面设置

(1) 打开文档 word-44. docx。

(2) 将文中所有错词“背景”替换为“北京”。

(3) 将标题段(“北京市高考录取分数线划定”)文字设置为 18 磅红色仿宋、加粗、居中，并添加蓝色双波浪下画线。

(4) 设置正文各段落(“6 月 25 日下午……严肃处理。”)左、右各缩进 1 字符、1.2 倍行距、段前间距 0.5 行；设置整篇文档左、右页边距各为 3 厘米。

实验 4-5　页眉页脚

(1) 打开文档 word-45. docx。

(2) 将标题段文字(“为什么水星和金星都只能在一早一晚才能看见?”)设置为三号仿宋、加粗、居中、并为标题段文字添加红色方框；段后间距设置为 0.5 行。

(3) 给文中所有“轨道”一词添加波浪下画线；将正文各段文字(“除了我们……开始减小了。”)设置为五号楷体；各段落左右各缩进 1 字符；首行缩进 2 字符。将正文第三段(“我们知道……开始减小了。”)分为等宽的两栏、栏间距为 1.62 字符、栏间加分隔线。

(4) 设置页面颜色为浅绿色；为页面添加蓝色(标准色)阴影边框；在页面底端插入“普通数字 3”样式页码，并将起始页码设置为“3”。

实验 4-5

实验5 Word表格编辑

【实验目的】

(1) 掌握表格的插入、表格内容的编辑与修饰。
(2) 掌握计算表格数据方法。

实验5-1 制作收费收据表

(1) 打开word-51.docx。
(2) 表标题为华文琥珀、二号、居中,如图4.13所示。
(3) 表内文字五号、宋体,其中“结算方式”为分散对齐,其余为水平居中。
(4) 表格外框为1.5磅单实线,内边框为0.5磅单实线。
(5) “千”与“百”和“元”与“角”之间1.5磅单实线。

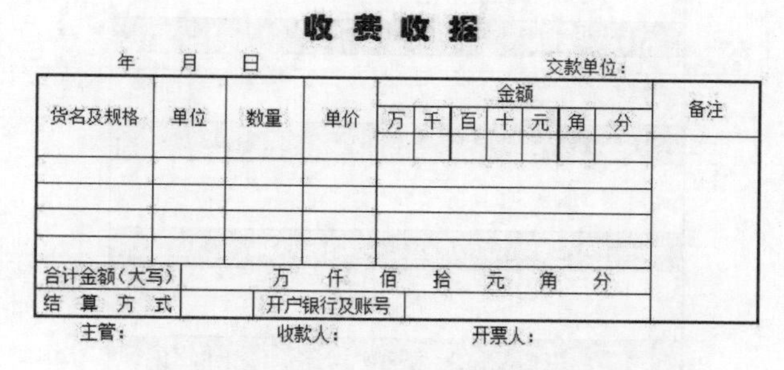
收费收据

年 月 日 交款单位:

货名及规格	单位	数量	单价	金额							备注
				万	千	百	十	元	角	分	
合计金额(大写)		万 仟 佰 拾 元 角 分									
结算方式		开户银行及账号									

主管: 收款人: 开票人:

图4.13 “收费收据”效果图

实验5-2 制作工程预算表

(1) 新建Word文档,制作表格。
(2) 表格标题为黑体、二号、居中、加双下画线,段后间距1行,如图4.14所示。
(3) 表内文字为宋体、五号、水平居中,其中“小计”,字体颜色为红色。

工程预算表

序号	工程名称	单位	工程量	单价(元)			
				人工费单价	材料费单价	复价	总金额
一	水电工程						
1	水电改造	m²	22.00		68.00	68.00	1,496.00
2	电路改造	m²	50.00		65.00	65.00	3,250.00
3	水电安装	m²	80.00	30.00		30.00	2,400.00
	小计						7,146.00
二	客厅						
1	顶面瓷粉	m²	35.00	10.00	10.00	20.00	700.00
2	地面贴	m²	25.00		170.00	170.00	4,250.00
	小计						4,950.00

图4.14 《工程预算表》效果图

(4) 计算“总金额”(总金额＝工程量×复价)。

(5) 表格外边框和第1行下框线为2.25磅单实线。

(6) 为单元格添加“白色,背景1,深色15%”的底纹。

实验5-3 制作个人简历表

(1) 新建Word文档,制作表格。

(2) 表标题“个人简历”为宋体、四号。“个人基本信息、个人能力……”为宋体,小四。

(3) 为图4.15所示的单元格添加“白色,背景1,深色25%”底纹。

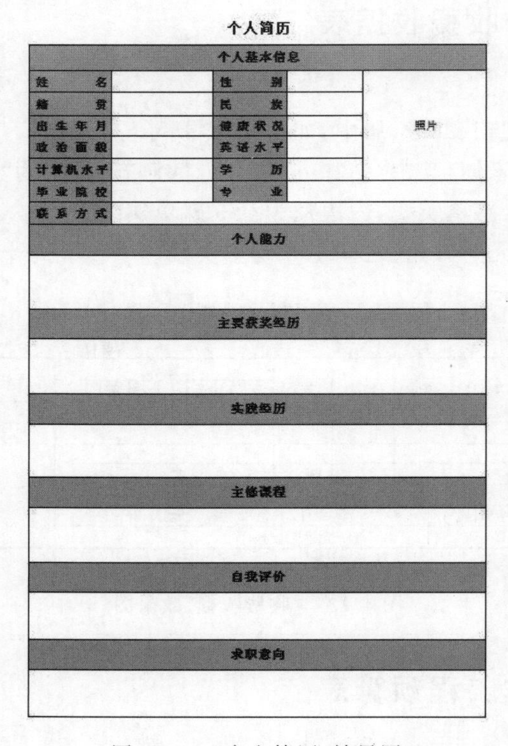

个人简历

个人基本信息				
姓名		性别		照片
籍贯		民族		
出生年月		健康状况		
政治面貌		英语水平		
计算机水平		学历		
毕业院校		专业		
联系方式				
个人能力				
主要获奖经历				
实践经历				
主修课程				
自我评价				
求职意向				

实验5-4

图4.15 《个人简历》效果图

实验5-4 表格绘制

(1) 打开文档word-54.docx。

(2) 将文中后7行文字转换成一个7行4列的表格,设置表格居中,并以“根据内容调整表格”选项自动调整表格,设置表格所有文字中部居中。

(3) 设置表格外框线为1.5磅蓝色双窄实线、内框线为0.5磅蓝色单实线;设置表格第一行为黄色底纹;设置表格所有单元格上、下边距各为0.1厘米。

实验5-5 表格编辑

(1) 打开文档word-55.docx。

（2）设置表格居中，表格行高 0.6 厘米；表格中第 1、2 行文字水平居中，其余各行文字中，第 1 列文字中部两端对齐、其余各列文字中部右对齐。

（3）在“合计（万台）”列的相应单元格中，计算并填入左侧四列的合计数量，将表格后 4 行内容按“列 6”列降序排序；设置外框线为 1.5 磅红色单实线、内框线为 0.75 磅蓝色（标准色）单实线、第 2、3 行间的内框线为 0.75 磅蓝色（标准色）双窄线。

实验 6 Word 图文混排

实验 5-5

【实验目的】

（1）掌握剪贴画的插入与编辑。
（2）掌握自选图形的插入与编辑。
（3）掌握艺术字的插入与编辑。
（4）掌握表格的插入与编辑。

实验 6-1 图文混排

完成文档 word-61.docx 编辑，如图 4.16 所示。

海燕

高尔基

在苍茫的大海上，狂风卷集着乌云。在乌云和大海之间，海燕像黑色的闪电，在高傲地飞翔。

一会儿翅膀碰着波浪，一会儿箭一般地冲向乌云，它叫喊着，——就在这鸟儿勇敢的叫喊声里，乌云听出了欢乐。

在这叫喊声里——充满着对暴风雨的渴望！在这叫喊声里，乌云听出愤怒的力量、热情的火焰和胜利的信心。

海鸥在暴风雨来临之前呻吟着，——呻吟着，它们在大海上飞窜，想把自己对暴风雨的恐惧，掩藏到大海深处。

海鸭也在呻吟着，——它们这些海鸭啊，享受不了生活的战斗的欢乐：轰隆隆的雷声就把它们吓坏了。

蠢笨的企鹅，胆怯地把肥胖的身体躲藏在悬崖底下——只有那高傲的海燕，勇敢地，自由自在地，在泛起白沫的大海上飞翔！

乌云越来越暗，越来越低，向海面直压下来，而波浪一边歌唱，一边冲向高空，去迎接那雷声。

雷声轰响。波浪在愤怒的飞沫中呼叫，跟狂风争鸣。看吧，狂风紧紧抱起一层层巨浪，恶狠狠地把它们甩到悬崖上，把这些大块的翡翠摔成尘雾和碎末。

海燕叫喊着，飞翔着，像黑色的闪电，箭一般地穿过乌云，翅膀掠起波浪的飞沫。

看吧，它飞舞着，像个精灵，——高傲的、黑色的暴风雨精灵——它在大笑，它 又在号叫——它笑那些乌云，它因为欢乐而号叫！

这个敏感的精灵，——它从雷声的震怒里，早就听出了困乏，它深信，乌云遮不住太阳，——是的，遮不住的！

狂风吼叫——雷声轰响——

一堆堆乌云，像青色的火焰，在无底的大海上燃烧。大海抓住闪电的箭光，把它们熄灭在自己的深渊里。这些闪电的影子活像一条条火蛇，在大海里蜿蜒游动，一晃就消失了。

——暴风雨！暴风雨就要来啦！

这是勇敢的海燕，在怒吼的大海上，在闪电中间，高傲地飞翔；这是胜利的预言家在叫喊：

——让暴风雨来得更猛烈些吧！

图 4.16 《海燕》效果图

(1) 题目：方正舒体三号字并居中；作者：隶属四号字并居中。

(2) 正文各段首行缩进两个字、宋体五号字，第一段首字下沉 2 行。

(3) 添加所提供的相关图片并做相应处理。

实验 6-2 封面设计

(1) 新建文档，在文档中插入图片“word-62 梅花”，并改变图片大小，如图 4.17 所示。

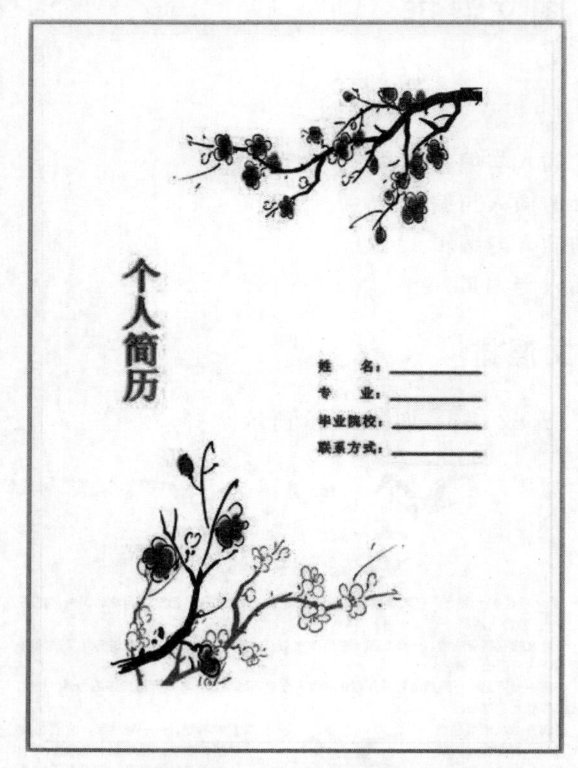

图 4.17 《封面设计》效果图

(2) 插入艺术字“个人简历”，艺术字样式为“填充-红色，强调文字颜色 2，暖色粗糙棱台”。

(3) 在文档中插入文本框，并输入内容，如图 4.17 所示，并将文字的文本效果设置为“渐变填充-蓝色，强调文字颜色 1”。

实验 6-3 图表编辑

(1) 打开文档 word-63.docx。

(2) 将文中所有错词“燥声”替换为“噪声”。

(3) 将标题段落(“噪声的危害”)设置为三号红色宋体、居中、加段落黄色底纹。

(4) 正文文字(“噪声是任何一种……影响就更大了。”)设置为小四号楷体，各段落首行缩进 2 字符，段前间距 1 行。将第三段(“噪声会严重干扰……的一大根源”)移至第二段(“强烈的噪声……听力显著下降”)之前，使之成为第二段。

(5) 将表的标题段("声音的强度与人体感受之间的关系")设置为小五号宋体、红色、加粗、居中。

(6) 将文中最后 8 行文字转换成一个 8 行 2 列的表格,表格居中,列宽 3 厘米,表格中的文字设置为五号宋体,第一行文字对齐方式为中部居中,其余各行文字对齐方式为靠下右对齐。

实验 6-4　图文编辑

实验 6-4

(1) 打开文档 word-64.docx。

(2) 将标题段文字("赵州桥")设置为二号红色黑体、加粗、居中、字符间距加宽 4 磅,并添加黄色底纹,底纹图案样式为"20%"、颜色为"自动"。

(3) 将正文各段文字("在河北省赵县……宝贵的历史遗产。")设置为五号仿宋;各段落左、右各缩进 2 字符、首行缩进 2 字符、行距设置为 1.25 倍行距;将正文第三段("这座桥不但……真像活的一样。")分为等宽的两栏,栏间距为 1.5 字符;栏间加分隔线。为正文中所有"赵州桥"添加波浪下画线。

(4) 设置页面颜色为"茶色,背景 2,深色 10%","word434-赵州桥.jpg"图片为页面设置图片水印。在页面底端插入"普通数字 3"样式页码,设置页码编号格式为"i、ii、iii、……"。

实验 6-5　图表绘制

(1) 打开文档 word-65.docx。

(2) 将文中所有错词"气车"替换为"汽车"。

(3) 将标题段文字("入世半年中国汽车市场发展变化出现五大特点")设置为三号黑体、居中,并添加黄色底纹。

(4) 将正文各段文字("在中国加入 WTO……更为深刻的诠释。")设置为五号蓝色楷体;设置正文各段左、右缩进 2 字符、行距为 1.1 倍行距。为正文第二段至第六段("产品由单一型……更为深刻的诠释。")添加编号,编号式样为汉字数字,字体为五号蓝色楷体,起始编号为"一、"。

(5) 将文中最后 6 行文字转换成一个 6 行 5 列的表格;设置表格列宽为 2 厘米、行高为 0.5 厘米、表格居中;设置表格所有文字中部居中。

(6) 表格外框线设置为 1.5 磅蓝色单实线、内框线设置为 1 磅蓝色单实线。

实验 6-5

实验 7　Word 长文档操作

【实验目的】

(1) 掌握 Word 页面设置。

(2) 掌握 Word 目录制作。

(3) 掌握复杂文档排版。

(4) 掌握邮件合并操作。

实验 7-1　目录生成

用文档 word-71. docx 提供文字，按如下格式设置，结果如图 4.18 所示。

(1) 页边距：上、下、左、右各 2 厘米；装订线：0.5 厘米，装订线位置：左；方向：纵向；纸张：自定义大小：宽：22 厘米，高：30 厘米，页眉距边界距离为 1 厘米，页脚距边界距离为 1.5 厘米。

(2) 设置论文的中文题目“论文题目：印鉴识别系统的研究”为宋体，小一号，加粗并居中显示，英文题目“Studies on Seal Identification System”为 Times new Roman，大小为二号，并居中显示。

设置文档的标题样式，设置诸如“第 1 章　绪　论”等的标题为标题 1 样式，诸如“1.1 课题的研究目的及现实意义”等为标题 2 样式，诸如“3.2.1　RGB 色彩空间向 HSI 色彩空间转换”等为标题 3 样式，设置“参考文献”为标题 1 样式，并设置章标题居中对齐。

在论文题目下方插入“目录”两个字，设置为标题 1 样式，居中对齐，然后生成文档的目录。

为每部分插入分节符，分节符类型为下一页。如论文题目为一部分，目录为一部分，每一章为一部分，参考文献为一部分。

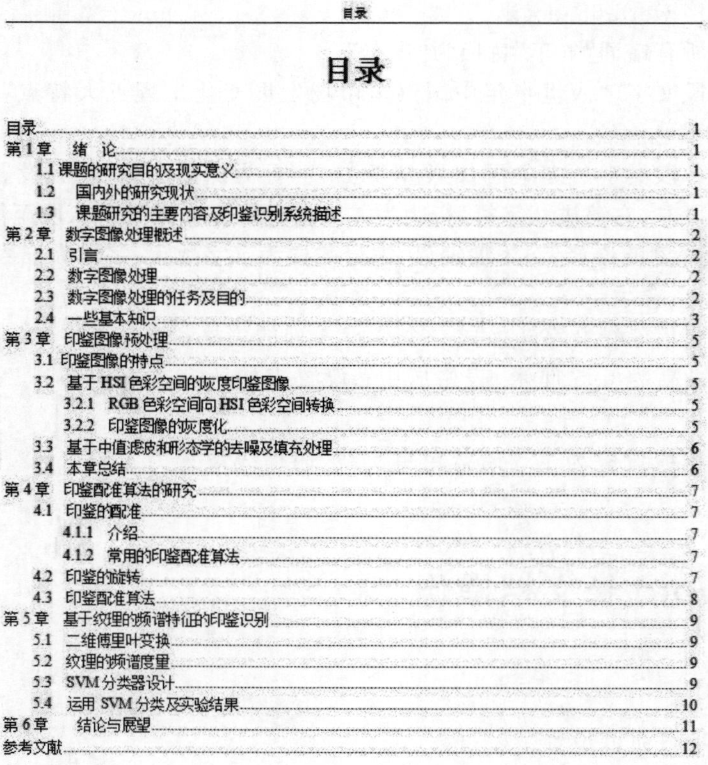

目录

目录

目录 1
第 1 章　绪　论 1
1.1 课题的研究目的及现实意义 1
1.2　国内外的研究现状 1
1.3　课题研究的主要内容及印鉴识别系统描述 1
第 2 章　数字图像处理概述 2
2.1　引言 2
2.2　数字图像处理 2
2.3　数字图像处理的任务及目的 2
2.4　一些基本知识 3
第 3 章　印鉴图像预处理 5
3.1 印鉴图像的特点 5
3.2　基于 HSI 色彩空间的灰度印鉴图像 5
3.2.1　RGB 色彩空间向 HSI 色彩空间转换 5
3.2.2　印鉴图像的灰度化 5
3.3　基于中值滤波和形态学的去噪及填充处理 6
3.4　本章总结 6
第 4 章　印鉴配准算法的研究 7
4.1　印鉴的配准 7
4.1.1　介绍 7
4.1.2　常用的印鉴配准算法 7
4.2　印鉴的旋转 7
4.3　印鉴配准算法 8
第 5 章　基于纹理的频谱特征的印鉴识别 9
5.1　二维傅里叶变换 9
5.2　纹理的频谱度量 9
5.3　SVM 分类器设计 9
5.4　运用 SVM 分类及实验结果 10
第 6 章　结论与展望 11
参考文献 12

图 4.18 《长文档》效果图

为文档添加页眉和页脚。要求第一节的页眉显示“大学计算机基础”，其他各节的页眉引用每节的标题，页眉的对齐方式为居中对齐，小五号，宋体；在除第一页之外的所有页的页脚插入页码，对齐方式为居中对齐，起始页为1，2，…。

实验 7-2 班报制作

用文件夹实验7-2所提供文字，实现如图4.19所示的效果。

(1) 文档中的标题“班报”设置为方正舒体二号字。

(2) 在文档中插入竖排文本框，输入内容如图4.19所示。其中，标题和作者的文本效果为“填充-红色，强调文字颜色2，双轮廓-强调文字颜色2”，文本部分颜色为“深蓝，文字2，淡色40%”，从右下角渐变。

(3) 在文档中插入图片“LEAVES3”，其环绕方式为“浮于文字上方”。

(4) 在文档中插入图片“FLOWERS5”，其环绕方式为“穿越型环绕”。

班报 制作人：王思哲 出版日期：2013年12月20日 第65期

再别康桥
徐志摩

轻轻的我走了，正如我轻轻的来；我轻轻的招手，作别西天的云彩。
那河畔的金柳，是夕阳中的新娘；波光里的艳影，在我的心头荡漾。
软泥上的青荇，油油的在水底招摇；在康河的柔波里，我甘心做一条水草。
那树荫下的一潭，不是清泉，是天上虹；揉碎在浮藻间，沉淀着彩虹似的梦。
寻梦？撑一支长篙，向青草更青处漫溯；满载一船星辉，在星辉斑斓里放歌。
但我不能放歌，悄悄是别离的笙箫；夏虫也为我沉默，沉默是今晚的康桥！
悄悄的我走了，正如我悄悄的来；我挥一挥衣袖，不带走一片云彩。

上海科技馆

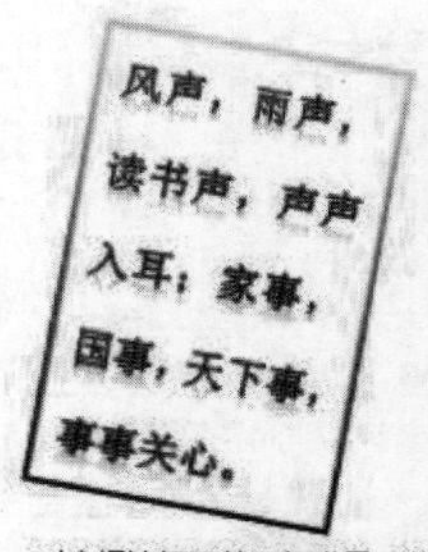

上海科技馆是上海跨世纪的一项标志性工程，位于上海浦东花木行政文化中心区，与规划建设中的浦东新区管委会对列浦东100米宽世纪大道两侧。上海科技城占地面积6.8万平方米，总建筑面积9万平方米，分展馆区和行政管理区两个地块。

作为综合性科技展馆，展馆以“自然、人、科技”为主题。以提高公众科技素养为宗旨，是集展示与教育、科研与自然、收藏与制作、休闲与旅游于一体的重要科普基地。

科技城的展示活动区包括天地馆、生命馆、智慧馆、创造馆和未来馆5个主要展馆，分别对应混沌初开的无机世界、生命的起源、人类智慧的象征、创造的精神和力量，以及人类向往的未来世界。展示面积约6万平方米，展品大多是场景互动类的。此外，科技城还设有公共活动中心、电视转播台、科普超市、临时展区等综合设施。（待续） 投稿人：李双

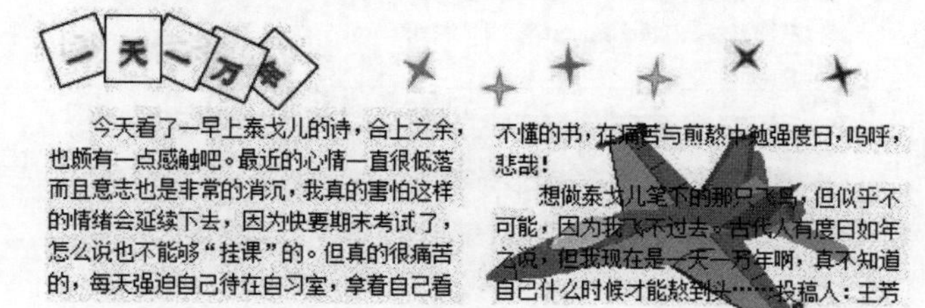
一天一万年

今天看了一早上泰戈儿的诗，合上之余，也颇有一点感触吧。最近的心情一直很低落而且意志也是非常的消沉，我真的害怕这样的情绪会延续下去，因为快要期末考试了，怎么说也不能够“挂课”的。但真的很痛苦的，每天强迫自己待在自习室，拿着自己看不懂的书，在痛苦与煎熬中勉强度日，呜呼，悲哉！

想做泰戈儿笔下的那只飞鸟，但似乎不可能，因为我飞不过去。古代人有度日如年之说，但我现在是一天一万年啊，真不知道自己什么时候才能熬到头……投稿人：王芳

图4.19 《班报制作》效果图

(5) 在文档中插入横排文本框，输入内容，文本效果为“渐变填充-紫色，强调文字颜色 4，映像”，并设置文本框边框的线条颜色为预设中的熊熊火焰。

(6) 插入自选图形“矩形”，添加文字。按样文设置自选图形的叠放次序并组合成一个整体。

(7) 插入自选图形“十字星”，并设置自选图形的轮廓和填充颜色。同时按样文，适当调整自选图形角度。

(8) 添加相应的图片到相应的位置，为自然段分栏。

实验 7-3 统计报告

打开文档 word-73.docx，按照要求完成下列操作，实现如图 4.20 所示效果。

(1) 设置页边距为上下、左右各 2.7 厘米，装订线在左侧。

(2) 设置文字水印页面背景，文字为“中国互联网信息中心”，水印版式为斜式。

(3) 设置第一段落文字“中国网民规模达 5.64 亿”为标题 1，右对齐；设置第二段落文字“互联网普及率为 42.1%”为副标题，右对齐。

(4) 将正文“中国经济网……持续创新。”设置为 1.5 倍行距，段前、段后间距 0.5 行。

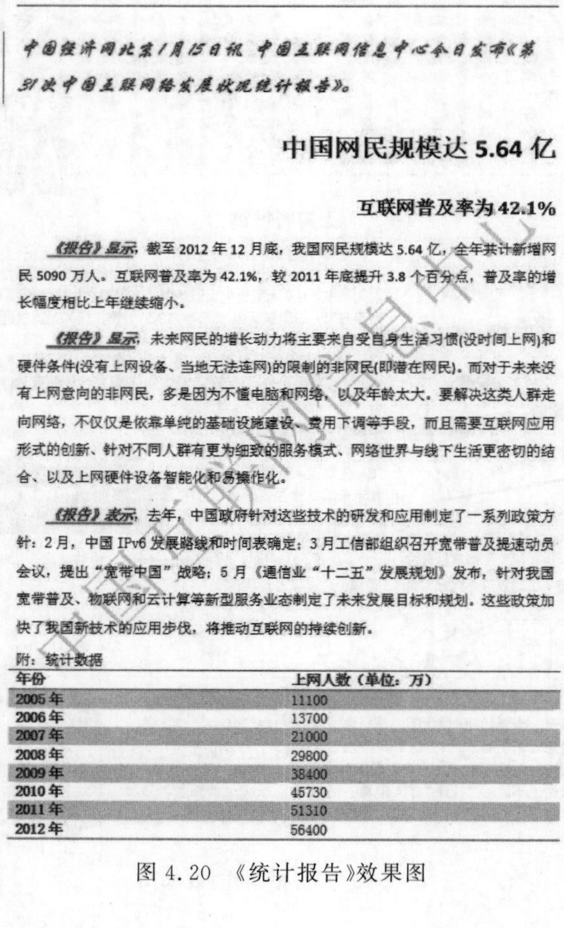

中国经济网北京1月15日讯 中国互联网信息中心今日发布《第31次中国互联网络发展状况统计报告》。

中国网民规模达 5.64 亿

互联网普及率为 42.1%

《报告》显示，截至 2012 年 12 月底，我国网民规模达 5.64 亿，全年共计新增网民 5090 万人。互联网普及率为 42.1%，较 2011 年底提升 3.8 个百分点，普及率的增长幅度相比上年继续缩小。

《报告》显示，未来网民的增长动力将主要来自受自身生活习惯(没时间上网)和硬件条件(没有上网设备、当地无法连网)的限制的非网民(即潜在网民)。而对于未来没有上网意向的非网民，多是因为不懂电脑和网络，以及年龄太大。要解决这类人群走向网络，不仅仅是依靠单纯的基础设施建设、费用下调等手段，而且需要互联网应用形式的创新、针对不同人群有更为细致的服务模式、网络世界与线下生活更密切的结合、以及上网硬件设备智能化和易操作化。

《报告》表示，去年，中国政府针对这些技术的研发和应用制定了一系列政策方针：2 月，中国 IPv6 发展路线和时间表确定；3 月工信部组织召开宽带普及提速动员会议，提出“宽带中国”战略；5 月《通信业“十二五”发展规划》发布，针对我国宽带普及、物联网和云计算等新型服务业态制定了未来发展目标和规划。这些政策加快了我国新技术的应用步伐，将推动互联网的持续创新。

附：统计数据

年份	上网人数（单位：万）
2005 年	11100
2006 年	13700
2007 年	21000
2008 年	29800
2009 年	38400
2010 年	45730
2011 年	51310
2012 年	56400

图 4.20 《统计报告》效果图

(5) 在页面顶端插入“边线型提要栏”文本框，将文字“中国经济网北京 1 月 15 日讯中国互联网信息中心今日发布《第 31 届状况统计报告》”移入文本框内，设置字体为华文行楷、三号、颜色为红色。

(6) 将正文文字“《报告》显示……持续创新。”设置为首行缩进 2 个字符。

(7) 将第一至第三段的段首“《报告》显示”和“《报告》表示”设置为斜体、加粗、红色、双下画线。

(8) 将文字“附：统计数据”后面的内容转换成 2 列 9 行的表格，为表格样式设置为“浅色底纹-强调文字颜色 2”。

实验 7-4 制作成绩单

(1) 打开文档 word-74.docx。

(2) 将标题段“营口理工学院本科生成绩单”文字设置为宋体、三号、加粗、居中。

(3) 设置正文各段落(“同学… … 开学见!”)左、右各缩进 1 字符、1.2 倍行距、段前间距 0.5 行；设置整篇文档左、右页边距各为 3 厘米。

(4) 将文中最后一行文字转换为 2 行 6 列的表格，并根据窗口大小自动调整表格列宽；设置表格所有文字中部居中；表格外框线设置为 1.5 磅单实线、内框线设置为 1 磅单实线。

(5) 为了可以在以后的成绩单中再利用表格内容，将表格保存至“表格”部件库，并将其命名为“营理成绩单”。

(6) 将文档末尾处的日期调整为可以根据邀请函生成日期而自动更新的格式，日期格式显示为“2020 年 6 月 28 日”。

(7) 应用邮件合并功能，在“同学”文字前面，插入姓名。学生姓名在“word-74-成绩单.xlsx”文件中。

(8) 将“word-74-成绩单.xlsx”中的科目分数插入到成绩单对应的科目中。

实验 7-4

第5章 Excel电子表格

学习目标

- 熟练编辑工作表
- 熟练设置工作表格式
- 熟练工作表数据处理
- 熟练绘制工作表图标

Excel 被称为电子表格，其功能非常强大，可以进行各种数据的处理、统计分析和辅助决策操作等，广泛应用于管理、统计财经、金融等众多领域。最新的 Excel 2010 能够用比以往使用更多的方式来分析、管理和共享信息，从而帮助用户做出更明智的决策。新的数据分析和可视化工具会帮助用户跟踪重要的数据趋势，将文件上传到 Web 并与他人同时在线工作，用户可以从 Web 浏览器来随时访问 Excel 表格中的重要数据。

5.1 Excel 工作环境介绍

同 Word 2010 一样，Excel 的功能区也是由选项卡组成的。除此之外 Excel 还包括多个其特有的元素，如图 5.1 所示。

1. 行号和列标

工作表中单元格的地址由列标加行号构成。列标由英文字母 A、B、C…表示，行号由阿拉伯数字 1、2、3…来表示。

2. 单元格

工作表中的矩形小方格称为单元格。单元格名称由列标＋行号构成。例如，第 C 列第 2 行的单元格名称为 C2。其用于显示和存储用户输入的所有内容以及运算结果。

3. 单元格引用

引用单元格是通过特定的单元格符号来表示工作表上的单元格或单元格区域，指明公式中所使用的数据位置。通过单元格的引用，可以在公式中使用工作表中不同单元格的数据，或者在多个公式中使用同一单元格的数值。还可以引用同一工作簿不同工作表的单元格、不同工作簿的单元格，甚至其他应用程序中的数据。

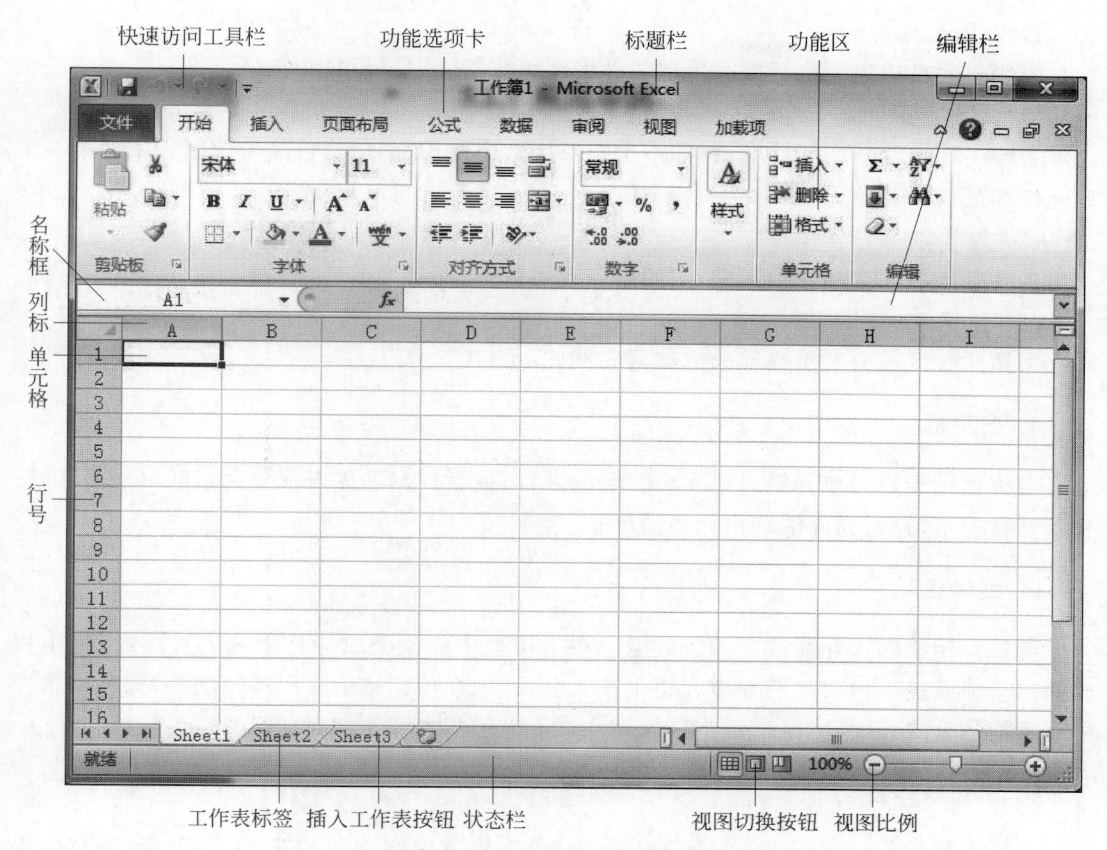

图 5.1 Excel 2010 工作环境

1) 引用类型

在 Excel 中引用单元格有三种方式：相对引用、绝对引用和混合引用。

(1) 相对引用。

默认情况下，Excel 使用的是相对引用。相对引用是基于公式引用单元格的相对位置。如果公式所在的单元格的位置变化，引用也随之改变，但引用的单元格与包含公式的单元格之间的相对位置不变。表示方法为"列标＋行号"，如 A5。

(2) 绝对引用。

绝对引用指向工作表中固定的单元格，表示方法在行号和列号前加"$"符号，例如，$A$5。在某些操作中，若需要固定引用某个单元格中的内容来进行计算，那么这个单元格的地址就要采用绝对引用，它在公式中始终保持不变。

(3) 混合引用。

混合引用指的是在一个单元格地址中，既有绝对引用又有相对引用。如果需要在复制公式时只有行或只有列保持不变，那么就要使用混合引用。如 A$3，$K8 等。

用户可以使用快捷键 F4 在相对引用、绝对引用和混合引用表示方式之间进行切换。

此外，不同工作表之间单元格的引用，需要在单元格地址前加工作表名称，中间用"!"分隔。不同工作簿间引用单元格时需要用下面格式："[工作簿名]工作表名！单元格地址"。

2）引用运算符

引用单元格或单元格区域时采用 3 种引用运算符，冒号、逗号和空格。

(1) 冒号。

若要引用连续的单元格区域(即一个矩形区)，应使用冒号“:”分隔引用区域中的第一个单元格和最后一个单元格。

(2) 逗号。

若要引用不相交的两个区域，则使用联合运算符，即逗号“,”。例如，B2:C5,C8:D11。

(3) 空格。

引用两个区域交叉重叠部分的数据。例如，B3:C7　C5:D9。

4. 名称框

名称框用于定义单元格或单元格区域的名称，或者根据名称查找单元格或单元格区域。在默认状态下，显示当前活动单元格的位置。

5. 编辑栏

编辑栏用于输入和修改工作表数据。在工作表中的某个单元格中输入数据时，编辑栏中同时会显示输入内容。若在单元格中输入公式，则在单元格中显示计算结果，而在编辑栏中显示所用公式。

6. 工作表标签

工作表标签位于工作表编辑区的左下方，由工作表标签滚动按钮、工作表标签和“插入工作表”按钮组成。

5.2 案例

5.2.1 【案例 1】Excel 工作表编辑

案例描述

(1) 创建一个新工作簿文件，内容如图 5.2 所示。

(2) 在 A1 单元格输入标题“学生成绩表”，在 A2:F2 中输入如图 5.2 所示的各列标题。

	A	B	C	D	E	F
1	学生成绩表					
2	学号	姓名	性别	数学	外语	计算机
3	201412001	刘娜	女	77	87	64
4	201412002	王刚	男	43	78	86
5	201412003	李丹	女	73	67	90
6	201412004	赵宏博	男	66	89	45
7	201412005	刘澜	女	89	54	85
8	201412006	张正源	男	90	78	72
9	201412007	李霞	女	65	78	67
10	201412008	方宏	男	89	65	87
11	201412009	刘敏	女	84	85	66
12	201412010	李刚	男	53	90	67
13						

图 5.2　学生成绩表

(3) 用填充柄自动填充“学号”，从 201412001 开始，按步长为 1 的等差序列顺序填充，其余单元格按所给内容输入。

(4) 将“数学”列和“外语”列交换。

(5) 将单元格 A1:F1 合并并居中，设置标题(学生成绩表)为 20 号黑体字、加粗。

(6) 套用表格格式“表样式中等深浅 2”，为数据清单加粗外边框、细内边框。

(7) 第二行表头区设置文字水平居中，字体加粗。

(8) 工作表 Sheet1 重命名为“学生成绩表”。

(9) 自动调整行高与列宽。

(10) 为 D3:F12 数据设置条件格式，数值小于 60 的单元格文本突出显示为红色、加粗。

(11) 保存工作簿文件为“学生成绩表. xlsx”，结果如图 5.3 所示。

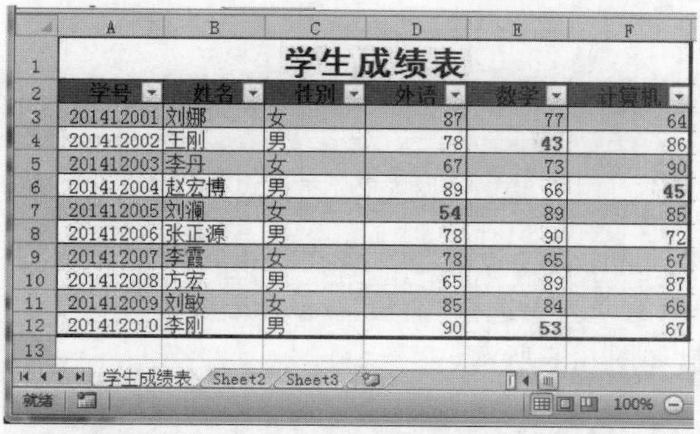

学生成绩表

学号	姓名	性别	外语	数学	计算机
201412001	刘娜	女	87	77	64
201412002	王刚	男	78	**43**	86
201412003	李丹	女	67	73	90
201412004	赵宏博	男	89	66	**45**
201412005	刘澜	女	**54**	89	85
201412006	张正源	男	78	90	72
201412007	李霞	女	78	65	67
201412008	方宏	男	65	89	87
201412009	刘敏	女	85	84	66
201412010	李刚	男	90	**53**	67

学生成绩表 Sheet2 Sheet3

就绪 100%

图 5.3 案例 1 样文

知识要点

(1) Excel 文件的建立、保存与打开。

(2) 工作表的选择、添加、删除、重命名、复制与移动。

(3) 单元格的输入、编辑等基本操作。

案例操作

(1) 数据填充。选中单元格 A3，将光标移至选中单元格的右下角，此时光标变成实心十字，称为填充柄。向下拖动填充柄选取填充区域。然后单击自动填充选项 ，然后在弹出的列表中选择“填充序列”单选按钮。

(2) 合并并居中。选中 A1:F1 单元格，“开始”选项卡→“对齐方式”组中的“合并后居中”按钮。

(3) 表格自动套用格式。选中数据清单，“开始”选项卡→“样式”组中的“套用表格格式”按钮，然后从弹出的下拉列表中选择需要的表格样式。

(4) 设置外边框与内边框。选中数据清单，“开始”选项卡→“字体”组 按钮，从弹出的下拉列表中选择“边框和底纹”命令，然后在弹出的“设置单元格格式”对话框中进行设置，如图 5.4 所示。

(5) 工作表重命名。双击工作表标签 Sheet1，输入“学生成绩表”后，按 Enter 键。

(6) 调整行高与列宽。选中需要调整的行或列，“开始”选项卡→“单元格”组中的“格式”按钮。

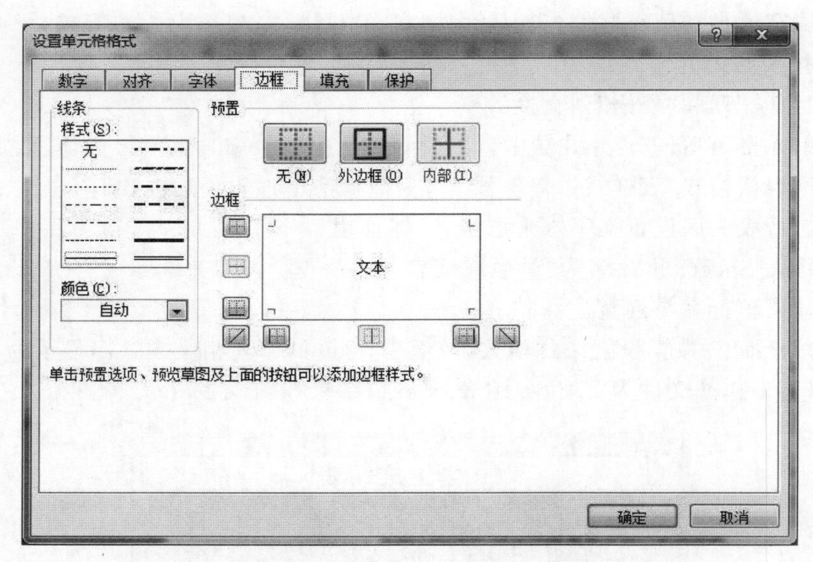

图 5.4 “设置单元格格式”对话框

(7) 设置条件格式。选中需要设置条件格式的单元格,“开始”选项卡→“样式”组中的“条件格式”按钮,在弹出的列表中选择“突出显示单元格规则”→“小于”,然后在弹出的“小于”对话框中进行设置,如图 5.5 所示。

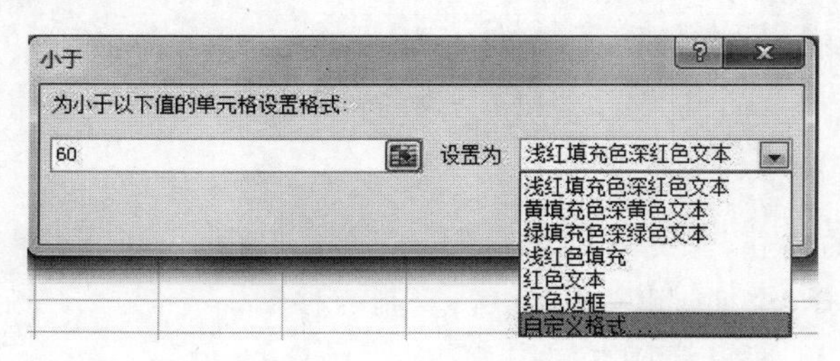

图 5.5 “小于”对话框

5.2.2 【案例 2】Excel 工作表基本操作

案例描述

(1) 创建一个新工作簿文件,内容如图 5.6 所示。

	A	B	C	D
1	2014年CBA全明星赛首发球员票选结果			
2	姓名	位置	地区	票数
3	韩德君	中锋	北区	459684
4	李晓旭	前锋	北区	491458
5	丁彦雨航	前锋	北区	456523
6	斯蒂芬-马布里	后卫	北区	639011
7	孙悦	后卫	北区	419938
8	易建联	中锋	南区	636507
9	王治郅	前锋	南区	588510
10	丁锦辉	前锋	南区	533522
11	林志杰	后卫	南区	462410
12	胡雪峰	后卫	南区	425254

图 5.6 2014 年 CBA 全明星赛首发球员票选结果

(2) 在A1单元格输入标题“2014年CBA全明星赛首发球员票选结果”，在单元格A2：D2中输入如图5.6所示的各列标题，其余单元格按所给内容输入。

(3) 将单元格A1:D1合并并居中，设置标题为楷体_GB2312、14磅、加粗。

(4) 将数据清单外边框设置为红色双线、内边框设置为黑色单线，标题行设置黄色底纹。

(5) 第二行表头区设置文字水平居中，字体加粗。

(6) 工作表Sheet1重命名为“2014年CBA全明星赛首发球员票选结果”。

(7) 对“票数”列设置条件格式，用绿色数据条实心填充票数列。

(8) 保存工作簿文件为“2014年CBA全明星赛首发球员票选结果.xlsx”，结果如图5.7所示。

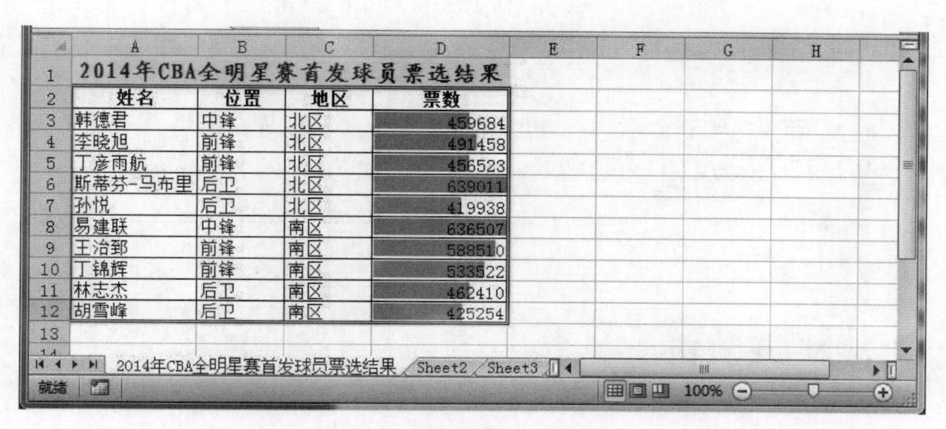

2014年CBA全明星赛首发球员票选结果			
姓名	位置	地区	票数
韩德君	中锋	北区	459684
李晓旭	前锋	北区	491458
丁彦雨航	前锋	北区	456523
斯蒂芬-马布里	后卫	北区	639011
孙悦	后卫	北区	419938
易建联	中锋	南区	636507
王治郅	前锋	南区	588510
丁锦辉	前锋	南区	533522
林志杰	后卫	南区	462410
胡雪峰	后卫	南区	425254

图5.7 案例2样文

知识要点

(1) Excel文件的建立、保存与打开。

(2) 工作表的选择、添加、删除、重命名、复制与移动。

(3) 单元格的输入、编辑等基本操作。

案例操作

(1) 设置底纹。选中需要设置底纹的单元格，“开始”选项卡→“字体”组按钮，然后从弹出的下拉列表中选择需要的底纹颜色。

(2) 设置条件格式。选中需要设置条件格式的单元格，“开始”选项卡→“样式”组中的“条件格式”按钮→“数据条”。

5.2.3 【案例3】Excel公式应用

案例描述

利用图5.8所示的数据，完成下列操作。

(1) 将工作表Sheet1的单元格A1:F1合并为一个单元格，水平对齐方式设置为居中。

(2) 用填充柄自动填充“图书编号”，从1001开始，按步长为1的等差序列顺序填充。

(3) 利用公式计算“销售额”(销售额＝销售数量*单价)。

(4) 利用公式计算“总计”及“所占百分比”(所占百分比＝销售额/总计)，“所占百分比”单元格格式为“百分比”型(小数点后保留2位)，结果如图5.9所示。

	A	B	C	D	E	F
1	某书店图书销售情况表					
2	图书编号	图书名称	销售数量	单价	销售额	所占百分比
3		羊皮卷	526	33.6		
4		华夏五千年	398	29.8		
5		心灵鸡汤	467	36.5		
6						
7						
8						
9				总计		
10						

Sheet1 Sheet2 Sheet3 就绪 100%

图 5.8　某书店图书销售情况表

	A	B	C	D	E	F
1			某书店图书销售情况表			
2	图书编号	图书名称	销售数量	单价	销售额	所占百分比
3	1001	羊皮卷	526	33.6	17673.6	37.94%
4	1002	华夏五千年	398	29.8	11860.4	25.46%
5	1003	心灵鸡汤	467	36.5	17045.5	36.59%
6						
7						
8						
9				总计	46579.5	
10						

Sheet1 Sheet2 Sheet3 就绪 100%

图 5.9　案例 3 样文

(5) 将“所占百分比”列数据复制到 Sheet2 工作表的 A 列中。

知识要点

(1) 工作表的修饰、公式的应用。

(2) 相对引用和绝对引用的应用。

案例操作

(1) 利用公式计算“销售额”。选中单元格 E3,输入公式“=C3 * D3”,然后按 Enter 键。利用填充柄计算其余销售额。

(2) 利用公式计算“总计”。选中单元格 E9,输入公式“=E3+E4+E5”,然后按 Enter 键,利用填充柄计算其余总计。

(3) 利用公式计算“所占百分比”。选中单元格 F3,输入公式“=E3/E9”,然后按 Enter 键。利用填充柄计算其余所占百分比。

(4) 设置单元格格式为“百分比”型。选中需要设置格式单元格,“开始”选项卡→“数字”组%按钮。

(5) 保留 2 位小数。选中需要设置格式单元格,“开始”选项卡→“数字”组 或 按钮。也可以通过“设置单元格格式”对话框实现单元格格式与小数位数的设置,如图 5.10 所示。

(6) 添加数据到 Sheet2 工作表。复制数据,然后切换到 Sheet2 工作表,“开始”选项卡→“剪贴板”组中的“粘贴”下拉按钮→“选择性粘贴”,然后在弹出的“选择性粘贴”对话框中,选择“值和数字格式”单选按钮。

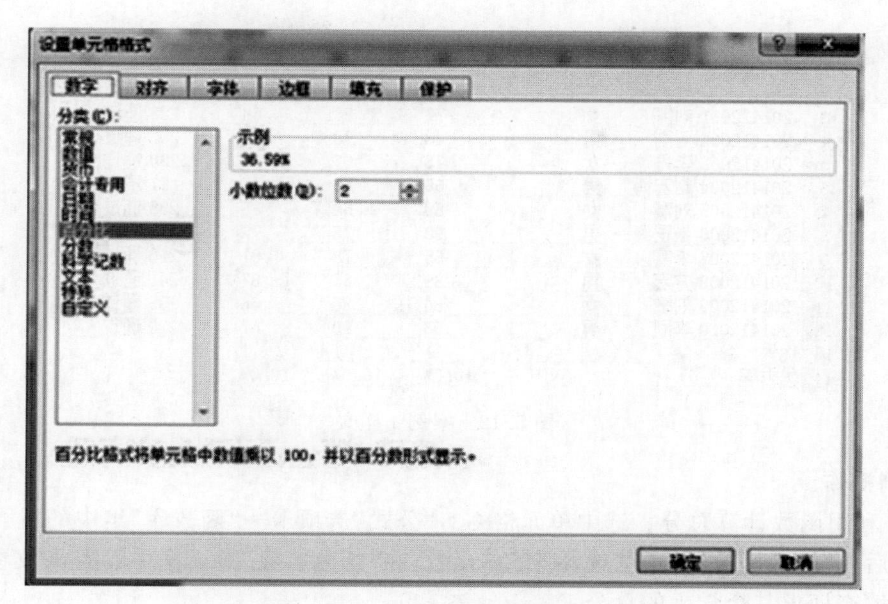

图 5.10 设置小数位数

5.2.4 【案例 4】Excel 函数应用

案例描述

利用图 5.11 所示的数据，完成下列操作。

	A	B	C	D	E	F	G	H	I
1	学生成绩表								
2	学号	姓名	性别	数学	外语	计算机	总分	是否通过	
3	201412001	刘娜	女	77	87	64			
4	201412002	王刚	男	43	78	86			
5	201412003	李丹	女	73	67	90			
6	201412004	赵宏博	男	66	40	45			
7	201412005	刘澜	女	89	54	85			
8	201412006	张正源	男	90	78	72			
9	201412007	李霞	女	65	78	67			
10	201412008	方宏	男	89	65	87			
11	201412009	刘敏	女	84	85	66			
12	201412010	李刚	男	53	90	67			
13	优秀人数								
14	优秀率								

Sheet1 Sheet2 Sheet3

就绪 100%

图 5.11 学生成绩表

(1) 用函数计算总成绩。

(2) 用函数计算每个学生是否通过，三个科目的平均分<60 为不通过，否则通过。

(3) 用函数统计各科优秀的人数(成绩≥90 为优秀)。

(4) 用函数计算优秀率，优秀率=(优秀人数/总人数)，保留一位小数，如图 5.12 所示。

知识要点

工作表函数的应用。

	A	B	C	D	E	F	G	H
1	学生成绩表							
2	学号	姓名	性别	数学	外语	计算机	总分	是否通过
3	201412001	刘娜	女	77	87	64	228	通过
4	201412002	王刚	男	43	78	86	207	通过
5	201412003	李丹	女	73	67	90	230	通过
6	201412004	赵宏博	男	66	40	45	151	不通过
7	201412005	刘澜	女	89	54	85	228	通过
8	201412006	张正源	男	90	78	72	240	通过
9	201412007	李霞	女	65	78	67	210	通过
10	201412008	方宏	男	89	65	87	241	通过
11	201412009	刘敏	女	84	85	66	235	通过
12	201412010	李刚	男	53	90	67	210	通过
13	优秀人数			1	1	1		
14	优秀率			10.0%	10.0%	10.0%		

图 5.12 案例 4 样文

案例操作

(1) 利用函数计算总分。选中单元格 G3,“公式”选项卡→“函数库”组中的“插入函数”按钮,然后在“插入函数”对话框选择 SUM 函数,在“函数参数”对话框中设置函数参数。然后,利用填充柄求其余学生的总分。

(2) 计算“是否通过”列。选中单元格 I3,“公式”选项卡→“函数库”组中的“插入函数”按钮,然后在“插入函数”对话框选择 IF 函数,在弹出的“函数参数”对话框中进行 IF 函数参数设置,如图 5.13 所示。

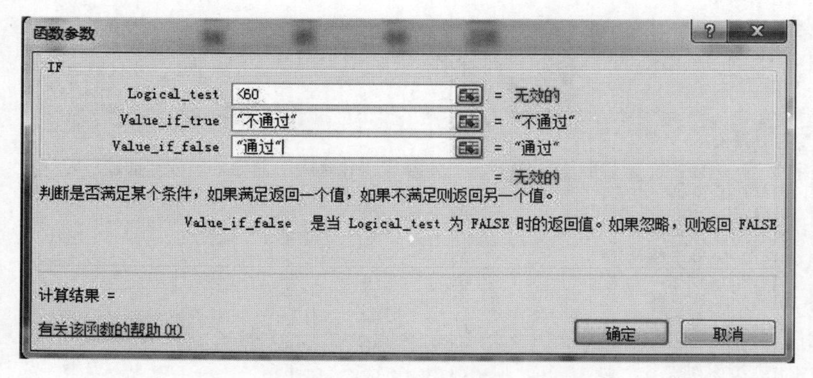

图 5.13 IF 函数参数设置

然后,将光标放置< 60 之前,再单击编辑栏“×”左侧的箭头,选择 AVERAGE 函数,再在弹出的“函数参数”对话框中设置 AVERAGE 函数参数。最后,按“确定”按钮。

完成后,单元格 I3 中的公式为“=IF(AVERAGE(D3:F3)< 60,“不通过”,“通过”)”。其余学生是否通过利用填充柄完成。

(3) 利用 COUNTIF 函数计算优秀人数。选中单元格 D13,“公式”选项卡→“函数库”组中的“插入函数”按钮,在“或选择类别”下拉列表框中,选择“统计”,然后在“选择函数”列表框中选择 COUNTIF 函数。然后设置 COUNTIF 函数参数,如图 5.14 所示。

(4) 计算优秀率。需要使用 COUNTIF 函数统计优秀的人数和 COUNT 函数统计总人数。选中单元格 D14,先插入 COUNTIF 函数,然后在编辑栏输入“/”号,再插入 COUNT 函数。

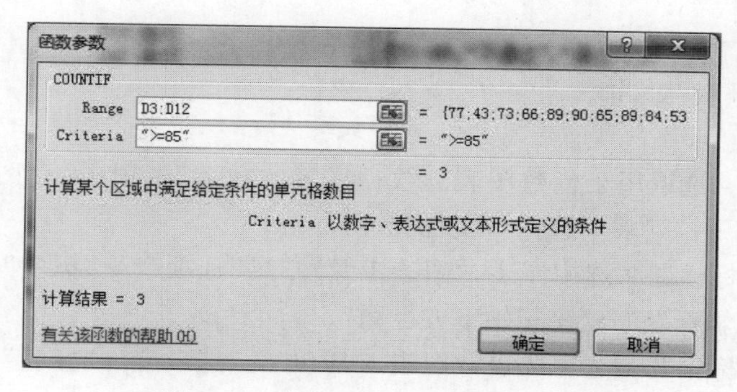

图 5.14 设置 COUNTIF 函数参数

5.2.5 【案例 5】Excel 图表应用

案例描述

用图 5.15 所示数据，完成如下操作。

	A	B	C	D	E	F
1	某地区经济增长指数对比表					
2	年份	二月	三月	四月	五月	六月
3	2003年	89.12	95.45	106.7	119.2	126.4
4	2004年	100	112.27	119.12	121.5	130.02
5	2005年	146.96	165.6	179.08	179.6	190.18
6	平均值					

图 5.15 某地区经济增长指数对比表

(1) 将 Sheet1 工作表的 A1:F1 单元格合并为一个单元格，内容水平居中；用公式计算三年各月经济增长指数的平均值，保留小数点后 2 位，将 A2:F6 区域的全部框线设置为双线样式，颜色为蓝色，将工作表命名为“经济增长指数对比表”，保存 EXCEL5.XLSX 文件。

(2) 选取 A2:F5 单元格区域的内容建立“带数据标记的堆积折线图”，(系列产生在“行”)，图表标题为“经济增长指数对比图”，图例位置在底部，网格线为分类(X)轴和数值(Y)轴显示主要网格线，将图插入到表的 A8:F18 单元格区域内，如图 5.16 所示。

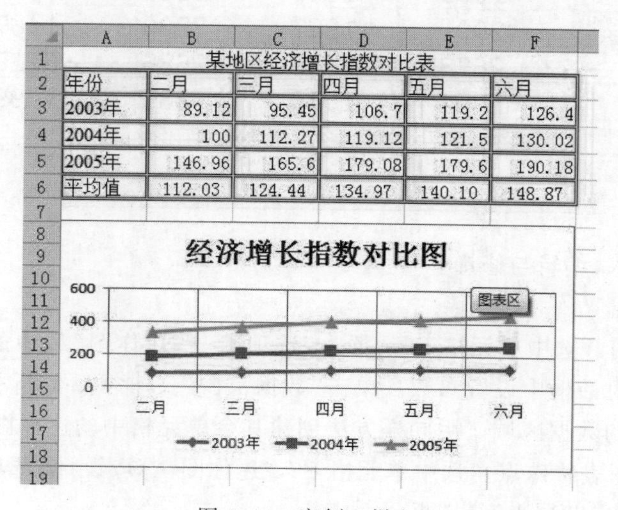

	A	B	C	D	E	F
1	某地区经济增长指数对比表					
2	年份	二月	三月	四月	五月	六月
3	2003年	89.12	95.45	106.7	119.2	126.4
4	2004年	100	112.27	119.12	121.5	130.02
5	2005年	146.96	165.6	179.08	179.6	190.18
6	平均值	112.03	124.44	134.97	140.10	148.87

图 5.16 案例 5 样文

知识要点

图表的插入、编辑与修饰。

案例操作

(1) 创建图表。选取用于创建图表的数据区域,“插入”选项卡→“图表”组中的“柱形图”按钮,从弹出的下拉列表中选择“簇状柱形图”。

(2) 设置横坐标标题。选中图表,“图表工具/布局”选项卡→“标签”组中的“坐标轴标题”→“主要横坐标轴标题”→“坐标轴下方标题”。

(3) 设置纵坐标标题。选中图表,“图表工具/布局”选项卡→“标签”组中的“坐标轴标题”→“主要纵坐标轴标题”→“竖排标题”。

5.2.6 【案例 6】迷你图的制作

案例描述

用图 5.17 所示数据,在 F 列以各季度销售数据为数据源,为各电器创建迷你折线图,并在折线图上显示出高点、低点、首点、尾点,结果如图 5.18 所示。

	A	B	C	D	E	F	G
1	某商店电器销售情况表						
2	商品名称	第一季度	第二季度	第三季度	第四季度		
3	冰箱	1098	1383	1256	599		
4	彩电	2001	1987	3200	1467		
5	洗衣机	2678	1543	2686	3218		
6	微波炉	954	1045	836	799		
7							

Sheet1 Sheet2 Sheet3

图 5.17 某商店电器销售情况表

	A	B	C	D	E	F
1	某商店电器销售情况表					
2	商品名称	第一季度	第二季度	第三季度	第四季度	
3	冰箱	1098	1383	1256	599	
4	彩电	2001	1987	3200	1467	
5	洗衣机	2678	1543	2686	3218	
6	微波炉	954	1045	836	799	

图 5.18 案例 6 样文

知识要点

迷你图表的插入、编辑与修饰。

案例操作

(1) 创建迷你图。选中单元格 F3,“插入”选项卡→“迷你图”组中的“折线图”按钮,然后在“创建迷你图”对话框中设置参数。单击“数据范围”文本框后的折叠按钮,从屏幕上选取用于创建迷你图的数据区域。用同样方法创建其余单元格中的迷你图。

(2) 显示迷你图表特殊点。选中单元格 F3,“迷你图工具/设计”选项卡→“显示”组,勾选“高点”“低点”“首点”“尾点”复选框。

5.2.7 【案例 7】数据透视表

案例描述

对图 5.19 所示数据，分页显示各班级男女生各科平均成绩，数据保留一位小数。

	A	B	C	D	E	F	G	H	I
1	学生成绩单								
2	班级	学号	姓名	性别	数学	外语	计算机	总成绩	平均成绩
3	化工07-1	200712001	王立	男	77	87	64	228	76.0
4	化工07-1	200712003	李军	男	43	87	86	216	72.0
5	化工07-1	200712005	吴天宇	男	73	67	90	230	76.7
6	化工07-1	200712009	赵雪	女	78	68	90	236	78.7
7	化工07-1	200712010	李鑫鑫	女	95	75	88	258	86.0
8	化工07-1	200712007	李文东	男	66	89	45	200	66.7
9	化工07-2	200712009	赵悦	男	89	54	85	228	76.0
10	化工07-2	200712010	王晓阳	男	90	78	72	240	80.0
11	化工07-2	200712002	张红	女	65	78	67	210	70.0
12	化工07-2	200712004	李丽红	女	89	65	87	241	80.3
13	化工07-2	200712006	王楠楠	女	84	87	66	237	79.0
14	化工07-2	200712008	张丹	女	53	85	67	205	68.3

图 5.19 学生成绩单

知识要点

数据透视表的使用。

案例操作

选中数据清单任一单元格，“插入”选项卡→“表格”组中的“数据透视表”。然后进行数据透表布局设置，如图 5.20 所示。

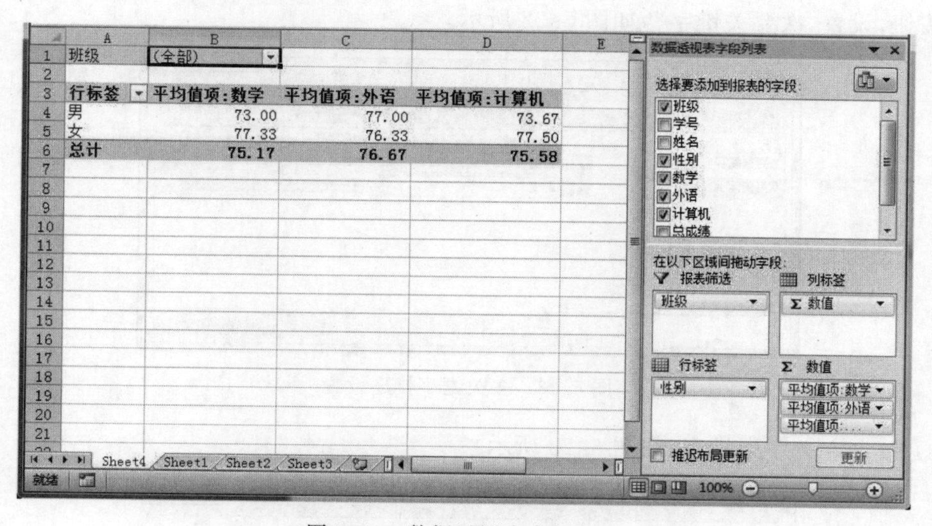

	A	B	C	D
1	班级	(全部)		
2				
3	行标签	平均值项:数学	平均值项:外语	平均值项:计算机
4	男	73.00	77.00	73.67
5	女	77.33	76.33	77.50
6	总计	75.17	76.67	75.58

图 5.20 数据透视表布局设置

5.2.8 【案例 8】数据排序

案例描述

(1) 以图 5.21 所示数据为例，按“数学”成绩降序排序。

(2) 以图 5.21 所示数据为例，以“计算机”为主要关键字升序排序，“外语”为次要关键字降序排序。

(3) 以图 5.21 所示数据为例，将数据清单按照“李亮、王晓阳、高明、王桐、华小安、赵胜、张经、叶子”的顺序排序。

	A	B	C	D	E	F	G	H
1	学生成绩表							
2	学号	姓名	性别	数学	外语	计算机	总分	平均分
3	1001001	李亮	男	90	92	90	272	90.7
4	1001004	高明	男	80	98	60	238	79.3
5	1001005	赵胜	男	70	77	87	234	78.0
6	1001008	张经	男	89	45	68	202	67.3
7			**男 平均值**	82.25	78	76.25		
8	1001002	叶子	女	78	79	78	235	78.3
9	1001003	王桐	女	70	87	87	244	81.3
10	1001006	华小安	女	67	68	66	201	67.0
11	1001007	王晓阳	女	86	96	90	272	90.7
12			**女 平均值**	75.25	82.5	80.25		
13			**总计平均值**	78.75	80.25	78.25		
14								

图 5.21 案例 8 样文

知识要点

工作表数据排序。

案例操作

(1) 单关键字排序。选中数据清单中任一单元格，“数据”选项卡→“排序和筛选”组中的“排序”按钮。然后在弹出的“排序”对话框中“主要关键字”后的下拉列表中选择“数学”选项，在“次序”下的下拉列表中选择“降序”。

(2) 多关键字排序。选中数据清单中任一单元格，先设置“主要关键字”，再单击“添加条件”按钮，设置“次要关键字”，如图 5.22 所示。

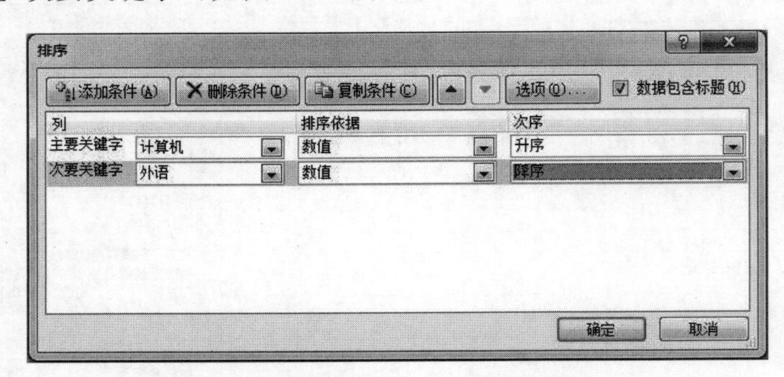

图 5.22 多关键字排序设置

(3) 按自定义序列排序，如图 5.23 所示。

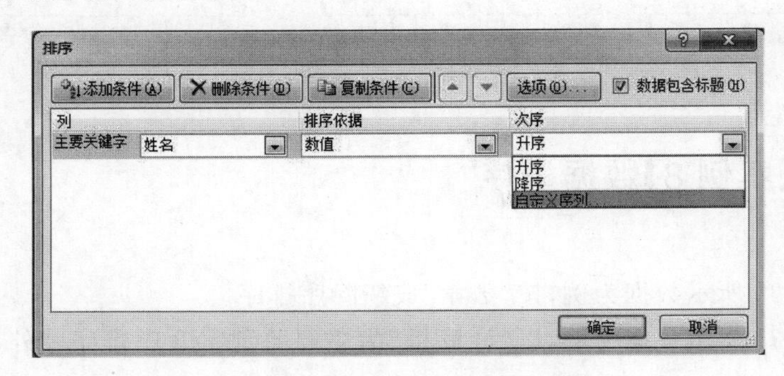

图 5.23 按自定义序列排序设置

(4) 添加自定义序列,如图 5.24 所示。

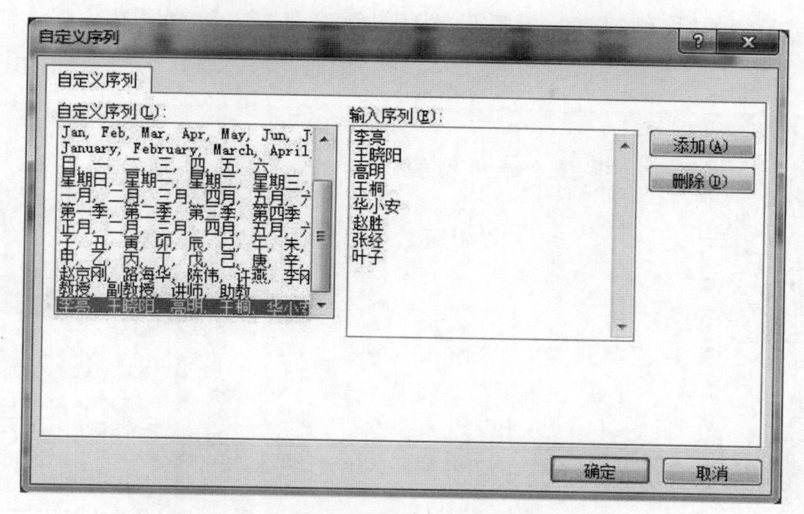

图 5.24 添加自定义序列

5.2.9 【案例 9】筛选

案例描述

(1) 以图 5.21 所示数据为例,用自动筛选方法查找出计算机优秀(成绩≥90)和不及格的学生记录。

(2) 用高级筛选方法查找出计算机优秀(成绩≥90)或外语优秀(成绩≥90)的学生记录,筛选结果从第 12 行开始显示。

知识要点

自动筛选和高级筛选的操作方法。

案例操作

(1) 自动筛选。选中数据清单中任一单元格,“数据”选项卡→“排序和筛选”组中的“筛选”按钮。单击“计算机”列后的下三角,然后从弹出的下拉列表中选择“数据筛选”→“自定义筛选”,再在弹出的“自定义自动筛选方式”对话框中进行筛选设置,如图 5.25 所示。

图 5.25 自动筛选条件设置

(2) 高级筛选。首先建立条件区域，然后选中数据清单中任一单元格，“数据”选项卡→“排序和筛选”组中的“高级”按钮，最后设置高级筛选参数。参数设置及高级筛选结果，如图 5.26 所示。

	A	B	C	D	E	F	G	H	I	J	K
1	学生成绩表										
2	学号	姓名	性别	数学	外语	计算机	总分	平均分			
3	1001001	李亮	男	90	92	90	272	90.7			
4	1001002	叶子	女	78	79	78	235	78.3		计算机	外语
5	1001003	王桐	女	70	87	87	244	81.3		>=90	
6	1001004	高明	男	80	98	60	238	79.3			>=90
7	1001005	赵胜	男	70	77	87	234	78.0			
8	1001006	华小安	女	67	68	66	201	67.0			
9	1001007	王晓阳	女	86	96	90	272	90.7			
10	1001008	张经	男	89	45	68	202	67.3			
11											
12	学号	姓名	性别	数学	外语	计算机	总分	平均分			
13	1001001	李亮	男	90	92	90	272	90.7			
14	1001004	高明	男	80	98	60	238	79.3			
15	1001007	王晓阳	女	86	96	90	272	90.7			
16											
17											
18											
19											

图 5.26　高级筛选参数设置及筛选结果

5.2.10 【案例 10】分类汇总

案例描述

对图 5.21 所示数据进行分类汇总。分类字段为“性别”，汇总方式为“平均值”，汇总项为各科目，汇总结果显示在数据下方，汇总结果如图 5.27 所示。

	A	B	C	D	E	F	G	H
1	学生成绩表							
2	学号	姓名	性别	数学	外语	计算机	总分	平均分
3	1001001	李亮	男	90	92	90	272	90.7
4	1001004	高明	男	80	98	60	238	79.3
5	1001005	赵胜	男	70	77	87	234	78.0
6	1001008	张经	男	89	45	68	202	67.3
7			**男 平均值**	82.25	78	76.25		
8	1001002	叶子	女	78	79	78	235	78.3
9	1001003	王桐	女	70	87	87	244	81.3
10	1001006	华小安	女	67	68	66	201	67.0
11	1001007	王晓阳	女	86	96	90	272	90.7
12			**女 平均值**	75.25	82.5	80.25		
13			**总计平均值**	78.75	80.25	78.25		
14								

图 5.27　案例 10 样文

知识要点

分类汇总的使用。

案例操作

选中数据清单中任一单元格，“数据”选项卡→“分级显示”组中的“分类汇总”按钮，然后在“分类汇总”对话框中进行参数设置，如图 5.28 所示。

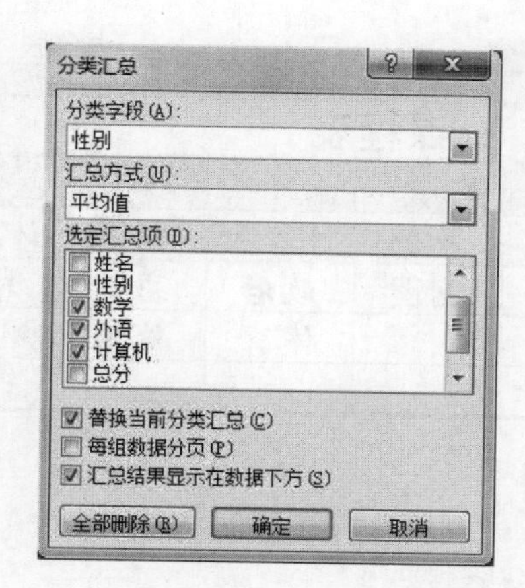

图 5.28 分类汇总参数设置

5.3 本章小结

本章介绍了 Microsoft Office 系列办公自动化软件中的三个重要成员之一：电子表格软件 Excel 2010。本章主要介绍了如何使用 Excel 电子表格处理软件，在工作表中对复杂的数据内容进行操作与处理。以案例的形式贯穿各知识点的介绍，通过日常工作中常见的事务为用户介绍如何使用软件中的各项操作设置功能，进而掌握各功能的用法。通过对本章的学习，可了解 Excel 常用功能；熟练掌握常用功能的操作技巧；学会建立、保存和管理文档，达到在实际生活中自如运用办公软件解决实际问题的目的。

实验 8 Excel 工作表编辑

【实验目的】

(1) 掌握 Excel 文件的建立、保存与打开。
(2) 掌握工作表的选择、添加、删除、重命名、复制与移动。
(3) 掌握单元格的输入、编辑等基本操作。

实验 8-1

实验 8-1 制作课程表

(1) 创建一个新工作簿文件，在 sheet1 中建立“课程表”，内容如图 5.29 所示。
(2) 在 B2 单元格中输入“星期一”后，利用填充柄填充单元格 C2:F2 中内容。
(3) 利用自定义序列功能，填充单元格 A3:A6。

课程表					
星期 节数	星期一	星期二	星期三	星期四	星期五
1-2	高数	物理	计算机	制图	计算机
3-4	外语	制图	政治	高数	外语
5-6	体育		体育	外语	概率论
7-8	心理学				

图 5.29 实验 8-1 样文

(4) 在单元格 A2 中绘制斜线表头,添加内容如图 5.29 所示。

(5) 将单元格 A1:F1 单元格合并并居中,设置标题(课程表)为 20 号黑体字。

(6) 设置单元格 A3:A6 内容设为 18 号楷体字,并设置水平和垂直分别居中。

(7) 将单元格 A2 字体设为 10 号楷体。

(8) 为单元格 B2:F2 添加底纹,颜色为"橙色,强调文字颜色 6,淡色 40%"。

(9) 为工作表加粗外边框、细内边框。

(10) 将 Sheet1 重命名为"课程表"。

实验 8-2

实验 8-2 制作学生成绩表

打开实验 8-2. xlsx 文件,实现其样文效果,如图 5.30 所示。

学生成绩表					
学号	姓名	性别	数学	外语	计算机
201412001	刘娜	女	77	87	64
201412002	王刚	男	43	78	86
201412003	李丹	女	73	67	90
201412004	赵宏博	男	66	89	45
201412005	刘澜	女	89	54	85
201412006	张正源	男	90	78	72
201412007	李霞	女	65	78	67
201412008	方宏	男	89	65	87
201412009	刘敏	女	84	85	66
201412010	李刚	男	53	90	67

图 5.30 实验 8-2 样文

(1) 将单元格 A1:F1 合并并居中,并添加黄色底纹。

(2) 将工作表中的文字水平居中。

(3) 套用表格格式"表样式中等深浅 12",并设置数据清单所有边框为单实线。

(4) 用图标集为数据清单标识不同范围的数据。其中,成绩 标识;60≤成绩<70,用 标识;70≤成绩<80,用 标识;80≤成绩<90,用 标识;其余成绩,用 标识。

实验 8-3 制作火车时刻表

打开实验 8-3. xlsx 文件,实现其样文效果,如图 5.31 所示。

实验 8-3

	A	B	C	D	E
1	某车站列车时刻表				
2	车次	到站	开车时间	到站时间	乘车时间
3	A110	甲地	8:15	12:26	4:11
4	A111	乙地	9:06	11:57	2:51
5	B210	丙地	9:28	15:05	5:37
6	B221	丁地	12:39	19:52	7:13

图 5.31 实验 8-3 样文

(1) 将 Sheet1 工作表的 A1:E1 单元格合并为一个单元格,内容水平居中。

(2) 将 A2:E6 区域的底纹颜色设置为红色、底纹图案类型和颜色分别设置为灰色和黄色。

(3) 将工作表命名为"列车时刻表"。

实验 8-4 制作降雨量统计表

打开实验 8-4. XLSX 文件:实现其样文效果,如图 5.32 所示。

	A	B	C	D	E
1	某地区近三年降雨量统计表(单位mm)				
2	月份	05年	06年	07年	月最高值
3	1月	36	49	142	142.00
4	2月	24	6	505	505.00
5	3月	52	99	166	166.00
6	4月	391	46	223	391.00
7	5月	43	334	233	334.00
8	6月	447	478	566	566.00
9	7月	253	382	182	382.00
10	8月	381	571	481	571.00
11	9月	89	105	165	165.00
12	10月	58	405	177	405.00
13	11月	50	5	4	50.00
14	12月	3	51	54	54.00
15	全年平均值	152.25	210.92	241.50	

降雨量统计表 Sheet2 Sheet3

图 5.32 实验 8-4

(1) 将 Sheet1 工作表的 A1:E1 单元格合并为一个单元格,内容水平居中。

(2) 将"全年平均值"行和"月最高值"列的内容格式设置为数值型,保留小数点后两位。

(3) 利用条件格式将 B3:D14 区域内数值大于或等于 100.00 的单元格字体颜色设置为绿色(绿色的 RGB 值为:0,176,80)。

(4) 将工作表命名为"降雨量统计表"。

实验 8-5

实验 8-5 制作职工工资情况表

打开实验 8-5. XLSX 文件,实现其样文效果,如图 5.33 所示。

(1) 将 Sheet1 工作表的 A1:E1 单元格合并为一个单元格,内容水平居中。

	A	B	C	D	E
1	某单公司员工工资表				
2	员工号	基本工资	绩效工资	奖金	总工资
3	AS1	2400	8911	600	11911
4	AS2	2200	328	500	3028
5	AS3	2000	328	300	2628
6	AS4	2500	7824	700	11024
7	AS5	2700	4381	800	7881
8	AS6	2200	2346	500	5046
9	AS7	2800	8437	900	12137
10	AS8	3800	2373	700	6873
11	AS9	2500	2344	700	5544
12	AS10	2200	902	500	3602
13	AS11	2500	7824	700	11024
14	AS12	2500	7824	700	11024
15	AS13	2800	8437	900	12137
16	AS14	2200	902	500	3602
17	AS15	2500	7824	700	11024
18				平均工资	7899

职工工资情况表 sheetA Sheet3

图 5.33　实验 8-5 样文

(2) 利用条件格式将总工资大于或等于 6000 的单元格文字设置为绿色(RGB 值：0,176,80),把 A2:E17 区域格式设置为套用表格格式“表样式浅色 2”。

(3) 将工作表命名为“职工工资情况表”。

(4) 复制该工作表为 SheetA 工作表。

实验 9　Excel 公式与函数

【实验目的】

(1) 掌握工作表的修饰、公式的应用。

(2) 理解相对引用和绝对引用。

(3) 掌握工作表函数的应用。

(4) 掌握图表的插入、编辑与修饰。

(5) 学会数据透视表的使用。

实验 9-1　差旅报销管理

实验 9-1

打开实验 9-1.xlsx 文件,实现其效果,如图 5.34 所示。

(1) 在“费用报销管理”工作表“日期”列的所有单元格中,标注每个报销日期属于星期几,例如日期为“2013 年 1 月 20 日”的单元格应显示为 “2013 年 1 月 20 日 星期日”,日期为“2013 年 1 月 21 日”的单元格应显示为“2013 年 1 月 21 日 星期一”。

(2) 如果“日期”列中的日期为星期六或星期日,则在“是否加班”列的单元格中显示“是”,否则显示“否”(必须使用公式)。

(3) 使用公式统计每个活动地点所在的省份或直辖市,并将其填写在“地区”列所对应的单元格中,例如“北京市”“浙江省”。

	A	B	C	D	E	F	G	H
1	tt公司差旅报销管理							
2	日期	报销人	活动地点	地区	费用类别编号	费用类别	差旅费用金额	是否加班
3	2013年1月20日 星期日	孟天祥	福建省厦门市思明区莲岳路118号中烟大厦1702室	福建省	BIC-001	飞机票	¥ 120.00	是
4	2013年1月21日 星期一	陈祥通	广东省深圳市南山区蛇口港湾大道2号	广东省	BIC-002	酒店住宿	¥ 200.00	否
5	2013年1月22日 星期二	王天宇	上海市闵行区浦星路699号	上海市	BIC-003	餐饮费	¥ 3,000.00	否
6	2013年1月23日 星期三	方文成	上海市浦东新区世纪大道100号上海环球金融中心56楼	上海市	BIC-004	出租车费	¥ 300.00	否
7	2013年1月24日 星期四	钱顺卓	海南省海口市琼山区红城湖路22号	海南省	BIC-005	火车票	¥ 100.00	否
8	2013年1月25日 星期五	王崇江	云南省昆明市官渡区拓东路6号	云南省	BIC-006	高速道桥费	¥ 2,500.00	否
9	2013年1月26日 星期六	黎浩然	广东省深圳市龙岗区坂田	广东省	BIC-007	燃油费	¥ 140.00	是
10	2013年1月27日 星期日	刘露露	江西省南昌市西湖区洪城路289号	江西省	BIC-005	火车票	¥ 200.00	是
11	2013年1月28日 星期一	陈祥通	北京市海淀区东北旺西路8号	北京市	BIC-006	高速道桥费	¥ 345.00	否
12	2013年1月29日 星期二	徐志晨	北京市西城区西绒线胡同51号中国会	北京市	BIC-007	燃油费	¥ 22.00	否
13	2013年1月30日 星期三	张哲宇	贵州省贵阳市云岩区中山西路51号	贵州省	BIC-008	停车费	¥ 246.00	否
14	2013年1月31日 星期四	王炫皓	贵州省贵阳市中山西路51号	贵州省	BIC-009	通讯补助	¥ 388.00	否
15	2013年2月1日 星期五	王海德	辽宁省大连中山区长江路123号大连日航酒店4层清苑厅	辽宁省	BIC-010	其他	¥ 29.00	否
16	2013年2月2日 星期六	谢丽秋	四川省成都市城市名人酒店	四川省	BIC-003	餐饮费	¥ 500.00	是
17	2013年2月3日 星期日	王崇江	山西省大同市南城墙永泰西门	山西省	BIC-004	出租车费	¥ 458.70	是
18	2013年2月4日 星期一	关天胜	浙江省杭州市西湖区北山路78号香格里拉饭店东楼1栋555房	浙江省	BIC-005	火车票	¥ 532.60	否
19	2013年2月5日 星期二	唐雅林	浙江省杭州市西湖区紫金港路21号	浙江省	BIC-006	高速道桥费	¥ 606.50	否
20	2013年2月6日 星期三	钱顺卓	北京市西城区阜成门外大街29号	北京市	BIC-007	燃油费	¥ 680.40	否

图 5.34 实验 9-1 样文

(4) 依据“费用类别编号”列内容,使用 VLOOKUP 函数,生成“费用类别”列内容。对照关系参考“费用类别”工作表。

(5) 在“差旅成本分析报告”工作表 B3 单元格中,统计 2013 年第二季度发生在北京市的差旅费用总金额。

(6) 在“差旅成本分析报告”工作表 B4 单元格中,统计 2013 年员工钱顺卓报销的火车票费用总额。

(7) 在“差旅成本分析报告”工作表 B5 单元格中,统计 2013 年差旅费用中,飞机票费用占所有报销费用的比例,并保留 2 位小数。

(8) 在“差旅成本分析报告”工作表 B6 单元格中,统计 2013 年发生在周末(星期六和星期日)的通信补助总金额。

实验 9-2 销售订单明细表

打开实验 9-2.xlsx 文件,实现样文效果,如图 5.35 所示。

(1) 请对“订单明细表”工作表进行格式调整,通过套用表格格式方法将所有的销售记录调整为“表样式浅色 10”的外观格式,并将“单价”列和“小计”列所包含的单元格调整为“会计专用”(人民币)数字格式。

	A	B	C	D	E	F	G	H
1	销售订单明细表							
2	订单编号	日期	书店名称	图书编号	图书名称	单价	销量(本)	小计
3	BTW-08634	2012年10月31日	鼎盛书店	BK-83024	《VB语言程序设计》	CNY 38.00	36	CNY 1,368.00
4	BTW-08633	2012年10月30日	博达书店	BK-83036	《数据库原理》	CNY 37.00	49	CNY 1,813.00
5	BTW-08632	2012年10月29日	博达书店	BK-83032	《信息安全技术》	CNY 39.00	20	CNY 780.00
6	BTW-08631	2012年10月26日	鼎盛书店	BK-83023	《C语言程序设计》	CNY 42.00	7	CNY 294.00
7	BTW-08630	2012年10月25日	博达书店	BK-83022	《计算机基础及Photoshop应用》	CNY 34.00	16	CNY 544.00
8	BTW-08628	2012年10月24日	鼎盛书店	BK-83031	《软件测试技术》	CNY 36.00	33	CNY 1,188.00
9	BTW-08629	2012年10月24日	隆华书店	BK-83035	《计算机组成与接口》	CNY 40.00	38	CNY 1,520.00
10	BTW-08627	2012年10月23日	隆华书店	BK-83030	《数据库技术》	CNY 41.00	19	CNY 779.00
11	BTW-08626	2012年10月22日	鼎盛书店	BK-83037	《软件工程》	CNY 43.00	8	CNY 344.00
12	BTW-08625	2012年10月20日	隆华书店	BK-83026	《Access数据库程序设计》	CNY 41.00	11	CNY 451.00
13	BTW-08624	2012年10月19日	鼎盛书店	BK-83025	《Java语言程序设计》	CNY 39.00	20	CNY 780.00
14	BTW-08622	2012年10月18日	鼎盛书店	BK-83036	《数据库原理》	CNY 37.00	1	CNY 37.00
15	BTW-08623	2012年10月18日	鼎盛书店	BK-83024	《VB语言程序设计》	CNY 38.00	7	CNY 266.00
16	BTW-08594	2012年9月17日	博达书店	BK-83030	《数据库技术》	CNY 41.00	42	CNY 1,722.00
17	BTW-08593	2012年9月15日	隆华书店	BK-83029	《网络技术》	CNY 43.00	29	CNY 1,247.00
18	BTW-08591	2012年9月14日	隆华书店	BK-83027	《MySQL数据库程序设计》	CNY 40.00	42	CNY 1,680.00
19	BTW-08592	2012年9月14日	隆华书店	BK-83028	《MS Office高级应用》	CNY 39.00	42	CNY 1,638.00
20	BTW-08590	2012年9月13日	隆华书店	BK-83034	《操作系统原理》	CNY 39.00	17	CNY 663.00
21	BTW-08589	2012年9月12日	隆华书店	BK-83033	《嵌入式系统开发技术》	CNY 44.00	14	CNY 616.00
22	BTW-08587	2012年9月11日	鼎盛书店	BK-83037	《软件工程》	CNY 43.00	27	CNY 1,161.00
23	BTW-08588	2012年9月11日	隆华书店	BK-83021	《计算机基础及MS Office应用》	CNY 36.00	5	CNY 180.00
24	BTW-08586	2012年9月8日	鼎盛书店	BK-83026	《Access数据库程序设计》	CNY 41.00	29	CNY 1,189.00
25	BTW-08585	2012年9月7日	鼎盛书店	BK-83025	《Java语言程序设计》	CNY 39.00	33	CNY 1,287.00

订单明细表 编号对照 统计报告

图 5.35 实验 9-2 样文

(2) 根据图书编号,请在“订单明细表”工作表的“图书名称”列中,使用 VLOOKUP 函数完成图书名称的自动填充。“图书名称”和“图书编号”的对应关系在“编号对照”工作表中。

(3) 根据图书编号,请在“订单明细表”工作表的“单价”列中,使用 VLOOKUP 函数完成图书单价的自动填充。“单价”和“图书编号”的对应关系在“编号对照”工作表中。

实验 9-2

(4) 在“订单明细表”工作表的“小计”列中,计算每笔订单的销售额。

(5) 根据“订单明细表”工作表中的销售数据,统计所有订单的总销售金额,并将其填写在“统计报告”工作表的 B3 单元格中。

(6) 根据“订单明细表”工作表中的销售数据,统计《MS Office 高级应用》一书在 2012 年的总销售额,并将其填写在“统计报告”工作表的 B4 单元格中。

(7) 根据“订单明细表”工作表中的销售数据,统计隆华书店在 2011 年第三季度的总销售额,并将其填写在“统计报告”工作表的 B5 单元格中。

(8) 根据“订单明细表”工作表中的销售数据,统计隆华书店在 2011 年的每月平均销售额(保留 2 位小数),并将其填写在“统计报告”工作表的 B6 单元格中。

实验 9-3　期末成绩表

实验 9-3

打开实验 9-3. xlsx,实现其样表效果,如图 5. 36 所示。

(1) 将“第一学期期末成绩”工作表套用表格格式“表样式浅色 16”,将第一列“学号”列设为文本,将所有成绩列设为保留两位小数的数值,设置居中对齐。

	A	B	C	D	E	F	G	H	I	J	K	L
1	初一年级第一学期期末成绩											
2	学号	姓名	班级	语文	数学	英语	生物	地理	历史	政治	总分	平均分
3	C120305	王清华	3班	91.50	89.00	94.00	92.00	91.00	86.00	86.00	629.50	89.93
4	C120101	包宏伟	1班	97.50	106.00	108.00	98.00	99.00	99.00	96.00	703.50	100.50
5	C120203	吉祥	2班	93.00	99.00	92.00	86.00	86.00	73.00	92.00	621.00	88.71
6	C120104	刘康锋	1班	102.00	116.00	113.00	78.00	88.00	86.00	74.00	657.00	93.86
7	C120301	刘鹏举	3班	99.00	98.00	101.00	95.00	91.00	95.00	78.00	657.00	93.86
8	C120306	齐飞扬	3班	101.00	94.00	99.00	90.00	87.00	95.00	93.00	659.00	94.14
9	C120206	闫朝霞	2班	100.50	103.00	104.00	88.00	89.00	78.00	90.00	652.50	93.21
10	C120302	孙玉敏	3班	78.00	95.00	94.00	82.00	90.00	93.00	84.00	616.00	88.00
11	C120204	苏解放	2班	95.50	92.00	96.00	84.00	95.00	91.00	92.00	645.50	92.21
12	C120201	杜学江	2班	94.50	107.00	96.00	100.00	93.00	92.00	93.00	675.50	96.50
13	C120304	李北大	3班	95.00	97.00	102.00	93.00	95.00	92.00	88.00	662.00	94.57
14	C120103	李娜娜	1班	95.00	85.00	99.00	98.00	92.00	92.00	88.00	649.00	92.71
15	C120105	张桂花	1班	88.00	98.00	101.00	89.00	73.00	95.00	91.00	635.00	90.71
16	C120202	陈万地	2班	86.00	107.00	89.00	88.00	92.00	88.00	89.00	639.00	91.29
17	C120205	倪冬声	2班	103.50	105.00	105.00	93.00	93.00	90.00	86.00	675.50	96.50
18	C120102	符合	1班	110.00	95.00	98.00	99.00	93.00	93.00	92.00	680.00	97.14
19	C120303	曾令煊	3班	85.50	100.00	97.00	87.00	78.00	89.00	93.00	629.50	89.93
20	C120106	谢如康	1班	90.00	111.00	116.00	75.00	95.00	93.00	95.00	675.00	96.43

图 5.36　实验 9-3 样文

(2) 利用 sum 和 average 函数计算每一个学生的总分及平均成绩。

(3) 学号第 4、5 位代表学生所在的班级,例如,“C120101”代表 12 级 1 班。请通过函数提取每个学生所在的专业并按下列对应关系填写在“班级”列中:

“学号”的 4、5 位	对应班级
01	1 班
02	2 班
03	3 班

(4) 根据学号,请在“第一学期期末成绩”工作表的“姓名”列中,使用 VLOOKUP 函数完成姓名的自动填充。“姓名”和“学号”的对应关系在“学号对照”工作表中。

实验 9-4 员工档案表

打开实验 9-4. xlsx,实现其样表效果,如图 5.37 所示。

天天公司员工档案表

员工编号	姓名	性别	部门	职务	身份证号	出生日期	学历	入职时间	工龄	基本工资	工龄工资	基础工资
DF007	曾晓军	男	管理	部门经理	410205196412278211	1964年12月27日	硕士	2001年3月	14	10000.00	700.00	10700.00
DF015	李北大	男	管理	人事行政经	420316197409283216	1974年09月28日	硕士	2006年12月	9	9500.00	450.00	9950.00
DF002	郭晶晶	女	行政	文秘	110105198903040128	1989年03月04日	大专	2012年3月	3	3500.00	150.00	3650.00
DF013	苏三强	男	研发	项目经理	370108197202213159	1972年02月21日	硕士	2003年8月	12	12000.00	600.00	12600.00
DF017	曾令煊	男	研发	项目经理	110105196410020109	1964年10月02日	博士	2001年6月	14	18000.00	700.00	18700.00
DF008	齐小小	女	管理	销售经理	110102197305120123	1973年05月12日	硕士	2001年10月	14	15000.00	700.00	15700.00
DF003	侯大文	男	管理	研发经理	310108197712121139	1977年12月12日	硕士	2003年7月	12	12000.00	600.00	12600.00
DF004	宋子文	男	研发	员工	372208197510090512	1975年10月09日	本科	2003年7月	12	5600.00	600.00	6200.00
DF005	王清华	男	人事	员工	110101197209021144	1972年09月02日	本科	2001年6月	14	5600.00	700.00	6300.00
DF006	张国庆	男	人事	员工	110108197812120129	1978年12月12日	本科	2005年9月	10	6000.00	500.00	6500.00
DF009	孙小红	女	行政	员工	551018198607311126	1986年07月31日	本科	2010年5月	5	4000.00	250.00	4250.00
DF010	陈家洛	男	研发	员工	372208197310070512	1973年10月07日	本科	2006年5月	9	5500.00	450.00	5950.00
DF011	李小飞	男	研发	员工	410205197908278231	1979年08月27日	本科	2011年4月	4	5000.00	200.00	5200.00
DF012	杜兰儿	女	销售	员工	110106198504040127	1985年04月04日	大专	2013年1月	3	3000.00	150.00	3150.00
DF014	张乖乖	男	行政	员工	610308198111020379	1981年11月02日	本科	2009年5月	6	4700.00	300.00	5000.00
DF016	徐霞客	男	研发	员工	327018198310123015	1983年10月12日	本科	2010年2月	6	5500.00	300.00	5800.00
DF018	杜学江	女	销售	员工	110103198111090028	1981年11月09日	中专	2008年12月	7	3500.00	350.00	3850.00
DF019	齐飞扬	男	行政	员工	210108197912031129	1979年12月03日	本科	2007年1月	9	4500.00	450.00	4950.00
DF020	苏解放	男	研发	员工	302204198508090312	1985年08月09日	硕士	2010年3月	5	8500.00	250.00	8750.00
DF021	谢如康	男	研发	员工	110106197809121104	1978年09月12日	本科	2010年3月	5	7500.00	250.00	7750.00
DF022	张桂花	女	行政	员工	110107198010120109	1980年10月12日	高中	2010年3月	5	2500.00	250.00	2750.00
DF023	陈万地	男	研发	员工	412205196612280211	1966年12月28日	本科	2010年3月	5	5000.00	250.00	5250.00
DF024	张国庆	男	销售	员工	110108197507220123	1975年07月22日	本科	2010年3月	5	5200.00	250.00	5450.00
DF025	刘康锋	男	研发	员工	551018198107210126	1981年07月21日	本科	2011年1月	5	5000.00	250.00	5250.00
DF026	刘鹏举	男	研发	员工	372206197810270512	1978年10月27日	本科	2011年1月	5	4500.00	250.00	4750.00

员工档案　工龄工资　统计报告

图 5.37 实验 9-4 样文

实验 9-4

(1) 对“员工档案表”工作表进行格式调整,将所有工资列设为保留两位小数的数值。

(2) 根据身份证号,在“员工档案表”工作表的“出生日期”列中,使用 MID 函数提取员工生日,单元格式类型为“yyyy'年'm'月'd'日'”。

(3) 根据入职时间,在“员工档案表”工作表的“工龄”列中,使用 TODAY 函数和 INT 函数计算员工的工龄,工作满一年才计入工龄。

(4) 引用“工龄工资”工作表中的数据来计算“员工档案表”工作表员工的工龄工资,在“基础工资”列中,计算每个人的基础工资(基础工资=基本工资+工龄工资)。

(5) 根据“员工档案表”工作表中的工资数据,统计所有人的基础工资总额,并将其填写在“统计报告”工作表的 B2 单元格中。

(6) 根据“员工档案表”工作表中的工资数据,统计职务为项目经理的基本工资总额,并将其填写在“统计报告”工作表的 B3 单元格中。

(7) 根据“员工档案表”工作表中的数据,统计天天公司本科生平均基本工资,并将其填写在“统计报告”工作表的 B4 单元格中。

实验 9-5 计算机销售统计图表

打开实验 9-5. xlsx 文件,实现其样表效果,如图 5.38 所示。

(1) 将单元格 A1 至 E1 合并并居中,同时输入“2014 年计算机销售统计图表”。

(2) 以 A8 至 E12 区域为数据源,在工作表中插入“簇状柱形图”。

① 设置图表布局为“布局 3”。

② 设置图表标题为“2014 年计算机销售统计表”,并设置图表标题艺术字样式为“渐变填充-紫色,强调文字颜色 4,映像”。

	A	B	C	D	E
1	2014年计算机销量统计图表				
2		第一季度	第二季度	第三季度	第四季度
3	三星	1744	2310	1409	1345
4	戴尔	1893	1638	1783	1258
5	惠普	1832	1432	1766	1092
6	索尼	1782	1562	1523	1655

图 5.38 实验 9-5 样文

③ 设置主要纵网格线为“主要网格线”。

④ 调整图表大小,并将图表放置 A9 至 E23 单元格区域。

实验 9-6 数据透视表的应用

实验 9-6

打开实验 9-6,实现其样表效果,如图 5.39 和图 5.40 所示。

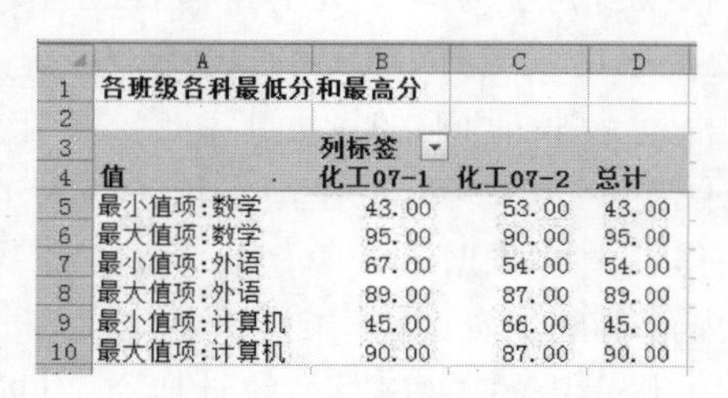

	A	B	C	D
1	各班级各科最低分和最高分			
2				
3		列标签		
4	值	化工07-1	化工07-2	总计
5	最小值项:数学	43.00	53.00	43.00
6	最大值项:数学	95.00	90.00	95.00
7	最小值项:外语	67.00	54.00	54.00
8	最大值项:外语	89.00	87.00	89.00
9	最小值项:计算机	45.00	66.00	45.00
10	最大值项:计算机	90.00	87.00	90.00

图 5.39 实验 9-6 数据透视表 1

	A	B	C	D
1	各班级各科平均分			
2				
3	行标签	平均值项:数学	平均值项:外语	平均值项:计算机
4	化工07-1	72.0	78.8	77.2
5	化工07-2	78.3	74.5	74.0
6	总计	75.2	76.7	75.6

图 5.40 实验 9-6 数据透视表 2

实验 10 Excel 数据管理与分析

【实验目的】

(1) 掌握工作表数据排序。

(2) 掌握自动筛选和高级筛选的操作方法。

(3) 掌握分类汇总的使用方法。

实验 10-1 排序的应用

打开实验 10-1. xlsx 文件，实现其样表效果，如图 5.41 所示。

实验 10-1

	A	B	C	D	E	F	G	H	I
1	2014年计算机专业录取表								
2	准考证号	姓名	城市	考试成绩			总成绩	平均成绩	名次
3				应用基础	数据结构	C语言			
4	2014010302008	陈飞	广州	99	86	97	282	94.00	1
5	2014010302006	张宏	四川	96	92	92	280	93.33	2
6	2014010302010	张新	郑州	93	93	93	279	93.00	3
7	2014010302004	王丽	成都	91	91	96	278	92.67	4
8	2014010302002	赵丽	南京	94	89	93	276	92.00	5
9	2014010302007	朱渝	杭州	97	84	94	275	91.67	6
10	2014010302005	钱杰	武汉	92	89	93	274	91.33	7
11	2014010302003	李俊	沈阳	'94	86	93	273	91.00	8
12	2014010302011	付静	厦门	94	85	93	272	90.67	9
13	2014010302009	何宇	重庆	93	88	90	271	90.33	10
14	2014010302001	陈伟	上海	90	89	91	270	90.00	11

图 5.41 实验 10-1 样文

(1) 合并并居中单元格 A1 至 I1，在其中输入内容“2014 年计算机专业录取表”，并文字设置为华文楷体、16 号、加粗。

(2) 合并 A2～A3、B2～B3、C2～C3、G2～G3、H2～H3、I2～I3 单元格区域。

(3) 计算总成绩和平均成绩，保留小数点后 2 位。

(4) 利用 RANK()函数计算名次。

(5) 将第 2 至 14 行的行高设置为 23。

(6) 为数据清单添加内外边框线。

(7) 将 A2 至 I3 单元格区域的样式设置为“强调文字颜色 5”，并将单元格中字体设置为加粗。

(8) 按照名次对数据清单进行升序排序。

将第 5、7、9、11 和 13 行的 A 至 I 列单元格样式设置为“40%-强调文字颜色 5”；第 4、6、8、10 和 12 行的 A 至 I 列单元格样式设置为“20%-强调文字颜色 5”。

实验 10-2 排序的应用 2

打开实验 10-2. xlsx 文件，实现其样表效果，如图 5.42 所示。

(1) 将 Sheet1 工作表的 A1:F1 单元格合并为一个单元格，内容水平居中。

(2) 计算“总积分”列的内容(金牌获 10 分，银牌获 7 分，铜牌获 3 分)，按递减次序计算各队的积分排名(利用 RANK 函数)。

(3) 按主要关键字“金牌”降序次序，次要关键字“银牌”降序次序，第三关键字“铜牌”降序次序进行排序。

(4) 将工作表命名为“成绩统计表”。

	A	B	C	D	E	F
1	某运动会成绩统计表					
2	队名	金牌	银牌	铜牌	总积分	积分排名
3	D队	34	46	62	848	4
4	H队	31	31	35	632	8
5	A队	29	77	69	1036	1
6	F队	26	72	60	944	2
7	B队	22	59	78	867	3
8	E队	21	41	53	656	6
9	C队	18	45	78	729	5
10	G队	17	49	45	648	7
11						

成绩统计表 / Sheet2 / Sheet3

图 5.42 实验 10-2 样文

实验 10-3 筛选的应用

打开实验 10-3. xlsx 文件，按要求，实现其样表效果。

（1）对工作表“计算机专业成绩单”内数据清单的内容进行自动筛选，条件为数据库原理、操作系统、体系结构三门课程均大于或等于 75 分，对筛选后的内容按主要关键字“平均成绩”的降序次序和次要关键字“班级”的升序次序进行排序，结果如图 5.43 所示。

	A	B	C	D	E	F	G
1	学号	姓名	班级	数据库原理	操作系统	体系结构	平均成绩
9	013007	陈松	3班	94	81	90	88.33
12	012011	王春晓	2班	95	87	78	86.67
21	013011	王文辉	3班	82	84	80	82.00
26	011028	金翔	1班	91	75	77	81.00
27	012020	李新	2班	84	82	77	81.00
30	013008	张雨涵	3班	78	80	82	80.00

实验 10-3

图 5.43 实验 10-3 自动筛选样文

（2）对工作表“产品销售情况表”内数据清单的内容按主要关键字“分公司”的降序次序和次要关键字“季度”的升序次序进行排序，对排序后的数据进行高级筛选（在数据清单前插入四行，条件区域设在 A1:G3 单元格区域，请在对应字段列内输入条件，条件是：产品名称为“空调”或“电视”且销售额排名在前 20 名，工作表名不变，结果如图 5.44 所示。

	A	B	C	D	E	F	G
1	产品名称						销售额排名
2	空调						<=20
3	电视						<=20
4							
5	季度	分公司	产品类别	产品名称	销售数量	销售额（万元）	销售额排名
13	2	西部1	D-1	电视	42	18.73	12
14	3	西部1	D-1	电视	78	34.79	2
18	1	南部2	K-1	空调	54	19.12	11
19	2	南部2	K-1	空调	63	22.30	7
20	3	南部2	K-1	空调	86	30.44	4
21	1	南部1	D-1	电视	64	17.60	17
28	2	东部2	K-1	空调	79	27.97	6
29	3	东部2	K-1	空调	45	15.93	20
30	1	东部1	D-1	电视	67	18.43	14
32	3	东部1	D-1	电视	66	18.15	16
39	1	北部1	D-1	电视	86	38.36	1
40	2	北部1	D-1	电视	73	32.56	3
41	3	北部1	D-1	电视	64	28.54	5
42							

图 5.44 实验 10-3 高级筛选样文

实验 10-4 高级筛选应用

打开实验 10-4. xlsx 文件，按要求实现其样表效果，如图 5.45 所示。

实验 10-4

	A	B	C	D	E	F	G
1		分公司		产品名称		销售额（万元）	
2		西部2		空调		>10	
3		南部1		电视		>10	
4							
5	季度	分公司	产品类别	产品名称	销售数量	销售额（万元）	销售额排名
6	1	西部2	K-1	空调	89	12.28	26
12	3	西部2	K-1	空调	84	11.59	28
21	1	南部1	D-1	电视	64	17.60	17
32	3	南部1	D-1	电视	46	12.65	25

产品销售情况表 Sheet2 Sheet3

图 5.45 实验 10-4 样文

对工作表“产品销售情况表”内数据清单的内容建立高级筛选，在数据清单前插入四行，条件区域设在 B1:F3 单元格区域，请在对应字段列内输入条件，条件是：“西部 2”的“空调”和“南部 1”的“电视”，销售额均在 10 万元以上，工作表名不变，保存为实验 10-4. XLSX 工作簿。

实验 10-5 分类汇总的应用

打开实验 10-5. xlsx 文件，实现其样表效果，如图 5.46 所示。

	A	B	C	D	E	F	G
1				职员登记表			
2	员工编号	部门	姓名	性别	年龄	工龄	工资
3	K12	开发部	沈一丹	男	30	5	2000
4	C24	测试部	刘力国	男	35	4	1600
5	S21	市场部	张开芳	男	26	4	1800
6	W08	文档部	贾铭	男	24	1	1200
7	C04	测试部	吴溯源	男	22	5	1800
8				男 平均值			1680
9	W24	文档部	王红梅	女	24	2	1200
10	S20	市场部	杨帆	女	25	2	1900
11	K01	开发部	高浩飞	女	26	2	1400
12				女 平均值			1500
13				总计平均值			1612.5

图 5.46 实验 10-5 样文

（1）将标题“职员登记表”所在行的单元格 A1:G1 合并成一个单元格，单元格的水平对齐方式为“居中”，字号为“16”，字体为“楷体_GB2312”。

（2）在 Sheet2 中，将数据按照性别进行分类，汇总男、女工资的平均值。

第6章 演示文稿

学习目标

- 掌握创建演示文稿的各种方法
- 掌握模板和设计主题的应用方法
- 掌握基本级复杂动画的设置方法
- 掌握幻灯片母版的设计和应用方法
- 掌握图形、图表、音频和视频等多媒体元素的使用方法
- 掌握演示文稿的保存和发布方法

PowerPoint 2010 是目前使用最广泛的演示文稿制作软件之一，它是 Office 2010 办公套件中的一个重要组件。

PowerPoint 2010 被广泛应用于会议报告、课程教学、论文答辩、广告宣传等，成为人们在各种场合下进行信息交流的重要工具。它集成了更为安全的工作流和方法，让用户可以轻松地共享这些信息。

6.1 软件介绍

6.1.1 PowerPoint 2010 窗口组成

启动 PowerPoint 2010 后，将出现如图 6.1 所示的工作环境，其中标题栏、滚动条、状态区、任务窗格等区域与 Word 窗口组成部分基本相同，其不同点如下。

1. 幻灯片设计区

PowerPoint 窗口中间的白色区域为幻灯片设计区，该部分是演示文稿的核心部分，主要用于显示和编辑当前幻灯片。

2. 视图窗格

视图窗格位于幻灯片设计区的左侧，包含"大纲"和"幻灯片"两个选项卡，用于显示演示文稿的幻灯片数量及位置。

3. 备注窗格

备注窗格位于幻灯片设计区的下方，通常用于为幻灯片添加注释说明，比如幻灯片

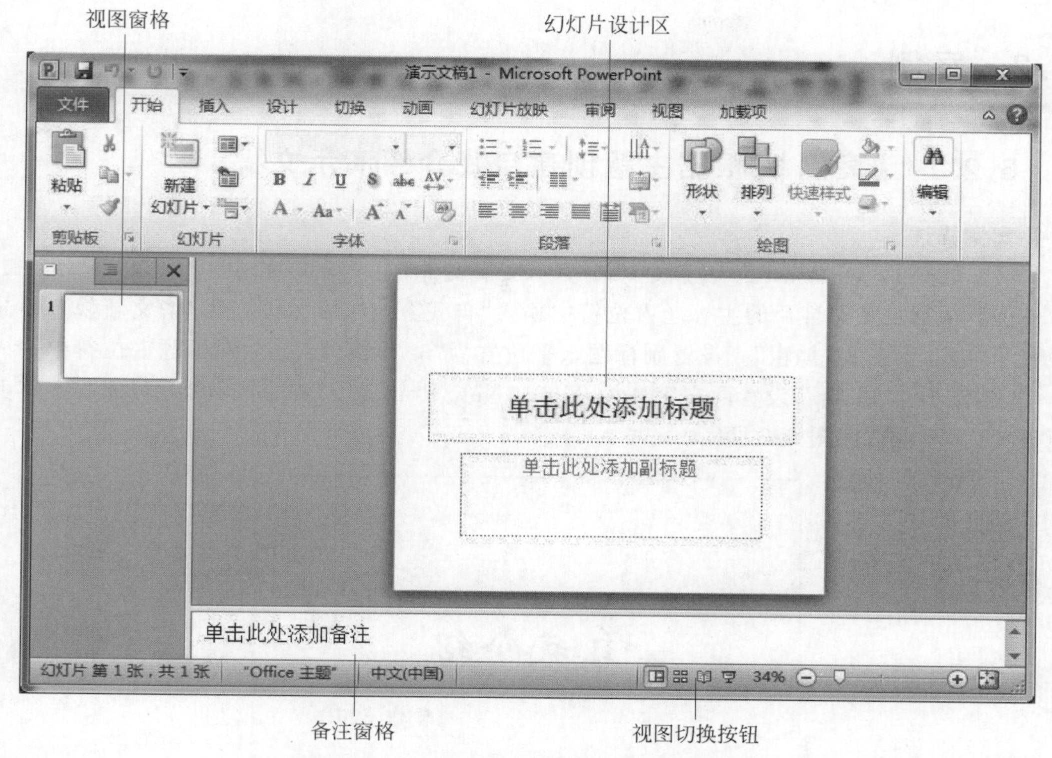

图 6.1 PowerPoint 2010 工作环境

摘要等。

4. 视图切换按钮

视图切换按钮用于在不同视图间切换。

6.1.2 PowerPoint 2010 视图模式

PowerPoint 2010 的视图模式是显示演示文稿的方式，分别应用于创建、编辑、放映或预览演示文稿等不同阶段，主要有“普通视图”“幻灯片浏览视图”“备注页”“幻灯片放映”和“阅读模式”5 种视图模式。

(1) 普通视图。PowerPoint 2010 默认的视图模式，主要用于撰写或设计演示文稿。

(2) 幻灯片浏览视图。在该视图模式下，可浏览当前演示文稿中的所有幻灯片，以及调整幻灯片排列顺序等，但不能编辑幻灯片中的具体内容。

(3) 备注页。以上下结构显示幻灯片和备注页面，主要用于撰写和编辑备注内容。

(4) 幻灯片放映。主要用于播放演示文稿，在播放过程中，可以查看演示文稿的动画、切换等效果。

(5) 阅读视图。是 PowerPoint 2010 新增的一种视图方式，它以窗口的形式来查看演示文稿的放映效果，在播放过程中，同样可以查看演示文稿的动画、切换等效果。

6.2 案例

6.2.1 【案例 1】根据主题创建自我介绍演示文稿

案例描述

(1) 打开 PowerPoint 2010 新建一个演示文稿文件，实现样文效果图。

(2) 在第一张幻灯片的主标题占位符中输入“自我介绍”，字体设置为“华文新魏”，字号设置为“66”，字形为“加粗”。设置副标题水平位置为“6.26 厘米”。在副标题占位符中输入“——创作于 2014 年”，设置西文字体为 Times New Roman，对齐方式为“右对齐”，字体颜色设置为“蓝色”，如图 6.2 所示。

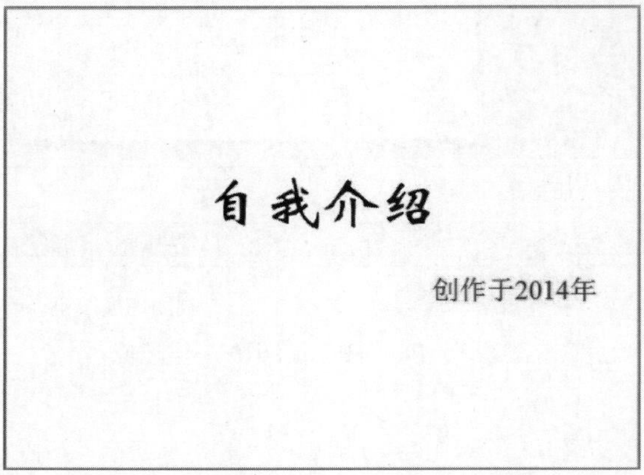

图 6.2　幻灯片首页

(3) 设置幻灯片的宽度为“25.4”，高度为“19.05”，方向为“横向”。

(4) 设置幻灯片主题为“夏至”。

(5) 插入一张版式为“标题和内容”的新幻灯片，设置标题为“我的基本情况”，根据学生自身情况在文本占位符中编辑基本情况，字体设置为“方正舒体”、字号设置为“34”，如图 6.3 所示。

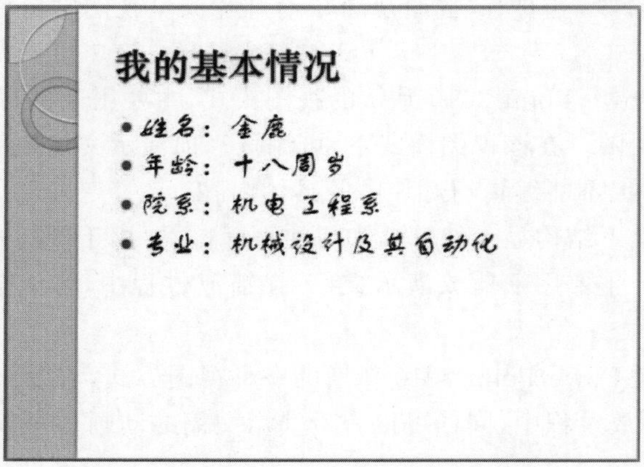

图 6.3　幻灯片第二页

(6) 依次插入第三张幻灯片，设置标题为“我的爱好”，插入第四张幻灯片的标题为“我的家人”，版式均为“标题和内容”，根据学生自身情况编辑相应的内容，格式与第二张幻灯片相同，如图 6.4 所示为第三张幻灯片内容。

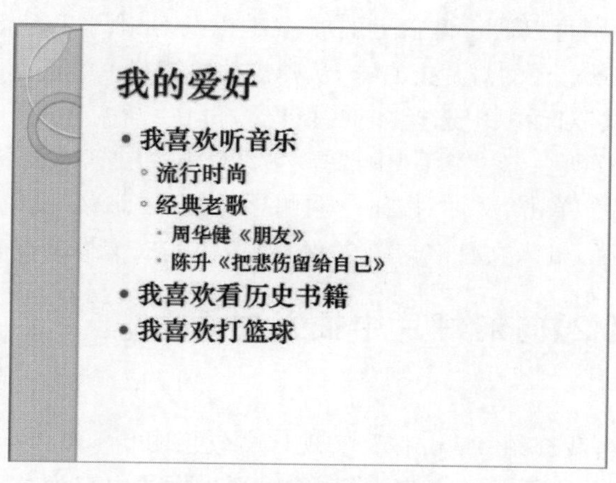

图 6.4　幻灯片第三页

(7) 设置第四张幻灯片的背景为渐变填充，其中停止点 1 是自定义颜色 RGB(250,180,80)、停止点 2 是自定义颜色 RGB(51,51,204)，将类型设置为“射线”，方向设置为中心辐射。

(8) 在指定的文件夹下保存演示文稿文件，并将其命名为“自我介绍 01. pptx”后关闭文件。

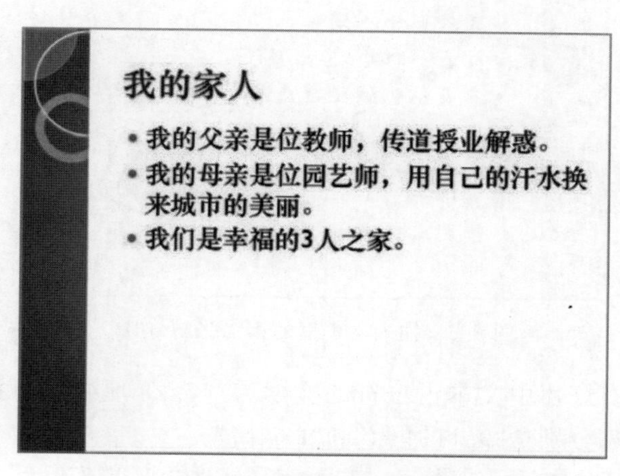

图 6.5　幻灯片第四页

知识要点

(1) PowerPoint 2010 文件的建立、保存与打开。

(2) 幻灯片的基本操作。

案例操作

(1) 设置副标题位置。右键副标题，从弹出的快捷菜单中选择“设置形状格式”。然后在打开的“设置形状格式”对话框中单击“位置”。

(2) 设置幻灯片大小、方向。“设计”选项卡→“页面设置”组中的“页面设置”按钮，设置页面大小；“幻灯片方向”按钮设置幻灯片方向。

(3) 设置幻灯片主题。“设计”选项卡→“主题”组按钮。

(4) 新建幻灯片。“开始”选项卡→“幻灯片”组“新建幻灯片”按钮。

(5) 设置标题的级别可以通过键盘上的Tab键以及Shift+Tab键来实现。

(6) 设置幻灯片背景。在幻灯片上右击，从弹出的快捷菜单中选择“设置背景格式”命令。在弹出的“设置背景格式”对话框中选择“渐变填充”，再在“渐变光圈”区域点击“停止点1”，然后在“颜色”区域设置颜色；在“类型”中选择“射线”，在“方向”中选择“中心辐射”。

(7) 保存演示文稿。单击“文件”按钮→左侧导航栏中“保存”按钮。弹出“另存为”对话框，选择保存文件的路径，输入文件名，单击“保存”按钮完成文件的保存。

6.2.2 【案例2】向幻灯片中插入对象

案例描述

(1) 找到并打开“自我介绍01.pptx”，实现样文效果图。

(2) 在第二张幻灯片中插入一个文本框，编辑文本框的内容为“金鹿之印”，设置字号为“40”，设置字体颜色为“RGB(255,0,0)”，线条颜色为“红色”，粗细为“3磅”，旋转角度为“336”，如图6.6所示。

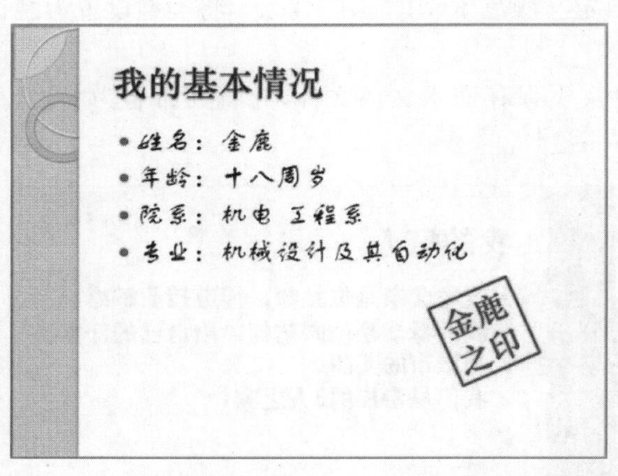

图6.6 插入文本框的第二张幻灯片

(3) 设置第三张幻灯片中文本占位符的宽度为“17.23厘米”，再插入一张图片“打篮球”，设置图片高度宽度分别是“9.11厘米”和“234磅”。

(4) 在第四张幻灯片中插入艺术字。艺术字样式为“渐变填充-靛蓝，强调文字颜色6，内部阴影”，文字内容为“家和万事兴”，字体为“华文行楷”、字号为“54”，阴影样式为“右上对角透视”，如图6.7所示。

(5) 插入指定文件夹下的图片，将图片中的空白部分“剪裁”掉，设置图片大小为原大小的“60%”。

(6) 在第四张幻灯片之后插入第五张幻灯片，幻灯片版式为“只有标题”，设置标题为“我的班级”。

(7) 插入组织结构图以及自选图形，如图6.8所示。

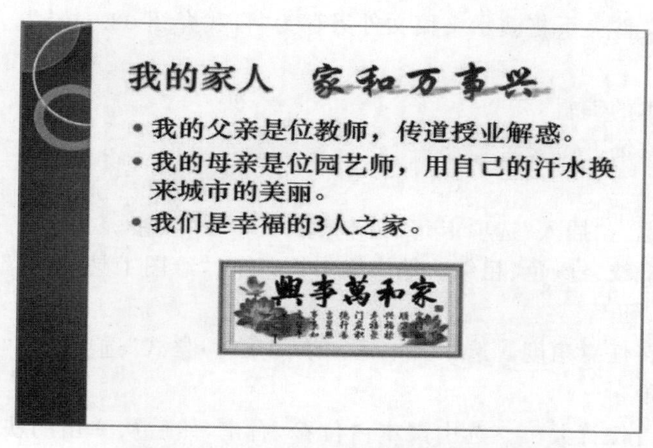

图 6.7 插入艺术字的第四张幻灯片

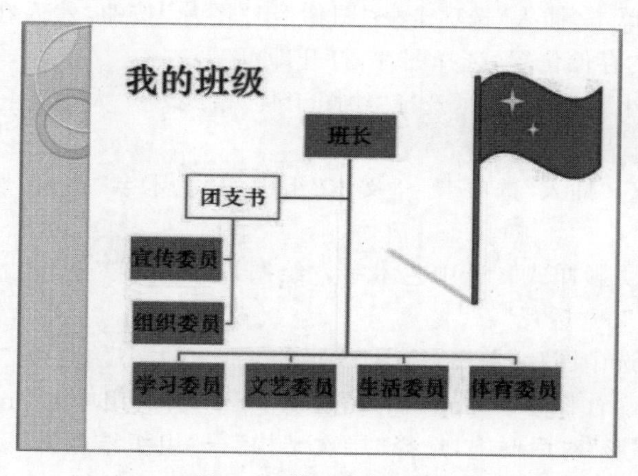

图 6.8 第五张幻灯片

（8）将第五张幻灯片调整到第二张幻灯片之后。复制第三张幻灯片“我的班级”并将其粘贴到最后，修改第六张幻灯片的标题为“我的成绩”，删除组织结构图和自选图形，如图 6.9 所示。

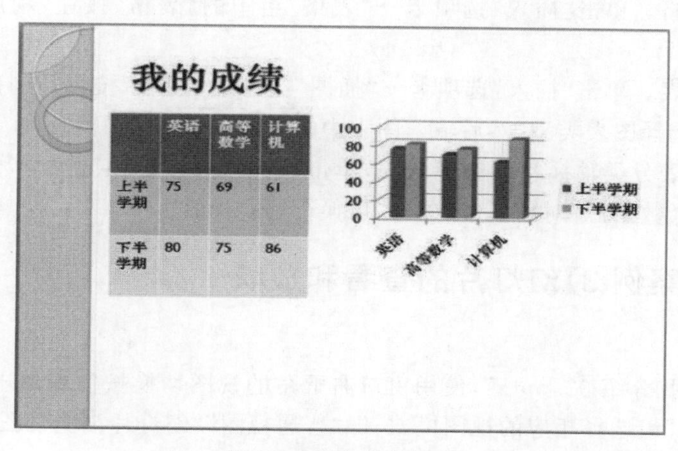

图 6.9 第六张幻灯片

(9) 在指定的文件夹下将演示文稿文件另存为“自我介绍 02. pptx”。

知识要点

(1) 幻灯片文本的编辑。

(2) 幻灯片的修饰。

案例操作

(1) 插入文本框。“插入”选项卡→“文本”组“文本框”按钮。

(2) 文本框边框线条颜色、粗细。选中文本框，单击“绘图工具/格式”选项卡→“形状样式”组“形状轮廓”按钮。

(3) 文本框旋转任意角度。选中文本框，“绘图工具/格式”选项卡→“排列”组“旋转”按钮→“其他旋转选项”。

(4) 设置文本占位符大小。选中文本占位符，右击，然后从弹出的快捷菜单中选择“大小和位置”命令。

(5) 插入图片。单击“插入”选项卡→“图像”组“图片”按钮，然后在打开的“插入图片”对话框中，浏览图片的存储位置，选择图片，打开即可。

(6) 设置图片大小。选中图片，选择“绘图工具/格式”→“大小”组，在“宽度”“高度”数值框设置。

(7) 插入艺术字。“插入”选项卡→“文本”组中的“艺术字”按钮，然后从弹出的列表中选择艺术字样式。

(8) 设置艺术字阴影样式。选中艺术字，“绘图工具/格式”→“艺术字样式”组中的“文本效果”按钮→“阴影”→“透视”。

(9) 裁剪图片。选中图片，单击“绘图工具/格式”→“大小”组中的“裁剪”按钮。

(10) 插入 SmartArt 图形。单击“插入”选项卡→“插图”组中的 SmartArt 按钮，在打开的“选择 SmartArt 图形”对话框中，选择“层次结构”→“组织结构图”。更改组织结构图布局，用户可以通过右击组织结构图，然后从弹出的快捷菜单中选择“添加形状”命令。

(11) 插入自选图形。单击“插入”选项卡→“插图”组中的“形状”按钮。

(12) 调整幻灯片次序。在窗口左侧“幻灯片”选项卡中使用鼠标直接拖曳的方式即可调整幻灯片的次序。

(13) 插入表格。单击“插入”选项卡→“表格”组中的“表格”按钮，利用虚拟网格或是“插入表格”命令。

(14) 插入图表。单击“插入”选项卡→“插图”组中的“图表”按钮，在打开的“更改图表类型”对话框中，选择图表类型，然后输入图表中的数据。

(15) 更改图表分类轴标签。选择图表，单击“图表工具/设计”选项卡→“选择数据”按钮，在打开的“选择数据源”对话框中，单击“切换行/列”标签。

6.2.3 【案例 3】幻灯片的查看和放映

案例描述

(1) 打开“自我介绍 02. pptx”，使用窗口右下角的视图切换按钮或单击“视图”选项卡，在“演示文稿视图”组选择相应的视图模式，即“普通视图”“幻灯片浏览视图”“备注页”和“阅读视图”。

(2) 播放幻灯片时,使用"荧光笔"将所有标题划中以示注意。播放后退出时要求保存墨迹。

(3) 在"普通视图"中,选中第一张幻灯片,设置切换效果为自右侧"擦除"。设置第二张幻灯片的切换方式为垂直"百叶窗"。

(4) 设置第三张幻灯片的切换方式为自右侧"库",声音为"鼓掌"。

(5) 设置每间隔 5 秒幻灯片自动切换到下一张(鼠标单击不好用)。

(6) 设置幻灯片的播放次序是先播放奇数页再播放偶数页。

(7) 另存时选择文件类型为"PowerPoint 放映",文件名为"自我介绍 03. ppsx"。

知识要点

(1) 幻灯片视图切换。

(2) 幻灯片切换方式设置。

(3) 幻灯片播放次序设置。

案例操作

(1) 切换视图方式。使用窗口右下角的视图切换按钮或"视图"选项卡→"演示文稿视图"组,选择相应的视图模式。

(2) 放映幻灯片。按 F5 键,或者选择"幻灯片放映"→"开始放映幻灯片"组,选择一种放映方式。在放映时,选择屏幕左下角的"荧光笔";或者右击幻灯片,在弹出的快捷菜单中选择"指针选项"→"荧光笔"。

(3) 幻灯片切换方式。选中幻灯片,单击"切换"选项卡→"切换到此幻灯片"组 ▽ 按钮。"切换到此幻灯片"组中的"效果选项"按钮,可以设置切换的其他属性。

(4) 设置幻灯片切换声音。选择第三张幻灯片后,单击"切换"组→"切换到此幻灯片"组 ▽ 按钮,在切换方案中选择"库"。然后在"计时"组中的"声音"下拉列表中设置切换声音。

(5) 设置换片方式。选择"切换"选项卡→"计时"组,将"单击鼠标时"前的复选框前面的对号去掉。"每隔"前面的复选框加上对号,并在右侧输入"00 : 05"。如果单击"全部应用"按钮,则所有的幻灯片切换方式都是以上设置的方式。

(6) 设置自定义放映方式。选择"幻灯片放映"→"开始放映幻灯片"组中的"自定义幻灯片放映"按钮→"自定义放映",在对话框中选择"新建",将左侧"在演示文稿中的幻灯片"的要求的页码添加到右侧的"在自定义放映中的幻灯片"中,确定即可。

(7) 设置存储类型。"文件"按钮→左侧的导航中"另存为"按钮,在"另存为"对话框中,先选择"保存类型"为"PowerPoint 放映(*. ppsx)",再选择保存位置。

6.2.4 【案例 4】幻灯片的版面格式设计

案例描述

(1) 打开"自我介绍 03. ppsx" 实现样文效果图。

(2) 通过页眉、页脚为除标题幻灯片外的所有幻灯片添加自动更新的日期和时间,并设置页脚为"自我介绍 · 金鹿"。

(3) 通过页脚添加幻灯片的编号,设置"标题幻灯片不显示",如图 6.10 所示。

(4) 通过母版的设置,使得幻灯片编号居中显示,而在第二步中已经设置的页脚居右显示。并设置幻灯片编号的西文字体为 Times New Roman。

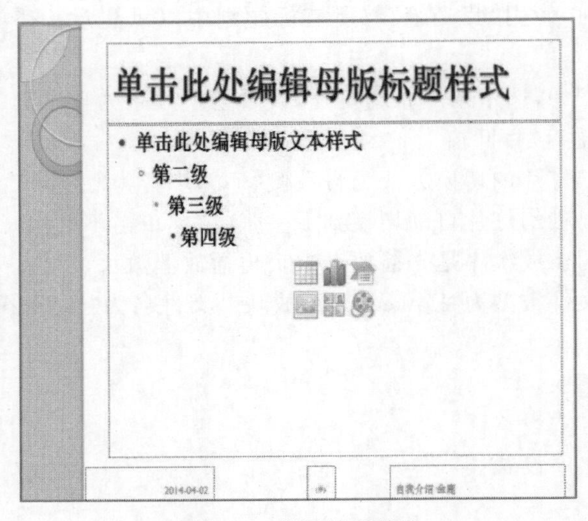

图 6.10　设置母版效果

(5) 设置母版中文本各级项目的字体大小均为“25”,只保留母版中文本为四级符号项目,如图 6.11 所示。

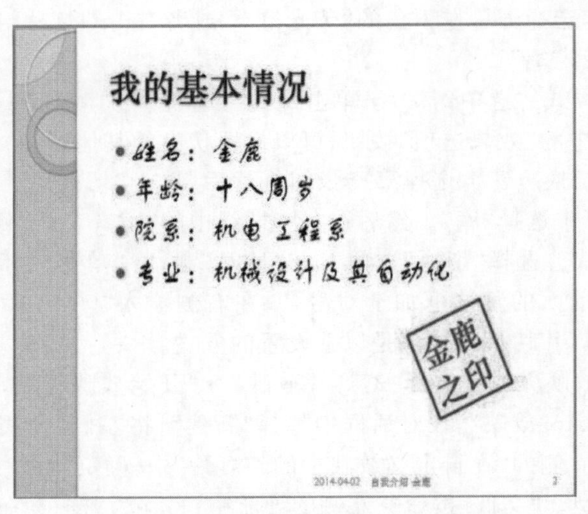

图 6.11　设置页脚页眉的第二张幻灯片

(6) 在指定的文件夹下将演示文稿文件另存为“自我介绍 04.pptx”

知识要点

(1) 幻灯片页脚页眉设置。

(2) 幻灯片母板编辑与设置。

案例操作

(1) 打开文件。启动 PowerPoint 2010,单击“文件”→“打开”按钮,找到文件后打开。

(2) 设置页眉、页脚。单击“插入”选项卡→“文本”组中的“页眉和页脚”按钮。选中“日期和时间”“幻灯片编号”“页脚”复选框,输入页脚内容,同时选中“标题幻灯片中不显示”。

(3) 幻灯片母版。单击“视图”→“母版视图”组中的“幻灯片母版”按钮。此时,页脚居中，幻灯片编号居右，不符合实验要求，用鼠标拖动的方法将母版中的“页脚区”与“数字区”交换位置后单击“关闭母版视图”按钮。

6.2.5 【案例 5】幻灯片的动画效果设置

案例描述

(1) 打开“自我介绍 04.pptx”，实现效果图 6.12 样文效果。

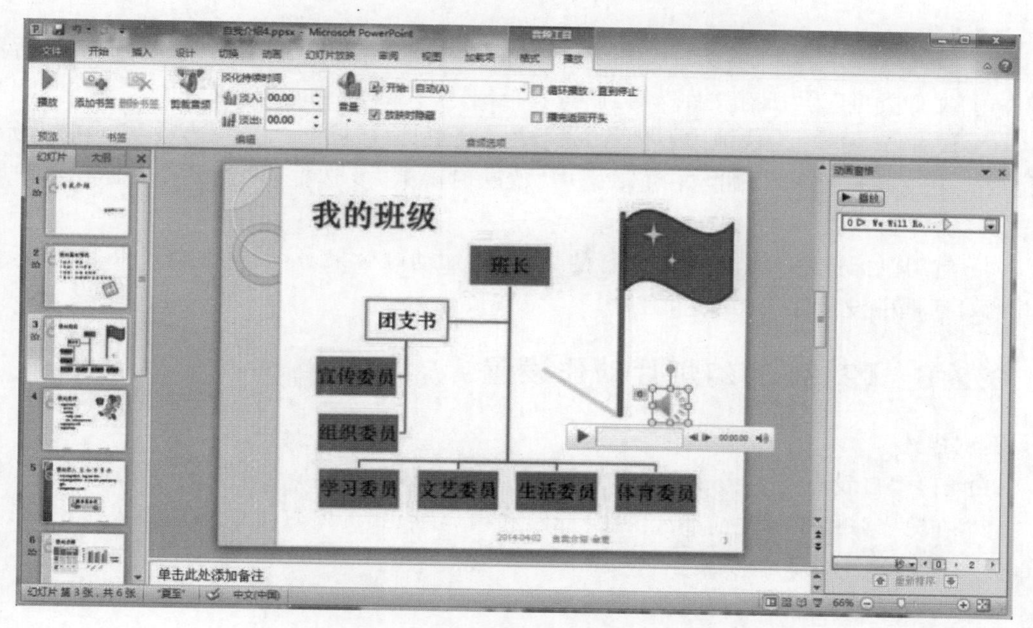

图 6.12 出入音频后的幻灯片

(2) 为第一张幻灯片中的标题“自我介绍”设置进入的自定义动画效果：“下拉”，动画文本为“按字母”，字母之间延迟“60%”。

(3) 为第二张幻灯片中的“金鹏之印”设置进入的自定义动画效果：“翻转式由远及近”，速度为“非常快”，声音为“风声”。

(4) 为第三张幻灯片插入音乐，要求在切换到该幻灯片时，就播放音乐，播放时隐藏声音图标。

(5) 设置第四张幻灯片中的文本的第一行的自定义动画效果中的强调动画效果：“陀螺旋”，“数量”为“旋转两周”，“方向”为“逆时针”，“速度”为“非常慢”。

(6) 设置第二行的自定义动画效果中的进入动画效果：“挥鞭式”，开始为“延迟 3 秒”后自动出现，动画播放后为“下次单击后隐藏”，动画文本为“按字母”，字母之间延迟“20%”。

(7) 在指定的文件夹下将演示文稿文件另存为“自我介绍 05.pptx”。

知识要点

(1) 幻灯片动画设计。

(2) 幻灯片中声音的设置。

案例操作

(1) 设置动画效果。在第一张幻灯片中，选中标题“自我介绍”，“动画”选项卡→“动画”

组 按钮，在弹出的下拉列表的进入区域选择相应的动画效果；或者选择“更多进入效果”命令，在打开的对话框中选择相应的动画效果。

(2) 设置动画文本。选择“动画”选项卡→“动画窗格”，在打开的“动画窗格”任务窗格中的动画上双击，然后在打开的对话框中设置。

(3) 设置动画速度和声音。在“动画窗格”任务窗格中，双击动画，在打开对话框中的“计时”选项卡中的“期间”下拉列表设置速度；在“效果”选项卡的“声音”下拉列表中设置声音。

(4) 插入声音。选择“插入”选项卡→“媒体”组中的“音频”按钮，在“插入声音”对话框中，先选“文件类型”为“所有文件”，再到“查找范围”中找到指定的声音文件。

(5) 设置音频选项。选中声音图标，选择“音频工具/播放”→“音频选项”组，在“开始”下拉列表中设置开始方式，如“自动”；选中“放映时隐藏”复选框，设置声音图标在放映时隐藏。

(6) 使用鼠标选中文本框中第一行的文本，添加动画效果，然后在动画效果上双击，在打开的对话框中设置数量、方向和速度。

6.2.6 【案例 6】幻灯片动作设置

案例描述

(1) 打开“自我介绍 05. pptx”，实现效果图样文效果。

(2) 在第二张幻灯片之前插入一张“标题和内容”版式的幻灯片。标题输入“目录”，文本部分为之后的各幻灯片的标题。

(3) 为每一个标题设置超链接，要求单击该超链接，能够跳转到各相应的幻灯片。

(4) 设置每一个超链接在单击动作时的声音为“照相机”，鼠标划过时的声音为“风声”，如图 6.13 所示。

(5) 在各个幻灯片中插入一动作按钮，将其置于幻灯片左下角，要求单击该按钮时，能跳转回“目录”幻灯片，并且设置鼠标划过时的声音为“微风”。

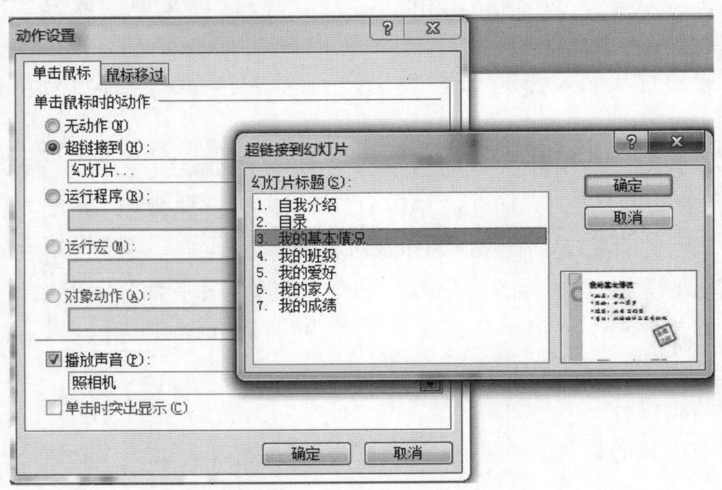

图 6.13 设置超链接幻灯片

(6) 通过母版设置除第一张幻灯片之外的所有幻灯片的右下角都具有“开始”“后退或前一项”“前进或后一项”和“结束”4 个按钮,如图 6.14 所示。

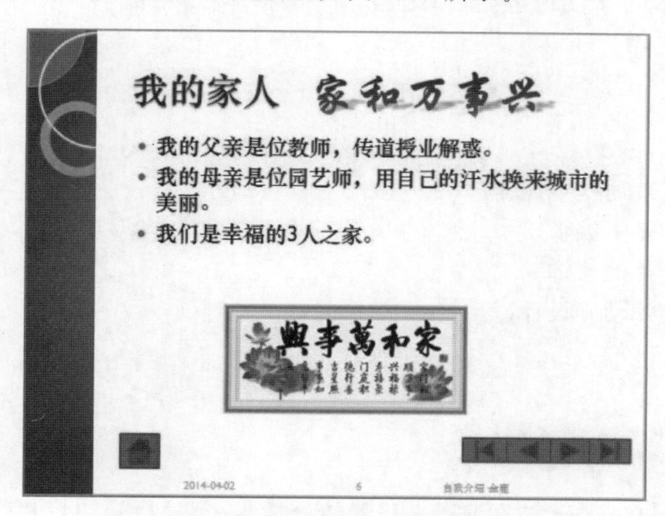

图 6.14 添加动作按钮的效果图

(7) 在指定的文件夹下将演示文稿文件另存为“自我介绍 06.pptx”。

知识要点

(1) 幻灯片超链接的设置。

(2) 幻灯片动作按钮的设置。

案例操作

(1) 设置超链接。使用鼠标选中文本中的第一行“我的基本情况”,右击,在弹出的菜单中选择“超链接”。在之后的“插入超链接”对话框左侧“链接到”中选择“本文档中的位置”,然后在其右侧中的“请选择文档中的位置”里使用鼠标选取相应的幻灯片后,单击“确定”按钮。

(2) 设置单击或划过超链接时的声音。使用鼠标选中超链接文本,“插入”选项卡→“链接”组“动作”按钮。在“动作设置”对话框中的“单击鼠标”选项卡将“播放声音”前的复选框选中,并设置相应的声音。同样,在“鼠标移过”选项卡中设置相应的声音。

(3) 插入动作按钮。选择某一个幻灯片,“插入”选项卡→“插图”组“形状”按钮,在“动作按钮”区域选择“动作按钮:第一张”后,使用鼠标在幻灯片的适当位置画下,然后在弹出的“动作设置”对话框中“单击鼠标”选项卡里的“超链接到”中选择“幻灯片…”,在之后弹出的“超链接到幻灯片”对话框中选择“幻灯片标题”为“目录”的幻灯片后确定。

(4) 设置幻灯片母版。打开幻灯片母版设置,在母版中为其添加动作按钮,按钮的类型依次为:“开始”“后退或前一项”“前进或下一项”“结束”。

6.3 本章小结

本章主要介绍如何使用演示文稿将需要展示的文档、图形或图片等内容进行展示;接着介绍如何美化幻灯片中的对象;以及设置幻灯片外观(利用母版、设计模板、配色方案);最后介绍了设计幻灯片中对象的动画效果、幻灯片之间切换的动画效果和设置放映方式等。

实验 11　幻灯片的基础设计

【实验目的】

（1）掌握 PowerPoint2010 文件的建立、保存与打开。

（2）掌握幻灯片的基本操作。

（3）掌握文本基本编辑。

（4）掌握幻灯片的修饰。

（5）掌握幻灯片动画设计。

【实验题目】

实验 11-1　课件制作

（1）打开实验 11-1. pptx，在演示文稿开始处插入一张“标题幻灯片”，作为演示文稿的第一张幻灯片，在幻灯片的标题区中输入“大学计算机基础”，字体设置为：红色（注意：请用自定义标签 RGB 模式：红色 255，绿色 0，蓝色 0），黑体，加粗，54 磅；并在副标题处输入“——PowerPoint 篇”文字效果设置为宋体，加粗，倾斜，44 磅，右对齐。

（2）修改第二张幻灯片文本部分的项目符号为“➢”。复制第二张幻灯片作为第三张幻灯片。

（3）插入一张空白版式幻灯片作为第四张幻灯片；在第四张幻灯片中插入表格，表格数据和放置位置如实验素材 11-1 所示。并以表格中的数据为数据源，创建簇状柱形图；在第四张幻灯片中插入水平文本框，输入文字“学生成绩表”，文字居中对齐。

（4）将第三张幻灯片与第四张幻灯片交换位置。

（5）修改最后一张幻灯片的版式为“垂直排列标题与文本”；设置所有幻灯片切换方式为“自右侧旋转”。设置所有幻灯片的主题为“华丽”。设置第二张幻灯片的背景填充预设颜色为：“宝石蓝”，方向为“线性向右”；每张幻灯片右下角同一位置添加艺术字“基础知识”，艺术字样式为“渐变填充-橙色，强调文字颜色 6，内部阴影”，文字竖排。

（6）在第四张幻灯片上插入一标注，标注内容为“艺术字”，32 磅；设置幻灯片放映方式为“观众自行浏览（窗口）”。

实验 11-2　大学学习与生活

实验 11-2-1

实验 11-2-2

实验 11-2-3

（1）新建一张空白版式幻灯片作为第一张幻灯片，在其中插入艺术字“如何规划大学生活”，艺术字样式为“渐变填充-紫色，强调文字颜色 4，映像”，字体设为华文新魏，文本效果为转换“双波型 2”，调整至适当位置。

（2）在第一张幻灯片中，插入 SmartArt 图形“分离射线”，输入其中内容，并设置字体为“华文中宋”，加粗。更改 SmartArt 图形颜色为“彩色-强调文字颜色”，SmartArt 样式为“嵌入”，并适当调整大小。

(3) 新建一张版式为“仅标题”的幻灯片作为第二张幻灯片。输入标题“努力学习”,并将字体设置为“华文彩云”,文本轮廓设置为“深红”;在第二张幻灯片中,插入一个文本框,输入其中内容,并设置字号为25磅,1.5倍行距,段前间距6磅。第二张幻灯片文本框中的内容添加项目符号。在第二张幻灯片中插入图片“拼搏.jpg”,并调整大小放置适当位置,如实验素材11-2所示。

(4) 将第三张幻灯片中的标题字体设置为“华文彩云”、文本轮廓设置为“橙色,强调文字颜色6,深色50%”。将第三张幻灯片背景设置为图片“运动.jpg”,如实验素材11-2所示。

(5) 在第四张幻灯片中插入垂直文本框,输入其中内容,如实验素材所示,并将字体设置为“华文彩云”,文本轮廓设置为“橄榄色,强调文字颜色3,深色50%”。在第四张幻灯片中,插入图片“握手.jpg”,并将图片置于底层,旋转16度。调整图片至适当位置,如实验素材11-2所示。

(6) 将第五、六张幻灯片的主题设置为“跋涉”。新建一张空白版式幻灯片作为第七张幻灯片,并将幻灯片背景设置为图片“鹰.jpg”。

(7) 在第七张幻灯片中插入一个垂直文本框,输入其中内容,并将文字设置为华文新魏、50磅,如实验素材所示。在第七张幻灯片中插入6个文本框,分别输入文字“你”“准”“备”“好”“了”“吗”,字体设置为“华文彩云”,字体颜色分别设置为“红色”“绿色”“橙色,强调文字颜色6,深色50%”“紫色”“橙色”“蓝色”,并适当旋转文本框。

实验11-3 项目计划介绍

(1) 打开实验11-3.pptx,按照下列要求完成对此文稿的修饰并保存。使用“都市”主题修饰全文。

(2) 将第二张幻灯片版式改为“两栏内容”,标题为“项目计划过程”。将第四张幻灯片左侧图片移到第二张幻灯片右侧内容区,并插入备注“细节将另行介绍”。

(3) 将第一张幻灯片版式改为“比较”。

(4) 将第四张幻灯片左侧图片移到第一张幻灯片右侧内容区,图片动画设置为“进入”、“基本旋转”,文字动画设置为“进入”“浮入”,且动画开始的选项为“上一动画之后”。并移动该幻灯片到最后。

(5) 删除第二张幻灯片原来标题文字,并将版式改为“空白”,在位置(水平:6.67厘米,自:左上角,垂直:8.24厘米,自:左上角)插入样式为“渐变填充-橙色,强调文字颜色4,映像”的艺术字“个体软件过程”,文字效果为“转换-弯曲-波形1”。并移动该幻灯片使之成为第一张幻灯片。

(6) 删除第三张幻灯片。

实验11-4 早晨喝开水

(1) 打开实验11-4.pptx,按照下列要求完成对此文稿的修饰并保存。使用“跋涉”主题修饰全文,设置放映方式为“观众自行浏览”。

(2) 将第三张幻灯片移到第一张幻灯片前面,并将此张幻灯片的主标题“早晨喝开水”

设置为黑体、61 磅、蓝色（请用自定义选项卡的红色 0、绿色 0、蓝色 245），副标题“5 大好处”设置为隶书、34 磅。

(3) 在第一张幻灯片后插入一版式为“空白”的新幻灯片，插入 4 行 2 列的表格。第一列的第 1～4 行依次录入“好处”“补充水分”“防止便秘”和“冲刷肠胃”。第二列的第 1 行录入“原因”。

(4) 将第三张幻灯片的文本第 1～3 段依次复制到表格第二列的第 2～4 行，表格文字全部设置为 24 磅，第一行文字居中。将表格框调进幻灯片内。将第三张幻灯片的版式改为“内容与标题”，将第四张幻灯片的图片动画设置为“进入”“随机线条”“水平”。

实验 11-4

实验 12 幻灯片的高级应用

【实验目的】

(1) 掌握幻灯片动画设计。

(2) 掌握幻灯片的版面格式设计。

(3) 掌握幻灯片的高级应用。

实验 12-1

【实验题目】

实验 12-1 诗词欣赏

(1) 打开实验 12-1.pptx，插入一张空白版式的幻灯片作为 1 张幻灯片。插入艺术字“诗词欣赏”，艺术字样式为“填充-红色，强调文字颜色 2，粗糙棱台”，并设艺术字文本效果为“上弯弧”，如实验素材 12-1 所示。

(2) 在第二张幻灯片中插入 SmartArt 图形“垂直曲形列表”，输入如实验素材 12-1 所示文字。更改 SmartArt 图形颜色为“彩色范围-强调文字颜色 5 至 6”。

(3) 在第五张幻灯片中插入图片“山水.jpg”，并调整图片大小。在第五张幻灯片中插入垂直文本框，输入如实验素材 12-1 所示的内容。

(4) 将第三、四、五张幻灯片中的标题设置为隶书，蓝色，强调文字颜色 1，深色 25%，32 磅，加粗，双倍行距；文本部分设置为华文新魏，26 磅，加粗，居中，1.5 倍行距。

(5) 在第二张幻灯片中，“游子吟”链接到第三张幻灯片；“登幽州台歌”链接到第四张幻灯片；“早发白帝城”链接到第五张幻灯片。设置所有幻灯片的背景为图片“山水.jpg”。使用动作按钮 [⏮] 使第三、四、五张分别返回到第二张幻灯片。动作按钮高度 1 厘米，宽度 2 厘米。在整个幻灯片的放映过程中伴有背景音乐“渔舟唱晚.mp3”，并在幻灯片放映时隐藏声音图标。

(6) 在第五张幻灯片中插入图片“早发白帝城.jpg”，调整图片大小，并放置如实验素材 12-1 所示位置。设置第五张幻灯片中的图片动画效果为：进入—楔入，自动开始；文本部分设置为：进入--自底部、飞入，自动开始，文字逐个显示，动画顺序先对象后文本。设置演示文稿的页面大小为“35 毫米幻灯片”。对幻灯片设置排练计时，要求播放时间为一分钟，按排练计时播放幻灯片。

实验 12-2 公共交通工具逃生指南

(1) 打开实验 12-2. pptx，按照下列要求完成对此文稿的修饰并保存。使用“穿越”主题修饰全文。

(2) 在第一张幻灯片前插入版式为“标题和内容”的新幻灯片，标题为“公共交通工具逃生指南”，内容区插入 3 行 2 列表格，第 1 列的 1、2、3 行内容依次为“交通工具”“地铁”和“公交车”，第 1 行第 2 列内容为“逃生方法”。

(3) 将第四张幻灯片内容区的文本移到表格第 3 行第 2 列，将第五张幻灯片内容区的文本移到表格第 2 行第 2 列。表格样式为“中度样式 4-强调 2”。

(4) 在第一张幻灯片前插入版式为“标题幻灯片”的新幻灯片，主标题输入“公共交通工具逃生指南”，并设置为“黑体”，43 磅，红色(RGB 模式：红色 193、绿色 0、蓝色 0)，副标题输入“专家建议”，并设置为“楷体”，27 磅。第四张幻灯片的版式改为“两栏内容”。

(5) 将第三张幻灯片的图片移入第四张幻灯片内容区，标题为“缺乏安全出行基本常识”。图片动画设置为“进入”、“擦除”、效果选项为“自右侧”。

(6) 将第四张幻灯片移到第二张幻灯片之前。并删除第四、五、六张幻灯片。

实验 12-3 国粹京剧

实验 12-3

(1) 打开实验 12-3. pptx，按照下列要求完成对此文稿的修饰并保存。

(2) 在第一张幻灯片中，插入艺术字“中国”；并设置艺术字样式为填充-红色，强调文字颜色 2，粗糙棱台；隶书，96；文本效果为全映像，接触；动画效果为单击时，自右侧飞入，声音为风铃。在第一张幻灯片中，插入艺术字“你会想到什么?”；设置艺术字样式渐变填充-橙色，强调文字颜色 6，内部阴影；隶书，72 磅；三维旋转为离轴 1 右；动画效果为单击时，自左下部飞入，声音为“DRIVEBY. WAV”。

(3) 在第一张幻灯片中插入图片“问号”，放置位置如实验素材 12-3 所示；并设置动画效果为单击时，进入效果为盒状，方向缩小，声音为照相机，速度为“非常快(0.5 秒)”。

(4) 在第二张幻灯片中设置文本“丝绸”“瓷器”“美食”的动画效果为单击时，自右侧飞入，声音为“打字机”；文本“还有什么”的动画效果为单击时，自顶部飞入，声音为“GUNSHOT. wav”，文字“按字/词”发送，字/词之间延迟百分比为 100。

(5) 在第二张幻灯片中插入图片“惊叹”，放置位置如实验素材 12-3 所示。在第三张幻灯片中，设置“京剧”的动画效果为单击时，进入效果为盒状，方向放大，声音为“RICOCHET. wav”，速度为“非常快(0.5 秒)”。

(6) 为第四张幻灯片文本部分“形成于北京，……的集大成者。”设置动画效果，单击时，自顶部擦除，速度为 0.08 秒，声音为“打字机”，动画文本“按字母”，字母之间延迟设置为 100%。在第四张幻灯片中，插入形状“横卷形”；插入图片“演出景况”；插入水平文本框，输入文本“下图为京剧早期演出的景况”，字体为“隶书”、36 磅、浅蓝。将文本框、图片与形状“横卷形”组合为一个整体，并设置动画效果。单击时，进入效果为盒状，方向放大，形状为圆，声音为“鼓掌”。

(7) 新建一张空白版式幻灯片。在其中插入一个水平文本框，输入文本“京剧的行当划分表”，字体为“隶书”，60 磅，浅蓝。

(8) 在第五张幻灯片中插入 SmartArt 图形“组织结构图”，如实验素材 12-3 所示，输入内容。并更改 SmartArt 图形的颜色为“彩色轮廓-强调文字颜色 2”。为文本“生”“旦”“净”“丑”设置超链接，分别链接到第六、七、八、九张幻灯片。

(9) 在第六、七、八、九张幻灯片中插入动作按钮 ◁，放置在幻灯片右下角，点击该按钮返回到第五张幻灯片。在第十张幻灯片中插入视频“京剧《昭君出塞》尚小云”，调整大小与位置。

(10) 设置所有幻灯片背景为图片“花”。设置第十张幻灯片的切换方式为“涟漪”，并应用到所有幻灯片。

实验 12-4 澳门回归

(1) 打开实验 12-4. pptx，按照下列要求完成对此文稿的修饰并保存。

(2) 将第一张幻灯片的背景设置为图片“国庆”。在第一张幻灯片中插入音乐，设置播放时间为从幻灯片开始放映至放映结束，并且在播放时隐藏声音图标。

(3) 在第一张幻灯片中，设置文本框中文字逐字出现，速度为“快速(1 秒)”。在第二张幻灯片中，设置艺术字“历史回顾”的形状为“桥形”。

(4) 在第二张幻灯片中，插入艺术字“地理位置”的样式为“渐变填充-蓝色，强调文字颜色 1，轮廓-白色，发光-强调文字颜色 2”。艺术字颜色为预设中的“彩虹出岫”，转换类型为“倒三角”。

(5) 在第二张幻灯片中插入动作按钮，动作为“结束放映”。

(6) 将第三张幻灯片中的文本部分设置为华文新魏、22 磅，并将所有幻灯片的切换方式设置为“旋转”。

实验 12-5 互联网调查报告

实验 12-5

(1) 打开实验 12-5. pptx，按照下列要求完成对此文稿的修饰并保存。

(2) 在第三张幻灯片前插入版式为“两栏内容”的新幻灯片，将图片文件 ppt371. jpeg 插入到第三张幻灯片右侧内容区。

(3) 将第二张幻灯片第二段文本移到第三张幻灯片左侧内容区，图片动画设置为“进入”“飞入”，效果选项为“自右下部”，文本动画设置为“进入”“飞入”，效果选项为“自左下部”，动画顺序为先文本后图片。

(4) 将第四张幻灯片的版式改为“标题幻灯片”，主标题为“中国互联网络热点调查报告”，副标题为“中国互联网络信息中心(CNNIC)”，前移第四张幻灯片，使之成为第一张幻灯片。

(5) 删除第三张幻灯片的全部内容，将该版式设置为“标题和内容”，标题为“用户对宽带服务的建议”，内容区插入 7 行 2 列表格，第 1 行的第 1、2 列内容分别为“建议”和“百分比”。按第二张幻灯片提供的建议顺序填写表格其余的单元格，表格样式改为“主题样式1-强调2”，并插入备注“用户对宽带服务的建议百分比”。

(6) 将第四张幻灯片移到第三张幻灯片前，删除第二张幻灯片。

实验12-6 地球报告

(1) 打开实验12-6.pptx，按照下列要求完成对此文稿的修饰并保存。使用“奥斯汀”主题修饰全文，全部幻灯片切换效果为“闪光”，放映方式为“在展台浏览”。

(2) 在第一张幻灯片前插入版式为“标题幻灯片”的新幻灯片，主标题输入“地球报告”，副标题为“雨林在呻吟”。主标题设置为：“加粗”、红色RGB颜色模式：249,1,0)。

(3) 将第二张幻灯片版式改为“标题和竖排文字”，文本动画设置为“进入、螺旋飞入”。

(4) 在第二张幻灯片后插入版式为“标题和内容”的新幻灯片，标题为“雨林——高效率的生态系统”，内容区插入5行2列表格，表格样式为“浅色样式3”，第一列的5行分别输入“位置”“面积”“植被”“气候”和“降雨量”，第二列的5行分别输入“位于非洲中部的刚果盆地，是非洲热带雨林的中心地带”“与墨西哥国土面积相当”“覆盖着广阔、葱绿的原始森林”“气候常年潮湿，异常闷热”和“一小时降雨量就能达到7英寸”。

第7章 数据库设计原理

学习目标

- 能够理解基础概念：数据库、数据库管理系统、数据库系统
- 能够理解数据模型、实体关系模型、E-R 图、从 E-R 图导出关系模型
- 能够完成关系代数运算，包括集合运算和选择、投影、连接运算
- 能够理解数据库规范化理论

计算机有三个重要的应用领域，科学计算、数据处理、过程控制。数据库技术作为数据处理技术发展而来，成了计算机领域的一个重要分支。社会各个领域越依赖于计算机，数据库技术就越重要。全国计算机等级考试要求掌握数据库系统的基本概念和基本技术。

本章介绍数据库系统的基础概念、数据模型、关系代数运算、数据库规范化等数据库设计原理。

7.1 数据管理与数据库系统

7.1.1 数据管理

理解数据库技术之前，需先了解数据、信息和数据处理的关系。

数据是对事物特征的客观描述。数据可以是文字、数值、图像、音频、视频等，随着媒体技术的发展，未来会有更多数据形式。

信息是从数据中提取的有价值的内容。数据是信息的载体，数据的价值由其提供的信息决定。

数据处理是将数据转换成信息的过程。包括对数据的收集、存储、加工、分析、检索、传播等，从已知数据出发提取有价值的内容，作为决策的依据。

7.1.2 数据库系统

数据库系统是为用户提供信息服务的系统，通过动态管理和分析数据获取信息，实现共享。

数据库可以简单理解为存储数据的仓库，是数据库系统的一部分。

数据库技术是研究数据库结构、存储、管理和使用的软件技术。

数据库管理系统是处理数据库访问的软件，如 FoxPro、SQL Server 2012、Oracle 等。

数据库应用系统是利用数据库资源开发出来处理问题的软件系统，学生信息管理系统就是一个数据库应用系统。数据库系统的层次结构如图7.1所示。

数据库系统的发展至今经历了四个阶段，人工管理、文件系统、数据库系统、分布式数据库系统和面向对象的数据库系统。

在人工管理阶段，由于初期的计算机不具备文件存储功能，数据不能独立存在，只能写在程序内部，由代码编写者调用管理。

20世纪60年代，计算机发展出了文件管理系统，数据以文件的形式存在，独立于调用程序。数据文件与调用程序之间是多对多的交叉关系，但是不能够并发访问，数据无法通过规范化和标准化进行统一管理。

其后，硬件价格降低，计算机普及和数据处理需求增加，发展出了数据库系统，解决了文件系统下管理分散的缺点。数据库系统不仅是数据的集合，还管理数据标准、数据格式、数据关联、并发控制等，目前依旧广泛使用。数据库系统关系如图7.2所示。

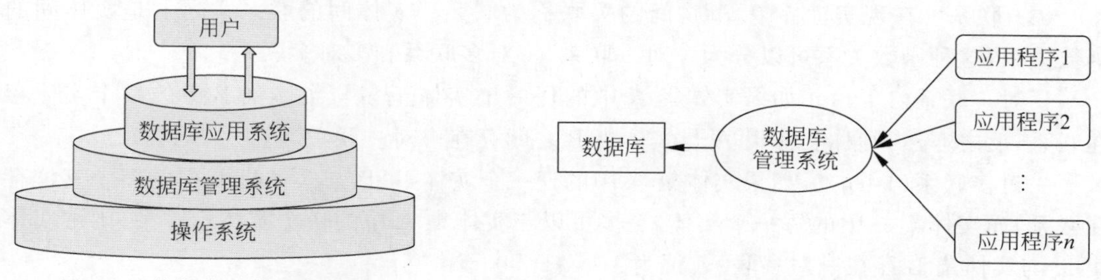

图7.1　数据库系统层次结构　　图7.2　数据库系统关系

20世纪70年代后期，随着计算机网络出现，分布式数据库系统应运而生。在逻辑上是一个单独的数据库系统，实际在多个不同地理位置存储。一旦本地设备故障，其他设备可以提供服务，增加了系统的稳定性，但需要注意服务器之间数据的一致性和安全性。

20世纪80年代，面向对象的数据库系统出现，用以处理复杂的数据源，比如图形、图像、音频或者流程、文件、档案、数据元、算法、模型、物理表、运行状态记录等。传统的数据库管理系统需要使用专门的应用程序，把复杂的数据对象分解成适合在二维表中存储的数据；而面向对象的数据库通过分析拆解，可以像对待普通对象一样存储多媒体数据，以方便系统检索。

7.2　数据模型

数据库管理着项目中涉及数据的综合体，不仅要反映数据本身的内容，还要反映数据之间的关系。如何把现实世界的具体事物抽象表示为计算机能够处理的数据呢？在数据库系统中用数据模型完成这一转换，从而模拟现实世界。

从实体转换为数据的过程，需经过两次抽象，第一次将实物抽象为概念模型，第二次将概念模型抽象为数据模型。数据模型是数据库系统的核心和基础，计算机数据库管理系统都是基于数据模型开发的。

基础的数据模型按不同的应用层次分成3种类型，即概念数据模型、逻辑数据模型和物理数据模型。随着数据库应用的发展，以上模型基础上，又根据需求产生了面向对象数据模型等。

7.2.1 概念数据模型

概念数据模型简称概念模型，它是一种面向现实世界、面向用户的模型，它的出发点是有效和自然地模拟现实世界、描述复杂事物及它们之间的内在联系，与具体的数据库管理系统无关，与具体的计算机平台无关。E-R 模型是最常用的概念模型。

E-R 模型(Entity-Relationship Model)，又称实体关系模型。该模型将现实世界的需求拆解为实体、关系、属性等基本概念，建立概念之间的连接关系，并以 E-R 图直观表示。

1. E-R 模型的基本概念

(1) 实体。现实世界中的事物可以抽象成为实体，实体是概念世界中的基本单位，它们是客观存在且又能相互区别的事物。

(2) 属性。现实世界中的事物均有一些特性，这些特性可以用属性来表示。

(3) 联系。在现实世界中，事物间的关联称为联系。实体间的联系实际上是实体间的函数关系，这种函数关系可以分为一对一联系、一对多联系和多对多联系。

一对一联系(1∶1)。如果实体集 A 中的任一个实体至多与实体集 B 中的一个实体存在联系，反之亦然，则称实体集 A 与实体集 B 之间存在一对一联系，记为 1∶1。

一对多联系(1∶n)。如果实体集 A 中的任一个实体，可以与实体集 B 中的多个实体存在联系，而实体集 B 中的每一个实体，至多可以与实体集 A 中的一个实体相联系，则称实体集 A 与实体集 B 存在一对多联系，记为 1∶n。

多对多联系(m∶n)。如果实体集 A 中的任一个实体，可以与实体集 B 中的多个实体存在联系，而实体集 B 中的每一个实体，也可以与实体集 A 中的多个实体存在联系，则称实体集 A 与实体集 B 存在多对多联系，记为 m∶n。

2. E-R 模型的图型表示

用矩形表示实体集，在矩形内部标出实体集的名称；用椭圆形表示属性，在椭圆内标出属性的名称；用菱形表示联系，在菱形内标出联系名；属性依附于实体，它们之间用无向线段连接；属性也依附于联系，它们之间用无向线段连接；实体集与联系之间的连接关系，通过无向线段表示。某学校的教学管理 E-R 图如图 7.3 所示。

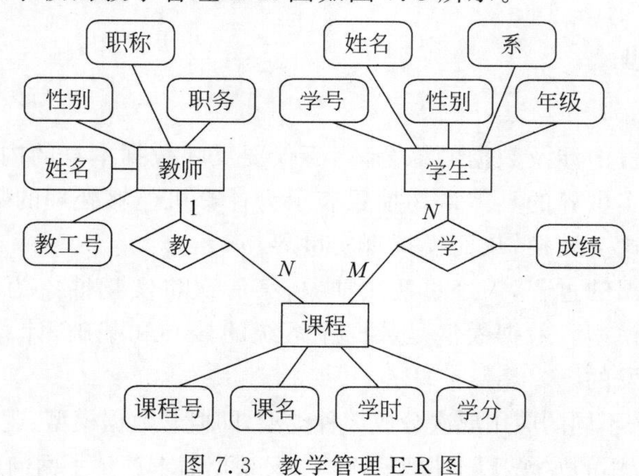

图 7.3　教学管理 E-R 图

7.2.2 逻辑数据模型

逻辑数据模型也称数据模型,是面向数据库系统的模型,着重在数据库系统的实现。概念模型只有在转换成数据模型后才能在数据库中得以表示,从数据结构、数据操作和数据约束三个范畴来描述数据模型。常用的数据模型有层次模型、网状模型和关系模型等。

1. 层次模型

层次模型用图来表示是一棵倒立的树,应满足以下两个条件:有且仅有一个节点无父节点,这个节点称为根节点;除根节点外,其他节点有且仅有一个父节点。

在层次模型中,节点层次从根开始定义,根为第一层,根的子节点为第二层,根为其子节点的父节点,同一父节点的子节点称为兄弟节点,没有子节点的节点称为叶节点。

层次模型表示的是一对多的关系,即一个父节点可以对应多个子节点。这种模型的优点是简单、直观、处理方便、算法规范;缺点是不能表达含有多对多关系的复杂结构。

支持层次模型的数据库管理系统称为层次数据库管理系统,在这种数据库系统中建立的数据库是层次数据库。层次数据模型支持的操作主要有查询、插入、删除和更新。图7.4为基于学校机构的层次模型结构示意图。

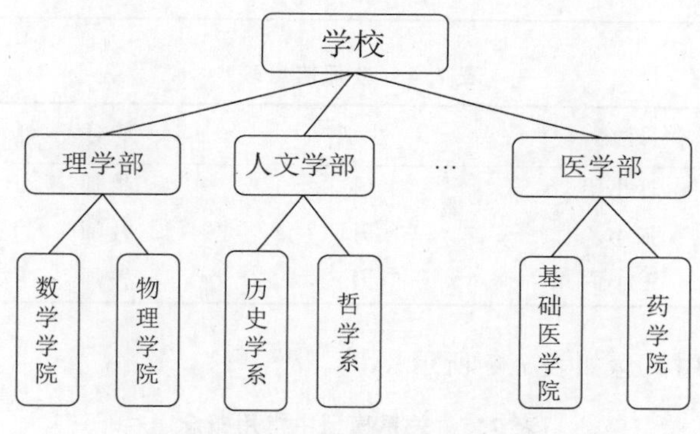

图7.4 层次模型结构图

2. 网状模型

网状模型用图来表示是一个网络,应满足以下两个条件:允许一个以上的节点无父节点;一个节点可以有一个以上的父节点。

网状模型的优点是可以表示复杂的数据结构,存取数据的效率比较高;缺点是数据结构复杂,编程难度大。

3. 关系模型

目前流行的数据库管理系统均为关系型数据库系统。关系模型采用二维表来表示,一个关系对应一张二维表。实体间的各种联系均可用关系来表示。

例如图7.3所示的教学管理E-R图中,用二维表将<教师,课程,学生>的关系模型分别表示为表7.1～表7.4。

表 7.1 课程信息表

课程号	课程名	学时	学分
0809403007	机器学习	64	4
0809403008	数据挖掘	64	4
0701303501	离散数学	64	4

表 7.2 学生信息表

学号	姓名	性别	系名	班级
20001001	陈小壹	男	智能科学	20001
20001002	陈小贰	男	智能科学	20001
20001003	陈叁叁	男	智能科学	20001

表 7.3 授课信息表

教师	课程	班级
2019001	0809403007	18001
2019002	0809403008	19001
2019003	0701303501	20001

表 7.4 教师信息表

工号	姓名	性别	职务	职称
2019001	赵小甲	男	教师	讲师
2019002	张小乙	男	教师	讲师
2019003	王小丙	男	教师	讲师

关系模型中的常用概念如表 7.5 所示。

表 7.5 关系模型中常用概念

概念	定义
元组	二维表中的一行数据,对应存储文件中的一个具体记录
属性	二维表中垂直方向的列,对应实体的某一特性,如"教师"
域	属性的取值范围
码	唯一确定元组的属性(属性组合),如《课程信息表》中"课程号"
候选码	符合"码"条件的属性(属性组合),都叫候选码
主属性	在候选码中出现过的属性,反之为非主属性
外码	某属性不是当前表中的码,是其他表中的码

7.2.3 物理模型

物理模型是一种面向计算机物理层,给出了数据模型在计算机上物理结构的表示,例如数据结构中的数组、树、图等。

7.3 关系数据库设计基础

关系代数运算

7.3.1 关系代数运算

关系数据库系统的特点之一是，它建立在数学理论基础上，关系代数是关系模型和关系数据库的理论基础。关系代数的运算主要分为两类：集合运算和关系运算。集合运算将关系看成元组的集合，其运算是从行的角度进行的；而关系运算则涉及行、列两方面的运算。

1. 集合运算

传统的集合运算是二目运算。设关系 R(表 7.6)和关系 S(表 7.7)具有相同的 n 个属性(n 目)，且相应的属性取自同一个域，则可以定义以下四种运算。

表 7.6 关系 R

A	B	C
A1	B3	C2
A1	B2	C2
A2	B2	C1

表 7.7 关系 S

A	B	C
A1	B1	C1
A1	B2	C2
A2	B2	C1

1) 并(Union)

关系 R 和关系 S 的并记作 R∪S，由属于 R 或属于 S 的元组组成，结果仍为 n 目关系。关系 R 和关系 S 中有两行相同元组，完成并运算后结果为四行元组，如表 7.8 所示。

表 7.8 R∪S

A	B	C
A1	B1	C1
A1	B2	C2
A2	B2	C1
A1	B3	C2

2) 差(Difference)

关系 R 和关系 S 的差记作 R-S，由属于 R 而不属于 S 的元组组成，结果仍为 n 目关系。由表 7.10 和表 7.11 可知，由于关系 R 和关系 S 中有两行相同元组，完成差运算后在关系 R 中去掉关系 S 中也有的元组，结果为一行元组，如表 7.9 所示。

3) 交(Intersection)

关系 R 和关系 S 的交记作 R∩S,由属于 R 且属于 S 的元组组成,结果仍为 n 目关系。由表 7.6 和表 7.7 可知,由于关系 R 和关系 S 中有两行相同元组,完成交运算后只剩下相同的两行元组,结果如表 7.10 所示。

表 7.9 R-S

A	B	C
A1	B3	C2

表 7.10 R∩S

A	B	C
A1	B2	C2
A2	B2	C1

4) 广义笛卡儿积

设有 n 目关系 R 及 m 目关系 S,它们分别有 p、q 个元组,则关系 R 与 S 经笛卡儿积记为 R×S,该关系是一个 n+m 目关系,元组个数是 p×q,由 R 与 S 的有序组组合而成。表 7.11 和表 7.12 给出了两个关系 R、S 的实例,表 7.13 给出了 R 与 S 的笛卡儿积 T=R×S。

表 7.11 关系 R

R1	R2	R3
A	B	C
D	E	F
G	H	I

表 7.12 关系 S

S1	S2
J	K
M	N
P	Q

表 7.13 T=R×S

R1	R2	R3	S1	S2
A	B	C	J	K
A	B	C	M	N
A	B	C	P	Q
D	E	F	J	K
D	E	F	M	N
D	E	F	P	Q
G	H	I	J	K
G	H	I	M	N
G	H	I	P	Q

2. 关系运算

1) 选择(Selection)运算

选择运算是关系中查找符合指定条件元组的操作。先指定所选择的逻辑条件,选择运算选出符合条件的所有元组。选择结果是原关系的子集,关系模式不变。选择运算是在一个关系中进行水平方向的选择,选取的是满足条件的整个元组。在授课信息表中选取班级为“20001”的元组,运算结果如表 7.14 所示。

2) 投影(Projection)运算

从关系中选取属性,叫作投影运算。投影运算将关系中的若干属性取出形成一个新的关系。投影运算是在一个关系中进行的垂直选择，选取关系中元组的某几列的值。投影运算的结果如果有内容完全相同的元组，在结果关系中应将重复元素去掉。表7.15在学生信息表中选取姓名和班级属性。

表7.14 授课信息表-选择结果

教师	课程	班级
2019003	0701303501	20001

表7.15 学生信息表-投影结果

姓名	班级
陈小壹	20001
陈小贰	20001
陈叁叁	20001

3）连接(Join)运算

连接运算是将两个二维表格中的若干列按同名等值的条件连接成一个新的二维表格。一般的连接运算是从行的角度进行运算，但自然连接还要取消重复列，所以是同时从行和列的角度进行运算的。将投影和选择结果做连接运算，结果如表7.16所示。

表7.16 学生授课信息表-连接结果

姓名	班级	教师	课程
陈小壹	20001	2019003	0701303501
陈小贰	20001	2019003	0701303501
陈叁叁	20001	2019003	0701303501

7.3.2 函数依赖

数据模型讨论的是实体与实体之间的联系。接下来还需要考虑实体属性之间的联系，把实体属性转换为明确的关系模式，方便用户管理与操作，这是数据库的设计目标，否则会导致数据库操作混乱。例如，表7.17《学生成绩表》中，学号和姓名会随着不同的课程信息重复记录，造成数据冗余；而更改或删除成绩记录也会对学生信息进行多余的操作。

表7.17 学生成绩表

学号	姓名	课程	分数
20001001	陈小壹	数据挖掘	80
20001001	陈小壹	机器学习	72
20001002	陈小贰	机器学习	75
20001003	陈叁叁	机器学习	92

为了解决这些问题，可以将原有的表格进行关系模式规范化，分解为表7.18和表7.19。

表7.18 学生表

学号	姓名	学号	姓名
20001001	陈小壹	20001003	陈叁叁
20001002	陈小贰		

表 7.19 成绩表

学 号	课 程	分 数
20001001	数据挖掘	80
20001001	机器学习	72
20001002	机器学习	75
20001003	机器学习	92

数据库的规范化模式,即基于函数依赖的规范化级别。函数依赖是关系模式中属性之间的依赖模式,包括平凡依赖、完全依赖、部分依赖以及传递依赖。

数据库的规范化模式,即基于函数依赖的规范化级别。函数依赖是关系模式中属性之间的依赖模式,包括平凡依赖、完全依赖、部分依赖以及传递依赖。

1. 平凡函数依赖与非平凡函数依赖

设 R(U)是属性集 U 上的关系模式,X、Y 是 U 的子集,若 R (U)的所有具体关系 r 全都满足约束条件"X 的每个具体值与 Y 中唯一的具体值相对应",则称函数 Y 依赖于 X,记作 X→Y。若 Y 依赖于 X,且 Y 不是 X 的子集,则称 X→Y 是非平凡依赖,反之则是平凡依赖。由于平凡依赖在任何关系模式上都成立,不提供特殊的语义信息,所以对关系模式的讨论只考虑非平凡依赖,并寻找规律如下:

① 属性 X、Y 的联系为 1∶1 联系,则 X、Y 相互依赖。

② 属性 X、Y 的联系为 1∶n 联系,则 X 依赖于 Y。

③ 属性 X、Y 的联系为 m∶n 联系,则 X 与 Y 不存在任何依赖关系。

函数依赖

2. 完全函数依赖与部分函数依赖

在关系模式 R (U)中,如果 X→Y,并且 X 的任何一个真子集都不能决定 Y,则 Y 对 X 是完全函数依赖;反之,若 X 的某一个真子集能决定 Y,则称 Y 部分依赖于 X。例如学生成绩表的属性关系(学号,课程号,成绩)中,"学号"或"课程号"都不能决定"成绩",只有(学号,课程号)共同决定(成绩)。因此(成绩)完全依赖于(学号、课程号)。而在学生选课表(学号,姓名,课程号)中,(学号)→姓名,学号是(学号,课程号)的真子集,所以"姓名"部分依赖于(学号,课程号)。

3. 传递函数依赖

在关系模式 R(U)中,如果存在非平凡函数依赖 X→Y,Y→Z,且 X 不依赖于 Y,则称 Z 对 X 传递函数依赖。

7.3.3 关系模式的规范化

一个关系模式中存在函数依赖时,则可能存在数据冗余问题。为了消除不同的函数依赖关系,分别定义了第一范式(1NF),第二范式(2NF),第三范式(3NF)。

1. 第一范式

如果关系模式 R 中每一个属性值都是不可再分割的原子值时，则 R 属于第一范式。满足第一范式的关系，称为规范化关系，是关系数据库的基本要求。例如在表 7.20《学生选课表》中，学号 20001001 同学的"课程"有数据挖掘和机器学习，一个属性对应两个值。不符合规范化要求。

表 7.20　学生选课表

学　号	姓　名	课　程
20001001	陈小壹	数据挖掘，机器学习

需要将表中"课程"再次分解，确保所以有属性的对应值为原子值，进而符合第一范式的要求，如表 7.21。

表 7.21　学生选课表-第一范式

学　号	姓　名	课　程
20001001	陈小壹	数据挖掘
20001001	陈小壹	机器学习

2. 第二范式

在第一范式的基础上，消除了非主属性对码的部分函数依赖关系的模式，称为第二范式。在第二范式中，非主属性必须完全依赖于码。

例如表 7.22 中，学号→(姓名，性别)，学号→(系别，地址)，(学号，课程)→分数。因此，当前关系中(学号，课程)是码，非主属性"姓名""系别"都部分依赖于(学号，课程)。

表 7.22　学生成绩表

学　号	姓　名	性　别	系　别	地　址	课　程	分　数
20001001	陈小壹	男	智能科学	G201	数据挖掘	80
20002001	王小壹	女	材料工程	C301	程序设计	72

为了消除该依赖关系，将其拆分为表 7.23 和表 7.24。

表 7.23　学生信息表

学　号	姓　名	性　别	系　别	地　址
20001001	陈小壹	男	智能科学	G201
20002001	王小壹	女	材料工程	C301

表 7.24　成绩表

学　号	课　程	分　数
20001001	智能科学	80
20002001	材料工程	72

3. 第三范式

范式

在第二范式的基础上,消除了非主属性对码的传递函数依赖关系的模式,称为第三范式。例如表 7.23 中,学号→系别,系别→地址,因此存在传递依赖关系:学号→地址。在第三范式中,非主属性必须直接依赖于码,由此将 7.23 拆分为表 7.25 和表 7.26。

表 7.25 学生信息表

学号	姓名	性别	系别
20001001	陈小壹	男	智能科学
20002001	王小壹	女	材料工程

表 7.26 院系信息表

系别	地址	系别	地址
智能科学	G201	材料工程	C301

7.4 数据库设计与管理

数据库设计是数据库应用的核心。数据库设计一般采用生命周期(Life Cycle)法,即将整个数据库应用系统的开发分解成目标独立的若干阶段,分别是:需求分析阶段、概念设计阶段、逻辑设计阶段、物理设计阶段、编码阶段、测试阶段、运行阶段、进一步修改阶段。在数据库设计中采用上面几个阶段中的前四个阶段。

数据库是一种共享资源,它需要维护与管理,这种工作称为数据库管理(Database Administration),而实施此项管理的人被称为数据库管理员。数据库管理一般包含如下内容:数据库的建立、数据库的调整、数据库的重组、数据库的安全性控制与完整性控制、数据库的故障恢复和数据库的监控。下面我们详细介绍数据库设计与管理的内容。

7.4.1 数据库设计

1. 需求分析

需求收集和分析是数据库设计的第一阶段,这一阶段收集到的基础数据和一组数据流图(Data Flow Diagram,DFD)是下一步设计概念结构的基础。概念结构是整个组织中所有用户关心的信息结构,对整个数据库设计具有深刻影响。要设计好概念结构,就必须在需求分析阶段用系统的观点考虑问题、收集和分析数据。

2. 概念设计

数据库概念设计的目的是分析数据间内在语义关联,在此基础上建立一个数据的抽象模型。数据库概念设计的方法有以下两种。

（1）集中式模式设计法。这是一种统一的模式设计方法，它根据需求由一个统一机构或人员设计一个综合的全局模式。这种方法设计简单方便，强调统一与一致，适用于小型或并不复杂的单位或部门，而不适合大型的或复杂的系统设计。

（2）视图集成设计法。这种方法将一个单位分解成若干部分，先对每个部分作局部模式设计，建立各个部分的视图，然后以各视图为基础进行集成。在集成过程中可能会出现一些冲突，这是由于视图设计的分散性形成的不一致所造成的，因此需对视图作修正，最终形成全局模式。视图集成设计法是一种由分散到集中的方法，它的设计过程复杂但能较好地反映需求，适合于大型与复杂的单位，避免设计的粗糙与不周到，目前此种方法使用较多。

3. 逻辑设计

逻辑设计一般分为两个阶段：第一步是从 E-R 图向关系模式转换，第二步是逻辑模式规范化及调整、实现。

在从 E-R 图向关系模式转换的阶段中，主要工作是将 E-R 图转换成指定 RDBMS 中的关系模式。实体与联系都可以表示成关系，E-R 图中属性也可以转换成关系的属性。

在第二步逻辑模式规范化及调整、实现的阶段中，还需对关系做规范化验证。对逻辑模式进行调整以满足 RDBMS 的性能、存储空间等要求，同时对模式做适应、RDBMS 限制条件的修改。

逻辑设计的另一个重要内容是关系视图的设计，又称为外模式设计。关系视图是在关系模式基础上设计的直接面向操作用户的视图，它可以根据用户需求随时创建，一般 RDBMS 均提供关系视图的功能。

4. 数据库的物理设计

数据库物理设计的主要目标是对数据库内部物理结构作调整并选择合理的存取路径，以提高数据库访问速度及有效利用存储空间。在现代关系数据库中已大量屏蔽了内部物理结构，因此留给用户参与物理设计的余地并不多。

7.4.2　数据库管理

1. 数据库的建立

数据库的建立包括两部分内容：数据模式的建立与数据加载。

1）数据模式的建立

数据模式由 DBA 负责建立，DBA 利用 RDBMS 中的 DDL 语言定义数据库名，定义表及相应属性，定义主关键字、索引、集簇、完整性约束、用户访问权限、申请空间资源、定义分区等，此外还需定义视图。

2）数据加载

在数据模式定义后即可加载数据，DBA 可以编制加载程序将外界数据加载至数据模式内，从而完成数据库的建立。

2. 数据库的调整

在数据库建立并经一段时间运行后往往会产生一些不适应的情况，此时需要对其作调整，数据库的调整一般由 DBA 完成，调整包括下面一些内容：

（1）调整关系模式与视图使之更能适应用户的需求。

（2）调整索引与集簇使数据库性能与效率更佳。

（3）调整分区、数据库缓冲区大小以及并发度使数据库物理性能更好。

3. 数据库的重组

数据库在经过一定时间运行后，其性能会逐步下降，下降的原因主要是由于不断地修改、删除与插入造成的。由于不断地删除而造成盘区内废块的增多而影响 I/O 速度，由于不断地删除与插入而造成集簇的性能下降，同时也造成存储空间分配的零散化，使得一个完整表的空间分散，从而造成存取效率下降。基于这些原因需要对数据库进行重新整理，重新调整存储空间，此种工作叫作数据库重组。一般数据库重组需花大量时间，并做大量的数据搬迁工作。实际中往往是先做数据卸载，然后重新加载从而达到数据重组的目的。目前一般 RDBMS 都提供一定手段，以实现数据重组功能。

4. 数据库安全性控制与完整性控制

数据库是一个单位的重要资源，它的安全性是极其重要的，DBA 应采取措施保证数据不受非法盗用与破坏。此外，为保证数据的正确性，使录入库内的数据均能保持正确，需要有数据库的完整性控制。

5. 数据库的故障恢复

一旦数据库中的数据遭受破坏，需要及时进行恢复，RDBMS 一般都提供此种功能，并由 DBA 负责执行故障恢复功能。

6. 数据库监控

DBA 需随时观察数据库的动态变化，并在发生错误、故障或产生不适应情况时随时采取措施，如数据库死锁、对数据库的误操作等，同时还需监视数据库的性能变化，在必要时对数据库作调整。

7.5 本章小结

本章介绍了数据库，数据库系统和数据库管理系统。数据库管理经过了人工管理、文件系统、数据库系统、分布式系统和面向对象数据库系统几个阶段。现实世界中的具体事物需要用数据模型转换为数据库中的数据，概念数据模型将实体抽象成概念，最常用的为 E-R（实体-关系）模型。逻辑数据模型将概念模型转换为数据结构，有层次模型、网状模型、关系模型、对象模型。其中关系数据模型是当前主流模型，对应关系型数据库。

关系型数据库的理论基础是集合运算和关系代数运算，用来表达和处理数据间的关系。集合运算包括交、并、差；关系代数运算包括选择、投影、连接、除法等。

为了消除语义导致的数据冗余和更新异常，需要规范化关系模式。第一范式是基本要求，保证了属性值得原子性；在第一范式的基础上，消除非主属性对码的部分函数依赖，称为第二范式；在第二范式基础上消除非主属性对码的传递依赖称为第三范式；在第三范式基础上，消除所有属性对码的依赖关系，称为 BCNF。但是，过度的规范化会增加查询难度，因此应该根据具体需求设计数据库的关系模式。

习题 7

1. 下述关于数据库系统的叙述中正确的是(　　)。
   A. 数据库系统减少了数据冗余
   B. 数据库系统避免了一切冗余
   C. 数据库系统中数据的一致性是指数据类型一致
   D. 数据库系统比文件系统能管理更多的数据
2. 关系数据库管理系统能实现的专门关系运算包括(　　)。
   A. 排序、索引、统计　　B. 选择、投影、连接
   C. 关联、更新、排序　　D. 显示、打印、制表
3. 用树型结构来表示实体之间联系的模型是(　　)。
   A. 关系模型　　B. 层次模型　　C. 网状模型　　D. 数据模型
4. 在关系数据库中，用来表示实体之间联系的是(　　)。
   A. 树结构　　B. 网结构　　C. 线性表　　D. 二维表
5. 数据库设计包括两个方面的设计内容，它们是(　　)。
   A. 概念设计和逻辑设计　　B. 模式设计和内模式设计
   C. 内模式设计和物理设计　　D. 结构特性设计和行为特性设计
6. 将 E-R 图转换到关系模式时，实体和联系都可以表示为(　　)。
   A. 属性　　B. 关系　　C. 键　　D. 域
7. 下列 4 个选项中，可以直接用于表示概念模型的是(　　)。
   A. 实体联系(E-R)模型　　B. 关系模型
   C. 层次模型　　D. 网状模型
8. 从关系中挑选出指定的属性组成新关系的运算称为(　　)。
   A. 选取运算　　B. 投影运算　　C. 连接运算　　D. 交运算
9. 关系数据模型是目前最重要的一种数据模型，它的三个要素分别为(　　)。
   A. 外模式、模式、内模式　　B. 数据结构、数据更新、数据查询
   C. 数据结构、关系操作、完整性约束　　D. 实体完整、参照完整、用户自定义完整
10. 关系表中的每一横行称为一个(　　)。
   A. 元组　　B. 字段　　C. 属性　　D. 码

第8章 算法与软件设计基础

学习目标

- 能够记住并理解算法与数据结构的基本概念，能够设计一些简单的算法
- 掌握程序设计方法与风格
- 掌握软件工程的基本概念、原理和方法

软件是计算机系统的重要组成部分，计算机所具有的各种功能都是在硬件的基础上由软件表现和开发出来的。软件实现了计算机性能和功能的提升，所以软件设计是计算机科学研究的一个重要课题。

本章主要介绍软件开发过程中涉及的基本知识和基本理论：算法的概念、特征、表示方法、数据结构、程序设计方法与风格以及软件工程等方面知识。学习和掌握这些知识为以后的程序设计打下良好的基础。

8.1 算法与数据结构

计算机科学是对信息进行表示和处理的科学。在计算机中所能表示和处理的信息都是以数据的形式体现的。因此，数据的表示和组织直接关系到计算机程序能否处理这些数据以及处理的效率如何。通常程序设计分为行为特性设计和结构特性设计两方面。

行为特性设计是指使用某种工具将解题过程描述出来，也称算法设计；结构特性设计是为解题设计合适的数据结构。计算机科学家沃斯教授将其总结为：算法＋数据结构＝程序。这里的数据结构是指数据的逻辑结构和存储结构，算法是指对数据运算的描述。两者关系密切，互为依存。

算法主要研究按部就班地解决某个问题的方法和步骤。计算机之所以能解决这些问题，是因为人能够解决这些问题，并将解决问题的方法，也就是算法，变成计算机的指令来执行。

8.1.1 算法的概念与特征

算法（Algorithm）是程序设计的基础，告诉计算机要做什么，计算机按照给定的算法来解决问题。

1. 算法的概念

算法是对特定问题求解步骤的一种描述。或者说,算法是为求解某问题而设计的步骤序列。

算法不等于程序,也不等于计算方法。当然,程序也可作为算法的一种描述,但程序通常和某种特定的语言有关,涉及语言的很多语法问题。通常程序的编制不可能优于算法的设计。

2. 算法的特征

算法

一个算法应该具有以下五个基本特征。

1）可行性

一是算法中的每一个步骤必须是能实现的；二是算法执行的结果要能达到预期的目的。

2）确定性

算法的每一步骤必须有确切的定义。即算法中所有待执行的步骤必须严格,不能含糊不清、模棱两可。

3）有穷性

一个算法必须保证执行有限步骤之后结束。事实上,“有穷性”往往指“在合理的范围之内”,如让计算机执行一个历时1000年才结束的算法,这虽然是有穷的,但超出了合理的限度,人们也不把它视为有穷性。

4）输入

一个算法有0个或多个输入,以刻画运算对象的初始情况。所谓0个输入是指算法本身不需要输入任何信息。

5）输出

一个算法有一个或多个输出,以反映对输入数据加工后的结果。没有输出的算法是毫无意义的。

例8.1　求s＝n!的值。

由于n! ＝1×2×3×…×n,用自然语言描述算法如下：

第1步　输入n的值

第2步　s置为1

第3步　乘数i置为1

第4步　将乘数i与s相乘,结果存入s

第5步　将i加1

第6步　若i大于n,输出结果s,算法结束；否则转到第4步,继续执行。

3. 算法的控制结构

一个算法的功能不仅取决于所选的操作,而且还与各操作之间的执行顺序有关。算法中各个操作步骤之间的执行顺序称为算法的控制结构。

任何简单或复杂的算法都由基本功能操作和控制结构这两个要素组成。算法的控制结构决定了算法的执行顺序。算法的基本控制结构包括顺序结构、选择结构和循环结构。

8.1.2 算法的设计方法与描述工具

算法是对解题过程的精确描述,算法设计的基本方法有列举法、归纳法、递推法、递归法、减半递推技术和回溯法等。不同的方法间存在着联系,在实际应用中,不同方法通常会交叉使用。算法的描述工具有自然语言、程序流程图、N-S图、伪代码、计算机程序设计语言等。

1. 算法的表示方法

1) 自然语言

例 8.1 算法描述用的就是自然语言,自然语言是人们日常所用的语言,如汉语、英语、德语等。使用这些语言不用专门训练,所描述的算法也通俗易懂。然而,其存在着以下缺陷:易产生歧义,往往需要根据上下文才能判别其含义,不太严格,语句比较烦琐冗长,并且很难清楚地表达算法的逻辑结构(顺序结构、选择结构和循环结构)。

2) 程序流程图

程序流程图(Program Flow Chart)也称程序框图,是一种广泛使用的图形表示工具。程序流程图直观、简单、形象,易于理解和掌握,是程序开发者最普遍采用的工具。流程图也存在各种缺点,如其控制流程的箭头过于灵活,虽有助于流程图的简单化,但如果使用不当,也容易导致流程图更加难以看懂,更加难以维护。另外一点不足之处是,程序流程图不描述相关的数据,只描述程序执行的过程。图 8.1 列出了一些常用的流程图符号。

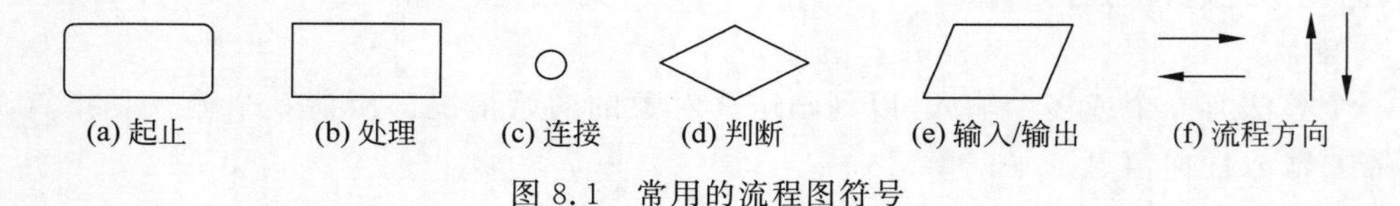

图 8.1 常用的流程图符号

为了实现使用程序流程图描述程序,程序流程图只使用以下五种基本控制结构,如图 8.2 所示。

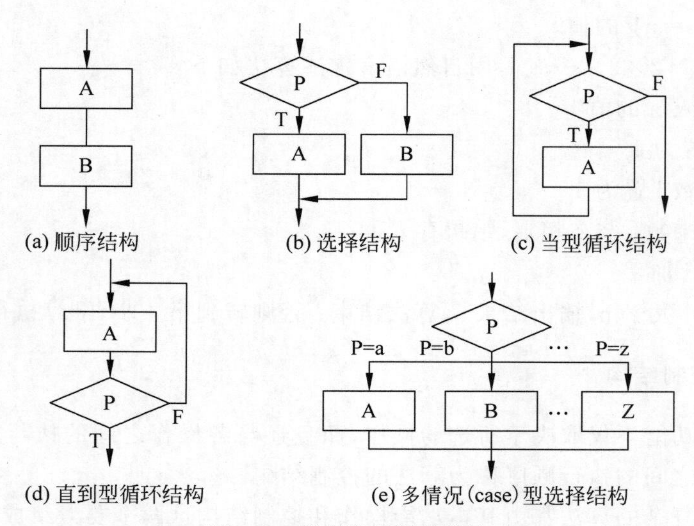

图 8.2 程序流程图的结构

3）N-S 图

N-S 图是 Nassi 和 Shneiderman 提出的一种图形描述工具。N-S 图用一个盒子来表示程序中的每一个处理步骤，并规定程序流向只能从盒子的上头进入，从下头出来，再也没有其他出入口，这样就有效地限制了随意地使用控制转移。

与程序流程图相似，对于五种基本控制结构，N-S 图也有五种相应的表示形式，如图 8.3 所示。

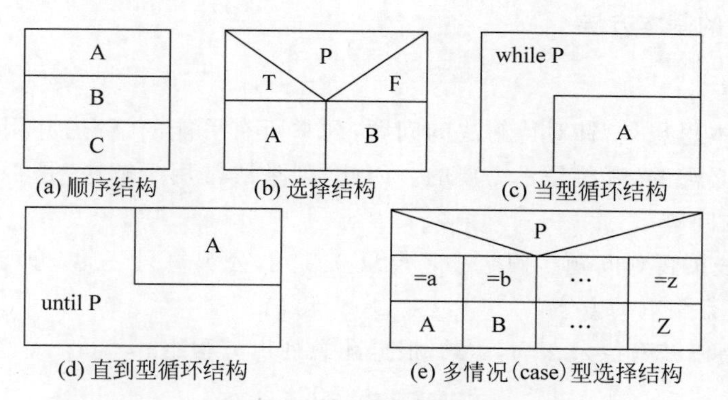

A
B
C
(a) 顺序结构
P
T
F
A
B
(b) 选择结构
while P
A
(c) 当型循环结构
A
until P
(d) 直到型循环结构
P
=a
=b
…
=z
A
B
…
Z
(e) 多情况(case)型选择结构

图 8.3 N-S 图的基本结构

4）伪代码

伪代码是用介于自然语言和计算机语言之间的文字和符号来描述算法的工具。它不用图形符号，因此书写方便、格式紧凑、易于理解、便于向计算机程序过渡，但不够直观。图 8.4 是求解 n! 的伪代码表示。

5）计算机程序设计语言

计算机不识别自然语言、流程图和伪代码等算法描述语言，而设计算法的目的就是要用计算机解决问题。因此，用自然语言、流程图和伪代码等语言描述算法最终还必须转换为具体的计算机程序设计语言描述的算法，即转换为具体的程序。

一般而言，计算机程序设计语言描述的算法（程序）是清晰的、简明的，最终也能由计算机处理的。图 8.5 用 C 语言程序描述例 8.1 中 n!算法。然而，就使用计算机程序设计语言描述算法而言，它还存在以下几个缺点：

```
开始
    输入 n
    置 s 的初值为 1
    置 i 的初值为 1
    当 i <= n,执行下面操作;
    {
      使 s = s * i
      使 i = i + 1
    }
    输出 s 的值
结束
```

图 8.4 求解 n! 的伪代码

```
main()
{ int n, i;  long s;
  scanf("%d",&n);
  s = 1;
  i = 1;
  while(i <= n)
   {s = s * i;
    i = i + 1;
   }
 printf("n,%ld",s);
}
```

图 8.5 用 C 语言求 n!算法

(1) 算法的基本逻辑流程难以遵循。与自然语言一样，程序设计语言也是基于串行的，当算法的逻辑流程较为复杂时，这个问题就变得更加严重。

(2) 用特定程序设计语言编写的算法限制了与他人的交流，不利于问题的解决。

(3) 要花费大量的时间去熟悉和掌握某种特定的程序设计语言。

(4) 要求描述计算机步骤的细节而忽略算法的本质。

2. 算法设计的基本方法

1) 列举法

列举法的基本思想是，针对待解决的问题，列举所有可能的情况，并用问题中给定的条件来检验哪些是必需的，哪些是不需要的。因此，列举法常用于解决“是否存在”或“有多少种可能”等类型的问题。

例 8.2 百钱买百鸡问题。假定小鸡每只 0.5 元，公鸡每只 2 元，母鸡每只 3 元。现有 100 元，编写出所有购鸡的方案。

设小鸡、公鸡和母鸡各为 x,y,z 只，根据题意列出方程组

$$\begin{cases} x+y+z=100 \\ 0.5x+2y+3z=100 \end{cases}$$

3 个未知数，两个方程，此题有若干个整数解，算法用伪代码表示如下：

```
Begin
 For x = 0 to 200
   For y = 0 to 50
     z = 100 - x - y
     If 0.5 * x + 2 * y + 3 * z = 100 then Output x, y, z
   Next y
Next x
End
```

列举法的原理比较简单，但当列举的可能情况较多时，执行列举算法的工作量将会很大。

因此，在用列举法设计算法时，只要对实际问题进行详细的分析，将与问题有关的知识条理化、完备化、系统化，从中找出规律，或对所有可能的情况进行分类，引出一些有用的信息，以减少列举量。

列举法虽然是一种比较笨拙而原始的方法，运算量比较大，但在有些实际问题中(如寻找路径、查找、搜索等问题)，局部使用列举法却是很有效的。因此，列举法是计算机算法中的一个基础算法。

2) 归纳法

归纳法的基本思想是，通过列举少量的特殊情况，经过分析，最后归纳出一般的关系。显然，归纳法比列举法更能反映问题的本质，并且可以解决列举量为无限的问题。本质上讲，归纳就是通过观察一些简单而特殊的情况，最后总结出一般性的结论。

归纳法较为抽象，即从特殊现象中找出一般规律。但由于在归纳法中不可能对所有的情况进行列举，因此，该方法得到的结论只是一种猜测，还需要再证明。

3）递推法

递推法是从已知的初始条件出发，逐次推出所要求的各个中间环节和最后结果。其中初始条件或问题本身已经给定，或是通过对问题的分析与化简而确定。递推的本质也是一种归纳，工程上许多递推关系式实际上是通过对实际问题的分析与归纳而得到的，因此，递推关系式通常是归纳的结果。

例 8.3 猴子吃桃子问题。小猴在某天摘了若干桃子，当天吃掉一半，还不过瘾，又多吃了一个；第 2 天接着吃了剩下的一半多一个；以后每天都吃剩下的一半多一个，到第 7 天想要吃时，只剩下一个了，问小猴那天共摘了多少桃子。

问题分析：这是一个递推问题，先从最后一天推出倒数第二天，再从倒数第二天推出倒数第三天……。

设第 n 天的桃子为 x_n，它是前一天的桃子数的一半少 1，即 $x_n=0.5x_{n-1}-1$，那么它的前一天的桃子数为：$x_{n-1}=2(x_n+1)$（递推公式）

用如图 8.6 流程图表示算法。

4）递归法

在解决一些复杂问题或问题的规模比较大时，为了降低问题的复杂程度，通常是将问题逐层分解，最后归结为一些最简单的问题。这种将问题逐层分解的过程，并没有对问题进行求解，只有当解决了最后问题分解成的那些最简单的问题后，再沿着原来分解的逆过程逐步进行综合，才能将问题解决，这就是递归的基本思想。

递归分为直接递归和间接递归两种方法。如果一个算法直接调用自己，则称为直接递归调用；如果一个算法 A 调用另一个算法 B，而算法 B 又调用算法 A，则此种递归称为间接递归调用。递归过程是指将一个复杂的问题归纳为若干较简单的问题，然后将这些较简单的问题再归结为更简单的问题，这个过程可以一直做下去，直到最简单的问题为止。由此可以看出，递归的基础也是归纳。工程实际中的许多问题和数学中的许多函数都是用递归来定义的。

递归在可计算性理论和算法设计中占很重要的地位。

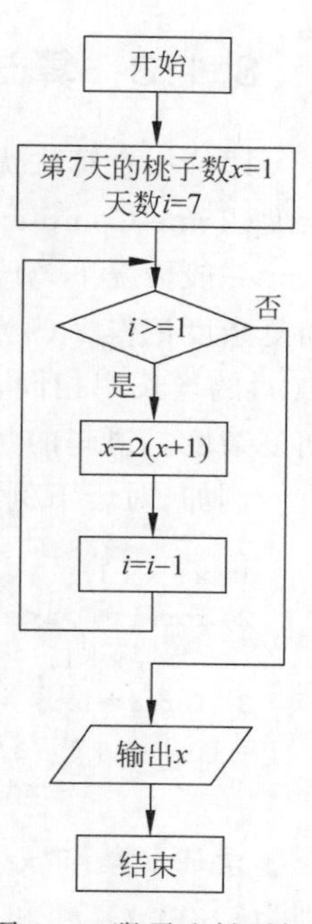

图 8.6 猴子吃桃子问题的流程图

5）减半递推技术

实际问题的复杂程度往往与问题的规模有着密切的联系。因此，利用分治法解决这类实际问题是有效的。所谓分治法，就是对问题分而治之。工程上常用的分治法是减半递推技术。

所谓“减半”，即将问题的规模减半，而问题的性质不变。所谓“递推”，是指重复“减半”的过程。例如，一元二次方程的求解。

例 8.4 设方程 $f(x)=0$ 在区间$[a,b]$上有实根，且 $f(a)$与 $f(b)$异号。利用二分法求该方程在区间$[a,b]$上的一个实根。

用二分法求方程实根的减半递推过程如下：

首先取给定区间的中点 $c=(a+b)/2$。

然后判断 $f(c)$是否为 0。若 $f(c)=0$，则说明 c 即为所求的根，求解过程结束；如果 $f(c)\neq 0$，则根据以下原则将原区间减半：

若 $f(a) \cdot f(c) < 0$,则取原区间的前半部分;

若 $f(b) \cdot f(c) < 0$,则取原区间的后半部分;

最后判断减半后的区间长度是否已经很小;

若 $|a-b| < \varepsilon$(ε 是非常小的正数),则过程结束,取 $(a+b)/2$ 为根的近似值;

若 $|a-b| > \varepsilon$,重复上述的减半过程。

6) 回溯法

前面讨论的递推和递归算法本质上是对实际问题进行归纳的结果,而减半递推技术也是归纳法的一个分支。在工程上,有些实际的问题很难归纳出一组简单的递推公式或直观的求解步骤,也不能使用无限的列举。对于这类问题,只能采用"试探"的方法,通过对问题的分析,找出解决问题的线索,然后沿着这个线索进行试探,如果试探成功,就得到问题的解,如果不成功,再逐步回退,换别的路线进行试探。这种方法即称为回溯法。

回溯法在处理复杂数据结构方面有着广泛的应用,如人工智能中的机器人下棋等。

8.1.3 算法的复杂度

评价一个算法优劣的主要标准是算法的执行效率与存储需求。算法的效率是指时间复杂度(Time Complexity),存储需求指的是空间复杂度(Space Complexity)。

一般情况下,算法中原操作重复执行的次数是问题规模 n 的某个函数 $f(n)$,算法的时间复杂度记作 $T(n)=O(f(n))$。它表示随问题规模 n 的增大,算法执行时间的增长率和 $f(n)$ 的增长率相同,称作算法的渐进时间复杂度(Asymptotic Time Complexity),简称时间复杂度。语句的频度(Frequency Count)指的是该语句重复执行的次数。

例如,对于下例三个简单的程序段:

```
1) x = x + 1;
2) for(i = 1;i < = n;i++)
     x = x + 1;
3) for(i = 1;i < = n;i++)
     for(j = 1;j < = n;j++)
          x = x + 1;
```

含基本操作"x=x+1"的语句的频度分别为 $1, n, n^2$,则这三个程序段的时间复杂度分别为 $O(1)$,$O(n)$ 和 $O(n^2)$,分别称作常数阶、线性阶和平方阶。

常用的时间复杂度,按数量级递增排列,依次为:常数阶 $O(1)$,对数阶 $O(\log_2 n)$,线性阶 $O(n)$,线性对数阶 $O(n\log_2 n)$,平方阶 $O(n^2)$,立方阶 $O(n^3)$,…,k 次方阶 $O(n^k)$,指数阶 $O(2^n)$。

类似于时间复杂度的讨论,一个算法的空间复杂度作为算法所需存储空间的量度,记作:$S(n)=O(f(n))$,其中 n 为问题的规模(或大小),空间复杂度也是问题规模 n 的函数。

8.1.4 数据结构的基本概念

数据结构即大量数据在计算机内部的存储方式。将收集到的数据以及各数据之间存在的关系进行系统分析,以最有效的形态存放在计算机的存储器中,以便计算机能快速便捷地获取、维护、处理和应用数据。

1. 数据与数据结构

(1) 数据。数据是描述客观事物的数、字符以及所有能输入计算机并被计算机程序加工处理的符号的集合。如整数、实数、字符、文字、逻辑值、图形、图像、声音等都是数据。数据是信息的载体，是对客观事物的描述。

(2) 数据元素。数据元素是数据的基本单位，即数据集合中的个体。有时一个数据元素由若干数据项组成，在这种情况下，称数据元素为记录。

(3) 数据项。数据项是具有独立意义的最小数据单位。而由记录所组成的线性表为文件。例如，一个班的学生登记表(表8.1)构成一个文件，表中每个学生的情况就是一个数据元素(记录)，而其中的每一项(如姓名、性别等)为数据项。

表8.1　学生登记表

姓　　名	性　别	学　　号	政治面貌
刘翔	男	20060101	团员
李红	女	20060102	团员
张三	男	20060103	党员
李四	男	20060104	团员

(4) 数据对象。具有相同特性的数据元素的集合，是数据的子集。例如，整数的数据对象是集合{0,±1,±2,…}，字母符号的数据对象是集合{A,B,…,Z}。

(5) 结构。被计算机加工的数据元素不是孤立无关的，它们彼此间存在着某些关系。通常将数据元素间的这种关系称为结构。

(6) 数据结构。带有结构特性的数据元素的集合。

2. 数据的逻辑结构

所谓数据的逻辑结构是指反映数据元素之间逻辑关系的数据结构。它包括数据元素的集合和数据元素之间的前后关系两个要素。根据数据元素之间的关系的不同特性，通常有下列四类基本结构：

(1) 集合结构。结构中的数据元素之间除了“同属于一个集合”的关系外，别无其他关系。

(2) 线性结构。结构中的数据元素之间存在一个对一个的关系。

(3) 树形结构。结构中的数据元素之间存在一个对多个的关系。

(4) 图状或网状结构。结构中的数据元素之间存在多对多的关系。图8.7为上述4种基本数据结构图。一般把树状结构和图状结构称为非线性结构。

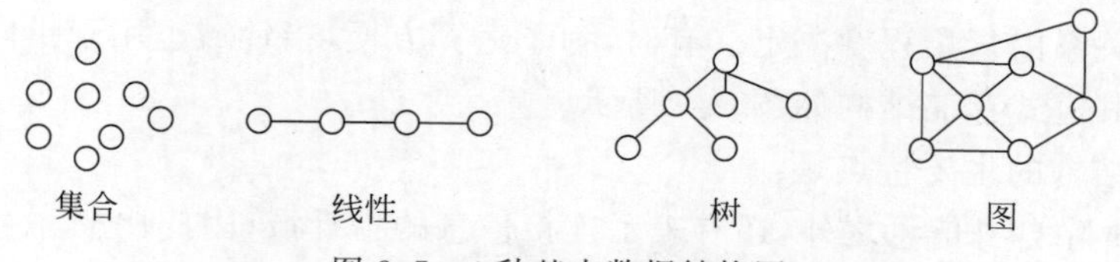

图8.7　4种基本数据结构图

3. 数据的存储结构

数据的存储结构是数据的逻辑结构在计算机中的表示。它分为顺序存储和链式存储两种基本结构。顺序存储结构是用数据元素在存储器中的相对位置表示数据元素之间的逻辑关系；非顺序存储结构是用指示数据元素存储地址的指针表示数据元素之间的逻辑关系。

1）顺序存储结构

这种存储方式主要用于线性的数据结构，它把逻辑上相邻的数据元素存储在物理上相邻的存储单元中，顺序存储结构只存储节点的值，不存储节点之间的关系，节点之间的关系由存储单元的邻接关系来体现，如图 8.8 所示。

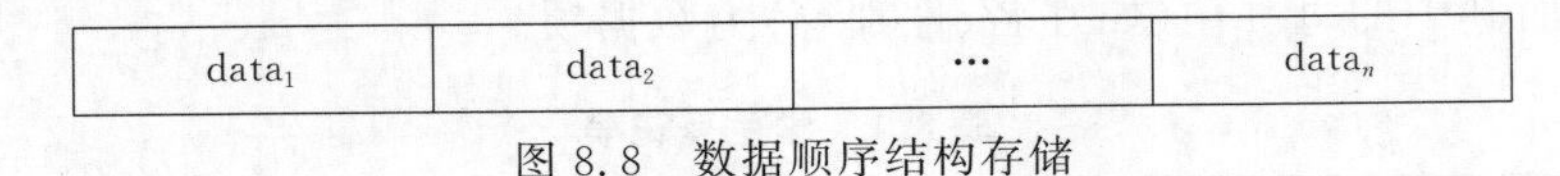

图 8.8　数据顺序结构存储

例如表 8.1 给出了学生登记表的逻辑结构，逻辑上每个学生的信息后面紧跟着另一个学生的信息。用顺序存储方式可以这样实现该逻辑结构，分配一片连续的存储空间给这个结构，例如从地址 500 开始的一片空间，将第一个学生的信息放在从地址 500 开始的存储单元中，将第二个学生的信息放在紧跟其后的存储单元中。假设每个学生的信息占用 20 个存储单元，则学生登记表的顺序存储表示如表 8.2 所示。

表 8.2　学生登记表的顺序存储表示

地　址	姓　名	性　别	学　号	政治面貌
500	刘翔	男	20060101	团员
520	李红	女	20060102	团员
540	张三	男	20060103	党员
560	李四	男	20060104	团员

顺序存储结构的主要特点是：

(1) 节点中只有自身信息域，没有连接信息域，因此存储密度大，存储空间利用率高。

(2) 可以通过计算直接确定数据结构中第 i 个节点的存储地址 L_i，计算公式为：$L_0+(i-1)m$。其中 L_0 为第一个节点的存储地址，m 为每个节点所占用的存储单元数。

(3) 插入、删除运算不便，会引起大量节点的移动。这一点在下面还会具体讲到。

2）链式存储结构

链式存储结构不仅存储节点的值，而且存储节点之间的关系。它利用节点附加的指针域，存储其后继节点的地址。

链式存储结构中节点由两部分组成：一部分存储节点本身的值，称为数据域；另一部分存储该节点的后继节点的存储单元地址，称为指针域。指针域可以包含一个或多个指针，这由节点之间关系的复杂程度决定。有时，为了运算方便，指针域也用于指向前驱节点的存储单元地址。其链式存储结构如图 8.9 所示。

链式存储结构的主要特点是：

(1) 节点中除自身信息之外，还有表示连接信息的指针域，因此比顺序存储结构的存储密度小，存储空间利用率低。

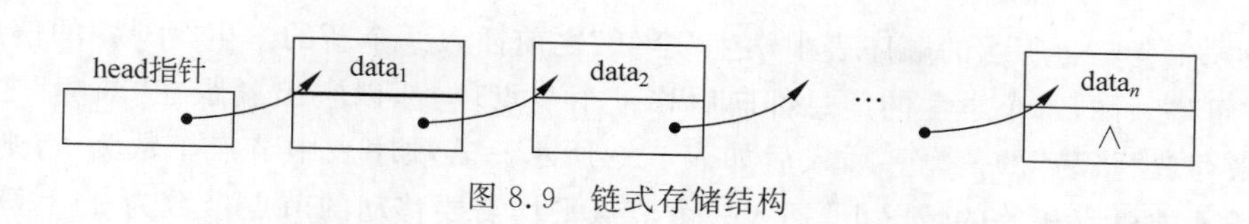

图 8.9 链式存储结构

(2) 逻辑上相邻的节点物理上不必邻接,可用于线性表、树、图等多种逻辑结构的存储表示。

(3) 插入、删除操作灵活方便,不必移动节点,只要改变节点中的指针值即可。这一点在下面还会具体讲到。

4. 数据的运算

为进行数据处理,需在数据上进行各种运算。数据的运算是定义在数据的逻辑结构上的,但运算的具体实现要在存储结构上进行。数据的各种逻辑结构有相应的各种运算,每种逻辑结构都有一个运算的集合。下面列举几种常用的运算。

(1) 检索。在数据结构里查找满足一定条件的节点。

(2) 插入。往数据结构里增加新的节点。

(3) 删除。把指定的节点从数据结构里去掉。

(4) 更新。改变指定节点的一个或多个域的值。

(5) 排序。保持线性结构的节点序列里节点数不变,把节点按某种指定的顺序重新排列。例如,按节点中某个域的值由小到大对节点进行排列。

数据的运算是数据结构的一个重要方面。讨论任何一种数据结构时都离不开对该结构上的数据运算及其实现算法的讨论。

8.1.5 基本数据结构

1. 线性表

线性表是最简单、最常用的一种数据结构。线性表的逻辑结构是 n 个数据元素的有限序列($a_1, a_2, \cdots, a_n$)。

用顺序存储结构存储的线性表称作顺序表。用链式存储结构存储的线性表称作链表。对线性表的插入、删除运算可以发生的位置加以限制,则是两种特殊的线性表——栈和队列。

1) 顺序表

各种高级语言里的一维数组就是用顺序方式存储的线性表,因此常用一维数组来表示顺序表。

前面已经介绍了顺序表的存储方式和第 i 个节点的地址计算公式,下面主要讨论顺序表的插入和删除运算。

往顺序表中插入一个新节点时,由于需要保持运算的结果仍然是顺序存储,即节点之间的关系仍然由存储单元的邻接关系来体现,所以可能要移动一系列节点。一般情况下,在第 $i(1 \leqslant i \leqslant n)$ 个元素之前插入一个元素时,需将第 n 至第 i(共 $n-i+1$)个元素依次向后移动一个位置,空出位置 i,将待插入元素插入到第 i 个位置。

例如,在表 8.2 所示的顺序表中学生“李红”之前插入一个新的学生“张易”的信息,则需要将“刘翔”之后的每个学生的信息都向后移一个节点位置,以空出紧跟在“刘翔”之后的存储单元来存放“张易”的信息。插入后如表 8.3 所示。若顺序表中节点个数为 n,则在往每个位置插入的概率相等的情况下,插入一个节点平均需要移动的节点个数为 $n/2$,算法的时间复杂度是 $O(n)$。

表 8.3　插入后的顺序表

地　址	姓　名	性　别	学　号	政治面貌
500	刘翔	男	20060101	团员
520	张易	男	20060110	团员
540	李红	女	20060102	团员
560	张三	男	20060103	党员
580	李四	男	20060104	团员

类似地,从顺序表中删除一个节点可能需要移动一系列节点。一般情况下,删除第 $i(1\leqslant i\leqslant n)$ 个元素时,需将从第 $i+1$ 至第 n(共 $n-i$)个元素依次向前移动一个位置。在等概率的情况下,删除一个节点平均需移动节点个数为 $(n-1)/2$,算法的时间复杂度也是 $O(n)$。

2) 链表

(1) 线性链表(单链表)

所谓线性链表就是链式存储的线性表,其节点中只含有一个指针域,用来指出其后继节点的存储位置。线性链表的最后一个节点无后继节点,它的指针域为空(记为 NULL 或^)。另外还要设置表头指针 head,指向线性链表的第一个节点。图 8.9 所示的就是一个线性链表。

链表的一个重要特征是插入、删除运算灵活方便,不需移动节点,只要改变节点中指针域的值即可。

图 8.10 显示了在单链表中指针 P 所指节点后插入一个新节点的指针变化情况,虚线所示的是变化后的指针。

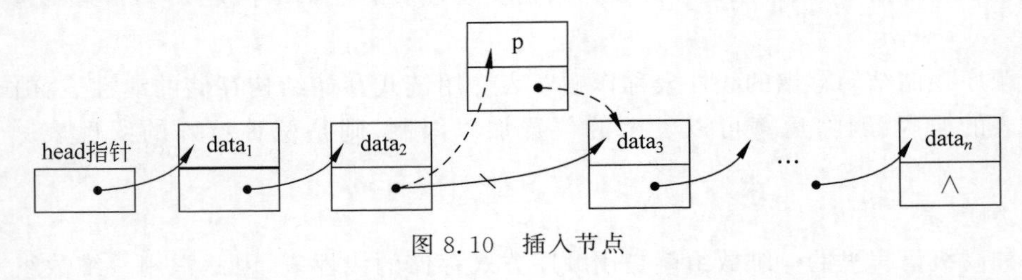

图 8.10　插入节点

图 8.11 显示了从单链表中删除指针 p 所指节点的下一个节点的指针变化情况,虚线所示的是变化后的指针。

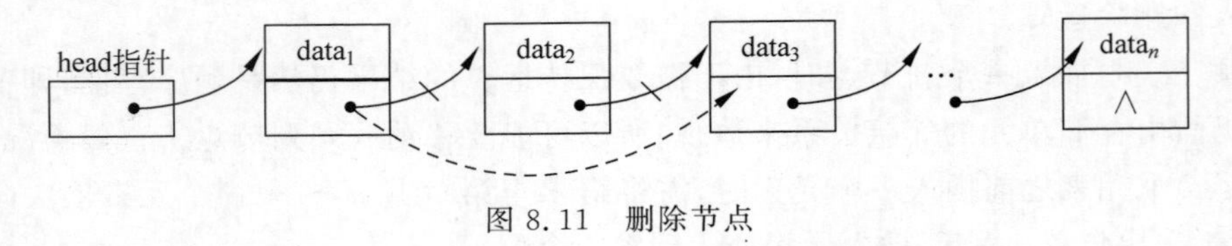

图 8.11　删除节点

注意，做删除运算时改变的是被删节点的前一个节点中指针域的值。因此，若要查找且删除某一节点，则应在查找被删节点的同时记下它前一个节点的位置。

在线性链表中，往第一个节点前面插入新节点和删除第一个节点会引起表头指针 head 值的变化。通常可以在线性链表的第一个节点之前附设一个节点，称为头节点。头节点的数据域可以不存储任何信息，也可以存储诸如线性表的长度等附加信息，头节点的指针域存储指向第一个节点的指针，如图 8.11 所示。这样，往第一个节点前面插入新节点和删除第一个节点就不影响表头指针 head 的值，而只改变头节点的指针域的值，就可以和其他位置的插入、删除同样处理了。

(2) 循环链表

所谓循环链表是指链表的最后一个节点的指针域的值指向第一个节点，整个链表形成一个环，如图 8.12 所示。

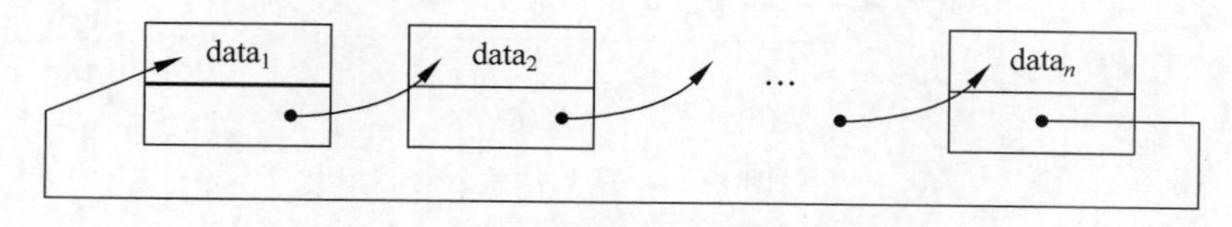

图 8.12 循环链表

显然对于循环链表而言，只要给定表中任何一个节点的地址，通过它就可以访问表中所有的其他节点。因此对于循环链表，并不需要像前面所讲的一般链表那样，一定要指出指向第一个节点的指针 head。对循环链表来说，也不需明确指出哪个节点是第一个，哪个是最后一个。但为了控制执行某类操作(如搜索)的终止，可以指定从循环链表中任一节点开始，依次对每个节点执行某种操作，当回到这个节点时，就停止执行操作。

2. 栈

栈是一种特殊的线性表。栈是限定仅在表尾(表的一端)进行插入和删除运算的线性表，表尾称为栈顶(top)，表头叫作栈底(bottom)。栈中无元素时称为空栈。栈中若有元素 $a_1, a_2, \cdots, a_n$，如图 8.13 所示，称 a_1 是栈底元素。新元素进栈要置于 a_n 之上，删除或退栈必须先对 a_n 进行操作。这就形成了“后进先出”(LIFO)的操作原则。

栈的物理存储可以用顺序存储结构，也可用链式存储结构。

栈的运算除插入和删除外，还有取栈顶元素、检查栈是否为空、清除(置空栈)等。

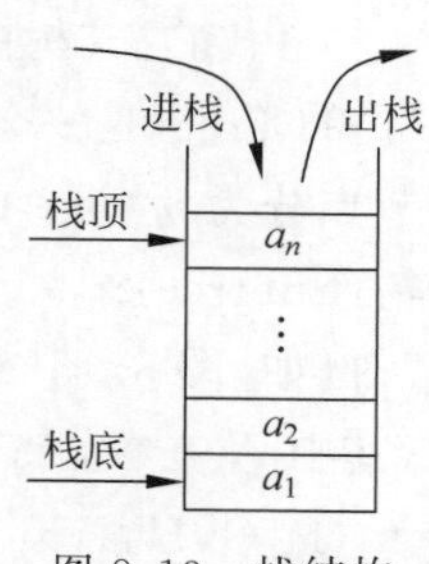

图 8.13 栈结构

1) 进栈

进栈运算是指在栈顶位置插入一个新元素 x，其算法步骤如下：

(1) 判断栈是否已满，若栈满，则进行溢出处理，返回函数值 1。

(2) 若栈未满，将栈顶指针加 1(top 加 1)。

(3) 将新元素 x 送入栈顶指针所指的位置，返回函数值 0。

2) 出栈

出栈运算是指退出栈顶元素，赋给某一指定的变量，其算法步骤如下：

(1) 判断栈是否为空，若栈空，则进行下溢处理，返回函数值 1。

(2) 栈若不空，将栈顶元素赋给变量(栈顶元素若不需保留，可省略此步)。

(3) 将栈顶指针退 1(top 减 1),返回函数值 0。

栈是使用最为广泛的数据结构之一,表达式求值、递归过程实现都是栈应用的典型例子。

3. 队列

队列是一种特殊的线性表。队列是限定所有的插入都在表的一端进行,所有的删除都在表的另一端进行的线性表。

进行删除的一端叫队列的头,进行插入的一端叫队列的尾,如图 8.14 所示。在队列中,新元素总是加入到队尾,每次删除的总是队头元素,即当前"最老的"元素,这就形成了先进先出(FIFO)的操作原则。

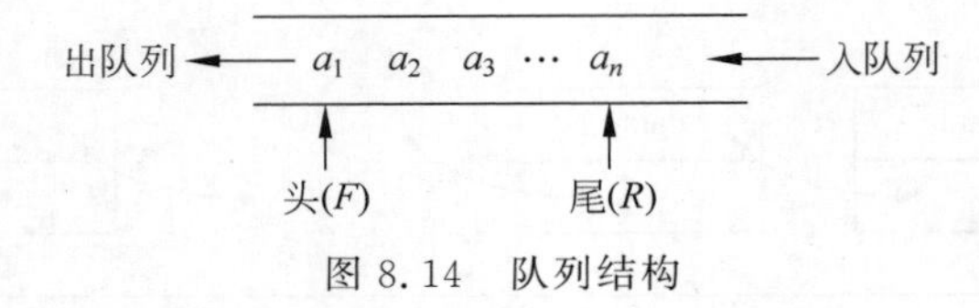

图 8.14 队列结构

队列的物理存储可以用顺序存储结构,也可以用链式存储结构。队列的运算除插入和删除外,还有取队头元素、检查队列是否为空、清除(置空队列)等。

在顺序方式存储的队列中实现插入、删除运算时,若采取每插一个元素则队尾指示变量 R 的值加 1,每删除一个元素则队头指示变量 F 的值加 1 的方法,则经过若干插入、删除运算后,尽管当前队列中的元素个数小于存储空间的容量,但却可能无法再进行插入了,因为 R 已指向存储空间的末端。通常解决这个问题的方法是:把队列的存储空间从逻辑上看成一个环,当 R 指向存储空间的末端后,就把它重新置成指向存储空间的始端。

队列在计算机中的应用也十分广泛,硬件设备中的各种排队器、缓冲区的循环使用技术、操作系统中的作业队列等都是队列应用的例子。

4. 树与二叉树

树形结构是非线性结构,树和二叉树是最常用的树形结构。

1) 树和二叉树的定义

树(Tree)是一个或多个节点组成的有限集合 T,有一个特定的节点称为根(Root),其余的节点分为 $m(m \geqslant 0)$ 个不相交的集合 $T_1, T_2, \cdots, T_m$,每个集合又是一棵树,称作这个根的子树(Subtree)。

例如,图 8.15(a)中是只有一个节点的树(该节点也为根节点),图(b)是有 12 个节点的树,其中 A 是根,余下的 11 个节点分成 3 个互不相交的子集 $T_1=\{B,E,F,J\}$,$T_2=\{C\}$,$T_3=\{D,G,H,I,K,M\}$。T_1,T_2,T_3 都是树,而且是根节点 A 的子树。对于树 T_1,根节点是 B,其余的节点分成两个互不相交的子集:$T_{11}=\{E\}$,$T_{12}=\{F,J\}$。T_{11},T_{12} 也是树,而且是根节点 B 的子树,而在 T_{12} 中,F 是根,{J}是 F 的子树。

2) 树形结构的常用术语

(1) 节点的度(Degree)。一个节点的子树的个数。图 8.15(b)中,节点 A、D 的度为 3,节点 B、G 的度为 2,F 的度为 1,其余节点的度均为 0。

(2) 树的度。树中各节点的度的最大值。图 8.15(b)中,树的度为 3,且称这棵树为 3 度树。

(3) 树叶(Leaf)。度为 0 的节点。

(4) 分支节点。度不为 0 的节点。

(5) 双亲(Parent)、子女(Child)。节点的各子树的根称作该节点的子女;相应地该节点称作其子女的双亲。图 8.15(b)中 A 是 B,C,D 的双亲,B,C,D 是 A 的子女。对于 B 来说,它又是 E,F 的双亲,而 E,F 是 B 的子女。显然,对于一棵树来说,其根节点没有双亲,所有的叶子没有子女。

(6) 兄弟(Sibling)。具有相同双亲的节点互为兄弟。

(7) 节点的层数(Level)。根节点的层数为 1,其他任何节点的层数等于其双亲节点层数加 1。

(8) 树的深度(Depth)。树中各节点的层数的最大值。图 8.15(a)中树的深度为 1,图 8.15(b)中树的深度为 4。

(9) 森林(Forest)。0 棵或多棵不相交的树的集合(通常是有序集)。删去一棵树的根节点便得到一个森林;反过来,给一个森林加上一个节点,使原森林的各棵树成为所加节点的子树,便得到一棵树。

3) 二叉树(Binary Tree)

二叉树是树形结构的一个重要类型,是 $n(n\geqslant 0)$个节点的有限集合,这个有限集合或者为空集($n=0$),或者由一个根节点及两棵不相交的、分别称作这个根的左子树和右子树的二叉树组成。这是二叉树的递归定义。图 8.16 给出了二叉树的 5 种基本形态。

图 8.16 中,(a)为空二叉树,(b)为仅有一个根节点的二叉树,(c)为右子树为空的二叉树,(d)为左子树为空的二叉树,(e)为左、右子树均非空的二叉树。

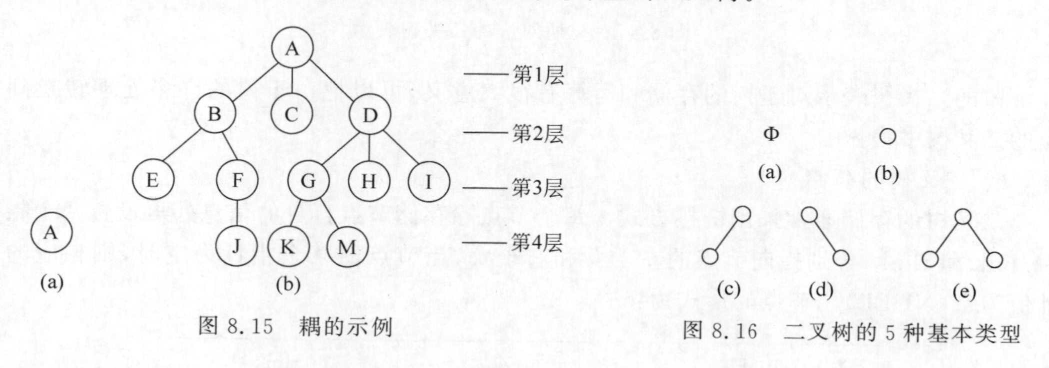

图 8.15 耦的示例

图 8.16 二叉树的 5 种基本类型

特别要注意的是,二叉树不是树的特殊情形,尽管树和二叉树的概念间有很多关系,但它们是两个概念。树与二叉树间最主要的差别是:二叉树为有序树,即二叉树的节点的子树要区分为左子树和右子树,即使在节点只有一棵子树的情况下也要明确指出该子树是右子树还是左子树。图 8.16 的(c)和(d)是两棵不同的二叉树,但如果作为树,它们就是相同的了。

4) 二叉树的性质

(1) 在二叉树的 i 层上,最多有 2^{i-1} 个节点($i\geqslant 1$)。

(2) 深度为 k 的二叉树最多有 2^k-1 个节点($k\geqslant 1$)。

一棵深度为 k 且具有 2^{k-1} 个节点的二叉树称为满二叉树(Full Binary Tree)。深度为 k,有 n 个节点的二叉树,当且仅当其每一个节点都与深度为 k 的满二叉树中编号从 1 至 n 的节点一一对应时,称之为完全二叉树。

(3) 对任何一棵二叉树 T,如果其终端节点数为 n_0,度为 2 的节点数为 n_2,则 $n_0=n_2+1$。

(4) 具有 n 个节点的完全二叉树的深度为 $\lfloor \log_2 n \rfloor+1$。

5) 树的二叉树表示

在树(森林)与二叉树间有一个自然的、一一对应的关系,每一棵树都能唯一地转换到它所对应的二叉树。

有一种方式可把树或森林转化成对应的二叉树:凡是兄弟就用线连起来,然后去掉双亲到子女的连线,只留下到第一个子女的连线不去掉。对图 8.17(a)所示的树用上述方法处理后稍加倾斜,就得到对应的二叉树,如图 8.17(b)所示。树所对应的二叉树里,一个节点的左子女是它在原来的树里的第一个子女,右子女是它在原来的树里的下一个兄弟。

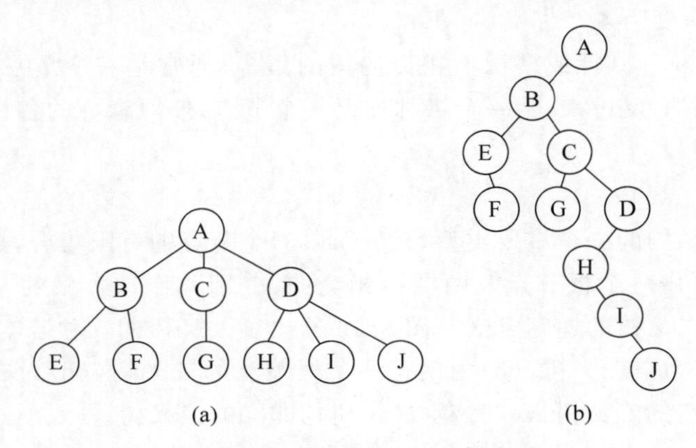

图 8.17 树所对应的二叉树表示

树的二叉树表示对于树的存储和运算有很大意义,可以把对于树的许多处理转换到对应的二叉树中去做。

6) 二叉树的存储

二叉树的存储通常采用链接方式。每个节点除存储节点自身的信息外再设置两个指针域 llink 和 rlink,分别指向节点的左子女和右子女,当节点的某个指针为空时,则相应的指针值为空(NULL)。节点的形式为:

llink	info	rlink

一棵二叉树里所有这样形式的节点,再加上一个指向树根的指针 t,构成此二叉树的存储表示,把这种存储表示法称作 llink-rlink 表示法。图 8.18(b)就是图 8.18(a)所示的二叉树的 llink-rlink 法表示。

树的存储可以这样进行:先将树转换对应的二叉树,然后用 llink-rlink 法存储。

7) 二叉树的遍历

遍历是树形结构的一种重要运算。遍历一个树形结构就是按一定的次序系统地访问该结构中的所有节点,使每个节点恰好被访问一次。可以按多种不同的次序遍历树形结构。

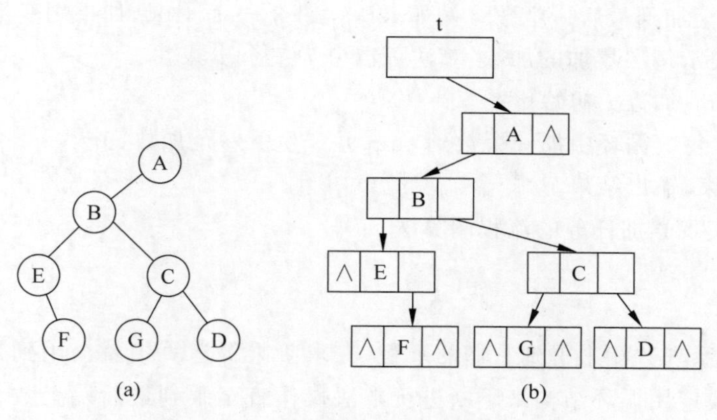

图 8.18　二叉树的 llink-rlink 法表示

以下介绍三种重要的二叉树遍历次序。

考虑到二叉树的基本组成部分是：根(N)、左子树(L)、右子树(R)，因此可有 NLR，LNR，LRN，NRL，RNL，RLN 六种遍历次序。通常使用前三种，即限定先左后右。这三种遍历次序的递归定义分别是：

(1) 前序遍历法(NLR 次序)

访问根，按前序遍历左子树，按前序遍历右子树。

(2) 后序遍历法(LRN 次序)

按后序遍历左子树，按后序遍历右子树，访问根。

(3) 中序遍历法(LNR 次序)

按中序遍历左子树，访问根，按中序遍历右子树。

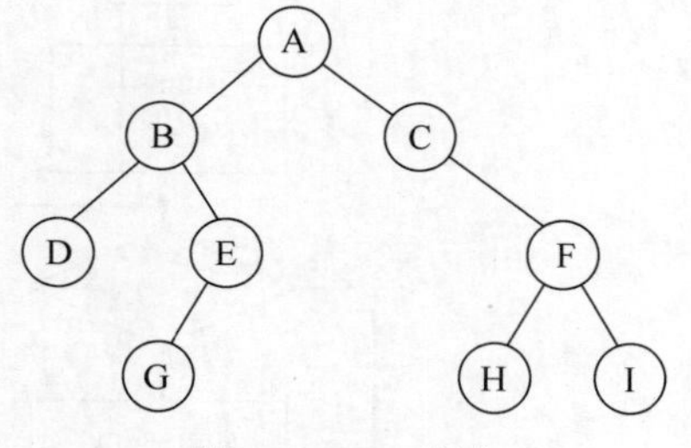

图 8.19　二叉树

对于图 8.19 所示的二叉树，它的节点的前序遍历序列是：ABDEGCFHI。

它的节点的后序遍历序列是：DGEBHIFCA。

它的节点的中序遍历序列是：DBGEACHFI。

二叉树的这三种遍历次序是很重要的，它们与树形结构上的大多数运算有联系。

8.1.6　常见算法

1. 交换两个变量的值

计算机编程中经常需要将两个变量的值交换。例如，假定变量 a 的值是 7，变量 b 的值是 15，那么交换后 a 的值 15，b 的值是 7。

具体算法如下：

(1) 输入 a，b 的值；

(2) 将 a 的值存入临时变量 temp 中，b 的值存入 a 中，再将 temp 的值存入 b；

(3) 输出结果。

2. 累加

累加是将一系列数相加得到它们的总和，这需要在实现的算法中使用循环结构来不断进行加法操作直至加到最后一个数。例如求 1+2+3+…+100,如果用变量 *sum* 表示累加的和,用变量 *i* 表示每次累加的加数,算法可以分为三个步骤。

(1) 对和 sum、加数 *i* 初始化;

(2) 循环,在每次循环中加一个数到 sum 并产生下一个加数;

(3) 循环结束,输出结果。

图 8.20 为实现累加任务的流程图算法。

3. 累乘

累乘是将一系列数相乘得到它们的乘积,在求阶乘等运算中就会用到累乘。同累加一样,在算法中需要使用循环结构来不断进行乘法操作直至乘到最后一个数。和累加不一样的是累乘的乘积需要初始化值为 1。例如求 1×2×3×…×10 的结果,这里用变量 *lc* 表示累乘的乘积,变量 *i* 表示每次累乘的乘数,算法可以分为三个步骤。

(1) 积 *lc*、乘数 *i* 初始化;

(2) 循环,在每次循环中乘一个数到 *lc* 并产生下一个乘数;

(3) 循环结束,输出结果。

图 8.21 为实现累乘任务的算法流程图。

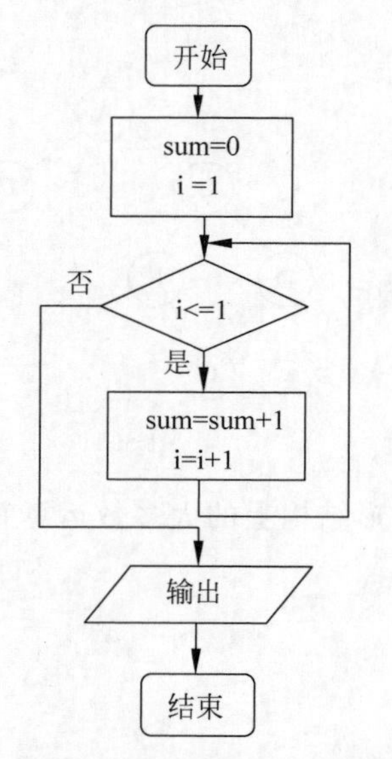

图 8.20 累加算法流程图

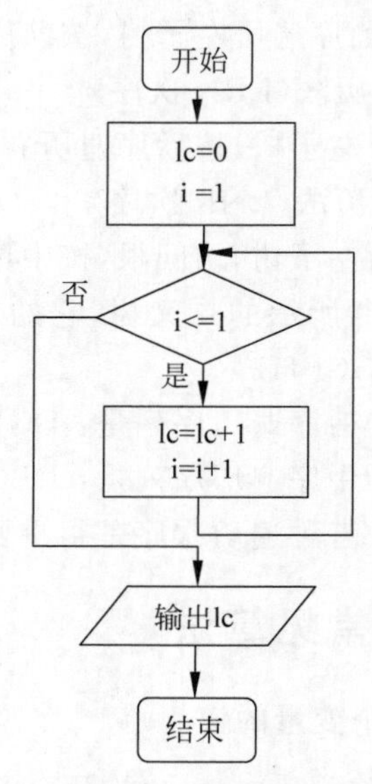

图 8.21 累乘算法流程图

4. 求最值

在若干个数中找出其中的最小值或最大值也是很常用的操作,在下面的算法中就会用流程图求最小值(最大值)的过程。将若个数存放于数组中。变量 min(max)用来存最小值(最大值)变量。算法可以分为三个步骤。

(1) 先拟定数组中第一个元素为最小值(最大值),赋值给 min(max)变量;

(2) 循环、不断将 min(max)的值与数组中下一个元素进行两两比较,若数组元素的值较小(较大)、将其值赋给 min(max)；

(3) 循环结束，输出结果。

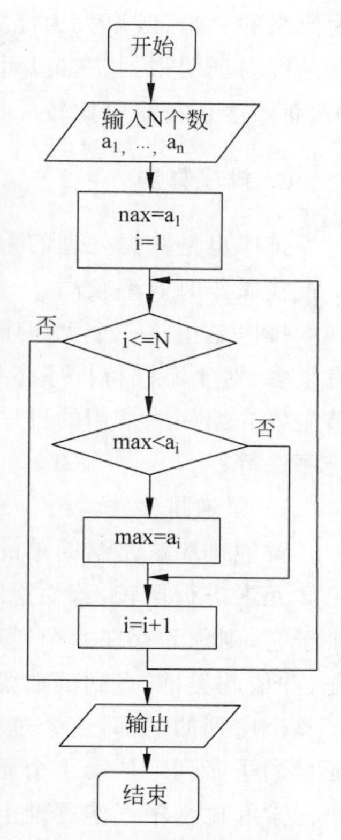

图 8.22　为实现求最大值的算法流程图

5. 查找算法

查找是指在某种给定的数据结构中，找出满足指定条件的元素。查找是插入和删除等运算的基础，它是数据处理领域中的一个重要内容。查找的效率将直接影响数据处理的效率。

在查找的过程中，涉及查找的方法等问题，对于不同的数据结构，应选用不同的查找算法，以获得更高的查找效率。在众多查找算法中，顺序查找和二分法查找的应用最为广泛。

1) 顺序查找

顺序查找又称顺序搜索，是一种最简单的查找方法。它的基本思想是：从线性表的第一个元素开始，将目标元素与列表中的元素逐个进行比较，如果相等，则查找成功，返回结果；若整个列表扫描完毕后，未找到与被查元素相等的元素，则表示线性表中没有要查找的元素，查找失败。

例 8.5　在一维数组[2,4,2,9,5,7,8]中，查找数据元素 9，首先从第 1 个元素 2 开始进行比较，与要查找的数据不相等，接着与第 2 个元素 4 进行比较，依此类推，当进行到与第 4 个元素比较时，它们相等，所以查找成功。如果查找数据元素 1，则整个线性表扫描完毕，仍未找到与 1 相等的元素，表示表中没有要查找的元素，查找不成功。

在最理想的情况下，第一个元素就是目标元素，则查找次数为 1 次。

在最坏的情况下，最后一个元素是目标元素，顺序查找需要比较 n 次。

在平均情况下，需要比较 $n/2$ 次。因此，查找算法的时间复杂度为 $O(n)$。

2) 二分法查找

二分法查找也称折半查找，是一种较为高效的查找方法。

使用二分法查找的线性表，只适用于顺序存储结构的有序表。列表中的元素按值非递减排列(即从小到大，但允许相邻元素值相等)。

对于长度为 n 的有序线性表，利用二分法查找元素 x 的过程如下：

将 x 与表的中间项比较，

(1) 如果 x 的值与中间项的值相等，则查找成功，结束查找。

(2) 如果 x 小于中间项的值，则在表的前半部分以二分法继续查找。

(3) 如果 x 大于中间项的值，则在表的后半部分以二分法继续查找。

例 8.6　长度为 8 的数列表的关键码序列为[4,11,24,29,37,45,46,77]，被查找元素为 37，首先将与表的中间项比较，即与第 4 个数据元素 29 相比较，37 大于中间项 29，则在线性表[37,45,46,77]中继续查找；接着与中间项比较，即与第 2 个元素 45 相比较，37 小于 45，则在表[37]中继续查找，最后一次比较相等，查找成功。

顺序查找法每一次比较，查找范围减少 1，而二分法查找每比较一次，查找范围则减少为原来的一半,效率大为提高。

容易证明得到,在最坏情况下,对于长度为 n 的有序列表,二分法查找只需比较 $\log_2 n$ 次,而顺序查找需要比较 n 次。

6. 排序算法

排序也是数据处理的重要内容。它为数据查找操作提供方便,因为排序后的数据在进行查找操作时效率较高。

排序是指将一个无序序列整理成按值非递减顺序排列的有序序列的过程。排序的方法有很多,对于不同待排序序列的规模以及对数据处理的要求,应当采用不同的排序方法。本节主要介绍一些常用的排序方法,包括冒泡排序法、快速排序法、简单插入排序法、简单选择排序法等。

1) 冒泡排序法

冒泡排序法是最简单的一种交换类排序方法。其基本思想是:首先,将第 1 个元素和第 2 元素进行比较,若为逆序(在数据元素的序列中,对于某个元素,如果其后存在一个元素小于它,则称为存在一个逆序),则交换。接下来对第 2 个元素和第 3 个元素进行同样的操作,并依此类推,直到倒数第 2 个元素和最后一个元素为止,其结果是将最大的元素交换到了整个序列的尾部,这个过程称为第 1 趟冒泡排序。而第 2 趟冒泡排序是在除去这个最大元素的子序列中从第 1 个元素起重复上述过程,直到整个序列变为有序为止。排序过程中,小元素好比水中气泡逐渐上浮,而大元素好比大石头逐渐下沉,冒泡排序故此得名。

例 8.7 冒泡排序法示例。

设有 9 个待排序的记录,关键字分别为 23,38,22,45,23,67,31,15,41,冒泡排序过程如表 8.4 所示。

表 8.4 冒泡排序

(初始态)	23 38 22 45 23 67 31 15 41	$i=4$	22 23 23 15 31 38 41 45 67
$i=1$	23 22 38 23 45 31 15 41 67	$i=5$	22 23 15 23 31 38 41 46 67
$i=2$	22 23 23 38 31 15 41 45 67	$i=6$	22 15 23 23 31 38 41 45 67
$i=3$	22 23 23 31 15 38 41 45 67	$i=7$	15 22 23 23 31 38 41 45 67

假设初始序列的长度为 n,冒泡排序需要经过$(n-1)$趟排序,需要的比较次数为 $n(n-1)/2$。所需要的执行时间是 $O(n^2)$。

2) 快速排序法

快速排序法又称分区交换排序,是对冒泡排序的一种改进。

快速排序的基本方法是:在待排序序列中任取一个记录,以它为基准用交换的方法将所有记录分成两部分,关键码值比它小的在一个部分,关键码值比它大的在另一个部分。再分别对两个部分实施上述过程,一直重复到排序完成。

例 8.8 设文件中待排序的关键码为:23 13 49 6 31 19 28,并假定每次在文件中取第一个记录作为将所有记录分成两部分的基准。让我们看看快速排序的过程。首先取第一个 23 为标准,把比 23 大的关键码移到 23 后面,将比 23 小的关键码移到 23 前面。用[ ]标定选定数字的位置,用()标定比较元素的位置。

当 $i=1$ 时：右侧扫描，(28)>[23]，()前移一位变换成[23] 13 49 6 31 (19) 28。

当 $i=2$ 时：[23]>(19)，23 和 19 交换位置变换成(19) 13 49 6 31 [23] 28。

当 $i=3$ 时：()位置后移一位，准备左侧扫描变换成 19 (13) 49 6 31 [23] 28。

当 $i=4$ 时：(13)<[23]，()位置后移一位变换成 19 13 (49)6 31 [23] 28。

当 $i=5$ 时：(49)>[23]，49 和 23 交换位置变换成 19 13 [23] 6 31 (49) 28。

当 $i=6$ 时：()位置前移一位，准备右侧扫描变换成 19 13 [23] 6 (31) 49 28。

当 $i=7$ 时：(31)>[23]，()位置前移一位变换成 19 13 [23] (6) 31 49 28。

当 $i=8$ 时：(6)<[23]，6 和 23 交换位置变换成 19 13 (6) [23] 31 49 28。

当 $i=9$ 时：()位置后移一位与[]重合变换成 19 13 6 [(23)] 31 49 28，一次划分结束。排序的过程参见表 8.5。

表 8.5 快速排序的一次划分过程

初始态	[23] 13 49 6 31 19 (28)	$i=5$	19 13 [23] 6 31 (49) 28
$i=1$	[23] 13 49 6 31 (19) 28	$i=6$	19 13 [23] 6 (31) 49 28
$i=2$	(19) 13 49 6 31 [23] 28	$i=7$	19 13 [23] (6) 31 49 28
$i=3$	19 (13) 49 6 31 [23] 28	$i=8$	19 13 (6) [23] 31 49 28
$i=4$	19 13 (49) 6 31 [23] 28	$i=9$	19 13 6 [(23)] 31 49 28

再对 19 13 6 和 31 49 28 分别重复进行上述操作完成排序。

对 n 个记录的文件进行快速排序，在最坏的情况下执行时间为 $O(n^2)$，与冒泡排序相当。然而快速排序的平均执行时间为 $O(n\log_2 n)$，显然优于冒泡排序。

3) 简单插入排序法

简单插入排序是把 n 个待排序的元素看成一个有序表和一个无序表。开始时，有序表只包含一个元素，而无序表则包含剩余的 $n-1$ 个元素，每次取无序表中的第一个元素插入到有序表中的正确位置，使之成为增加一个元素的新的有序表。插入元素时，插入位置及其后的记录依次向后移动。最后当有序表的长度为 n，无序表为空时，排序完成。

在简单插入排序中，每一次比较后最多移掉一个逆序，因此该排序方法的效率与冒泡排序法相同。在最坏的情况下，简单插入排序需要进行 $n(n-1)/2$ 次比较。

例 8.9 用简单插入方法将 46 37 64 96 75 17 26 53 排序。

简单插入排序过程如表 8.6 所示。图中方括号“[ ]”内为有序的子表，方括号“[ ]”外为无序的子表，每次从无序子表中取出第一个元素插入到有序子表中。

表 8.6 简单插入排序过程

$i=1$(初始态)	[46] 37 64 96 75 17 26 53	$i=5$	[37 46 64 75 96] 17 26 53
$i=2$	[37 46] 64 96 75 17 26 53	$i=6$	[17 37 46 64 75 96] 26 53
$i=3$	[37 46 64] 96 75 17 26 53	$i=7$	[17 26 37 46 64 75 96] 53
$i=4$	[37 46 64 96] 75 17 26 53	$i=8$	[17 26 37 46 53 64 75 96]

初始状态时，有序表只包含一个元素 46，而无序表包含其他 7 个元素；

当 $i=2$ 时，即把第 2 个元素 37 插入到有序表中，37 比 46 小，所以在有序表中的序列为[37 46]。

当 $i=3$ 时，即把第 3 个元素 64 插入到有序表中，64 比前面 2 个元素大，所以在有序表中的序列为[37 46 64]。

当 $i=4$ 时,即把第 4 个元素 96 插入到有序表中,96 比前面 3 个元素大,所以在有序表中的序列为[37 46 64 96]。

当 $i=5$ 时,即把第 5 个元素 75 插入到有序表中,75 比前面 3 个元素大,比 96 小,所以在有序表中的序列为[37 46 64 75 96]。

依此类推,直到 $i=8$ 时,所有的元素都插入到有序序列中,此时有序表中序列为[17 26 37 46 53 64 75 96]。

初始排序序列本身就是有序的情况(即最好情况)下,简单插入排序的比较次数为 $n-1$ 次,移动次数为 0 次;初始排序序列是逆序的情况(即最坏情况)下,比较次数为 $n(n-1)/2$,移动次数为 $n(n-1)/2$。对 n 个记录的文件进行简单插入排序,时间复杂度是 $O(n^2)$。

4)简单选择排序

简单选择排序法的基本思想是:首先从所有 n 个待排序的数据元素中选择最小的元素,将该元素与第 1 个元素交换,再从剩下的 $n-1$ 个元素中选出最小的元素与第 2 个元素交换。重复操作直到所有的元素有序。

对初始状态为(77,25,40,10,12,32)的序列进行简单选择排序过程如表 8.7 所示。表中方括号"[]"内为有序的子表,方括号"[]"外为无序的子表,每次从无序子表中取出最小的一个元素加入到有序子表的末尾。

表 8.7 简单选择排序

$i=1$ 初始态	77 25 40 10 12 32	$i=5$	[10 12 25 32] 40 77
$i=2$	[10] 25 40 77 12 32	$i=6$	[10 12 25 32 40] 77
$i=3$	[10 12] 40 77 25 32	$i=7$	[10 12 25 32 40 77]
$i=4$	[10 12 25] 77 40 32		

步骤如下:从这 6 个元素中选择最小的元素 10,将 10 与第 1 个元素交换,得到有序序列[10];从剩下的 5 个元素中挑出最小的元素 12,将 12 与第 2 个元素交换,得到有序序列[10 12];从剩下的 4 个元素中挑出最小的元素 25,将 25 与第 3 个元素交换,得到有序序列[10 12 25];依此类推,直到所有的元素都插入到有序序列中,此时有序表中序列为[10 12 25 32 40 77]。

简单选择排序法在最坏的情况下需要比较 $n(n-1)/2$ 次。所需要的执行时间是 $O(n^2)$。

各种内部排序方法见表 8.8。

表 8.8 几种常见排序算法的比较

排序方法	平均时间	最坏情况
冒泡排序	$O(n^2)$	$O(n^2)$
快速排序	$O(n\log_2 n)$	$O(n^2)$
简单插入排序	$O(n^2)$	$O(n^2)$
简单选择排序	$O(n^2)$	$O(n^2)$

8.2 程序设计方法与风格

程序设计是一门技术，需要相应的理论、技术、方法和工具来支持。就程序设计方法和技术的发展而言，主要经过了结构化程序设计和面向对象的程序设计阶段。除了好的程序设计方法和技术之外，程序设计风格也是很重要。良好的程序设计风格可以使程序结构清晰合理，使程序代码便于维护，因此，程序设计的方法与风格对保证程序的质量是很重要的。

本节主要介绍程序设计风格和结构化程序设计方法的概念、原则和基本结构以及面向对象方法的一些基本概念及其优点。

8.2.1 程序

程序是由序列组成的，告诉计算机如何完成一个具体的任务。程序是软件开发人员根据用户需求开发的、用程序设计语言描述的适合计算机执行的指令(语句)序列。由于计算机还不能理解人类的自然语言，所以还不能用自然语言编写计算机程序。

一个程序应该包括以下两方面的内容。

1. 对数据的描述

在程序中要指定数据的类型和数据的组织形式，即数据结构(Data Structure)。

2. 对操作的描述

对操作的描述，即操作步骤，也就是算法(Algorithm)。

程序是为实现特定目标或解决特定问题而用计算机语言编写的命令序列的集合。指一个能让计算机识别的文件，一般是.exe型的可执行文件。

著名的瑞士科学家尼可莱·沃思(Niklaus Wirth)在1976年提出这样一个公式：程序=算法+数据结构。

8.2.2 程序设计语言

程序设计语言(Programming Language)用于书写计算机程序的语言。语言的基础是一组记号和一组规则。根据规则由记号构成的记号串的总体就是语言。在程序设计语言中，这些记号串就是程序。

程序设计语言有3个方面的因素，即语法、语义和语用。语法表示程序的结构或形式，亦即表示构成语言的各个记号之间的组合规律，但不涉及这些记号的特定含义，也不涉及使用者。语义表示程序的含义，亦即表示按照各种方法所表示的各个记号的特定含义，但不涉及使用者。语用表示程序与使用者的关系。

计算机语言的种类非常多，总的来说可以划分为机器语言、汇编语言、高级语言三大类。

1. 机器语言

机器语言是用二进制代码(即由0和1构成的代码)表示的计算机能直接识别和执行的

一种机器指令的集合。它是计算机的设计者通过计算机的硬件结构赋予计算机的操作功能。

用机器语言编写程序,编程人员要熟记所用计算机的全部指令代码和代码的含义。由于它与人类语言的差别极大,所以称为机器语言,也称第一代计算机语言。机器语言是计算机能识别的唯一语言,但人类却很难理解它,后来的计算机语言就是在这个基础上,将机器语言越来越简化到人类能够直接理解的、近似于人类语言的程度,但最终被送入计算机执行的工作语言,还是这种机器语言。机器语言中的每一条语句实际上是一条二进制形式的指令代码,其格式如下:

操作码	操作数

操作码指定了应该进行什么操作,操作数指定了参与操作的数本身或它在内存中的地址。例如,计算 A=10+20 的机器语言程序如下:

```
10110000  00001010        :把 10 放入累加器 A 中
00101100  00010100        :20 与累加器 A 中的值相加,结果仍放入 A 中
1110100                   :结束,停机
```

用机器语言编写程序是十分烦琐的工作,编写的程序全是由 0 和 1 构成的指令代码,可读性差,容易出错,而且不同的机器,其指令系统不同,因此机器语言是面向机器的语言。现在,除了计算机生产厂家的专业人员外,绝大多数程序员已经不再去学习机器语言了。

2. 汇编语言

比起机器语言,汇编语言大大前进了一步,它是将机器指令的代码用英文助记符来表示,代替机器语言中的指令和数据。例如用 ADD 表示加、SUB 表示减等,容易识别和记忆。例如上面计算 A=10+20 的汇编语言程序如下:

```
MOV  A, 10                :把 10 放入累加器 A 中
ADD  A, 20                :20 与累加器 A 中的值相加,结果仍放入 A 中
HLT                       :结束,停机
```

一般把汇编语言称为第二代计算机语言,仍然是"面向机器"的语言,用汇编语言编写的程序,必须翻译成计算机所能识别的机器语言,才能被计算机执行,但它是机器语言向更高级语言进化的桥梁。

汇编语言的实质和机器语言是相同的,都是直接对硬件操作,只不过指令采用了英文缩写的标识符,更容易识别和记忆。它同样需要编程者将每一步具体的操作用命令的形式写出来。汇编程序的每一句指令只能对应实际操作过程中的一个很细微的动作,例如移动、自增等,因此汇编源程序一般冗长、复杂、容易出错,而且使用汇编语言编程需要有更多的计算机专业知识。汇编语言的优点是非常明显的,用汇编语言所能完成的一些操作其他高级语言是无法实现的,而且源程序经汇编生成的可执行文件不仅比较小,执行速度很快。

3. 高级语言

当计算机语言发展到第三代时,就进入了"面向人类"的语言阶段。第三代语言也被人

们称为“高级语言”。高级语言是一种接近于人们使用习惯的程序设计语言。它允许用英文写解题的计算程序，程序中所使用的运算符号和运算式子，都和我们日常用的数学式子相似。高级语言容易学习和掌握，一般人都能很快学会并使用高级语言进行程序设计，并且完全可以不了解机器指令，也可以不懂计算机的内部结构和工作原理，就能编写出应用计算机进行科学计算和事务管理的程序。

高级语言主要是相对于汇编语言而言，它并不是特指某一种具体的语言，而是包括了很多编程语言，如目前流行的C语言、C++、VB、VFP、Java等，这些语言的语法、命令格式都各不相同。

高级语言所编制的程序不能直接被计算机识别，必须经过转换才能被执行，按转换方式可将它们分为两类。

解释类：执行方式类似于我们日常生活中的“同声翻译”，应用程序源代码一边由相应语言的解释器“翻译”成目标代码（机器语言），一边执行，因此效率比较低，而且不能生成可独立执行的可执行文件，应用程序不能脱离其解释器，但这种方式比较灵活，可以动态地调整、修改应用程序。BASIC语言属于解释类高级语言。

编译类：编译是指在应用源程序执行之前，就将程序源代码“翻译”成目标代码（机器语言），因此其目标程序可以脱离其语言环境独立执行，使用比较方便、效率较高。但应用程序一旦需要修改，必须先修改源代码，再重新编译生成新的目标文件（*.obj）才能执行，只有目标文件而没有源代码，修改很不方便。现在大多数的编程语言都是编译型的，例如C语言、C++等属于编译类高级语言。

1）C语言

C语言是一种通用的编程语言，它具有高效、灵活、功能丰富、表达力强和移植性好等特点。它既可用于编写系统软件也可用于编写应用软件，当前最有影响、应用最广泛的Windows、Linux和UNIX三个操作系统都是用C语言编写的。

C语言是由丹尼斯·里奇（Dennis Ritchie）和肯·汤普逊（Ken Thompson）于1970年研制出的B语言的基础上发展和完善起来的。C语言可以广泛应用于不同的操作系统，例如UNIX、MS-DOS、Microsoft Windows及Linux等。C语言是一种面向过程的语言，同时具有高级语言和汇编语言的优点，是一门十分优秀而又重要的语言，当前应用广泛的C++语言、Java语言、C#语言等都是在C语言的基础上发展起来的。

C语言程序设计是面向过程的程序设计，它蕴含了程序设计的基本思想，囊括了程序设计的基本概念，所以它是理工科高等院校的一门基础课程。

2）C++

C++程序设计语言是由来自AT&T贝尔实验室的Bjarne Stroustrup设计和实现的，它兼具Simula语言在组织与设计方面的特性以及适用于系统程序设计的C语言设施。C++最初的版本被称作“带类的C（C with classes）”，在1980年被第一次投入使用；当时它只支持系统程序设计和数据抽象技术。支持面向对象程序设计的语言设施在1983年被加入C++；之后，面向对象设计方法和面向对象程序设计技术逐渐进入C++领域。

C++是一种使用非常广泛的计算机编程语言。它在C语言的基础上发展而来，但它比C语言更易为人们学习和掌握。它是一种静态数据类型检查的，支持多种程序设计风格的通用程序设计语言。它支持过程式程序设计、数据抽象、面向对象程序设计等多种程序设计风格。C++以其独特的语言机制在计算机科学的各个领域中得到了广泛的应用。面向对象的设计思想是在原来结构化程序设计方法基础上的一个质的飞跃，C++完美地体现了面向对象的各种特性。

3) Java

Java是由Sun Microsystems公司于1995年5月推出的Java面向对象程序设计语言（以下简称Java语言）和Java平台的总称。由James Gosling和同事们共同研发，并在1995年正式推出。用Java实现的HotJava浏览器（支持Java小程序）显示了Java的魅力：跨平台、动态的Web、Internet计算。从此，Java被广泛接受并推动了Web的迅速发展，常用的浏览器均支持Java小程序。另一方面，Java技术也不断更新(2010年Oracle公司收购了Sun)。

Java由Java编程语言、Java类文件格式、Java虚拟机和Java应用程序接口（Java API）组成。

Java分为三个体系：JavaSE（J2SE）（Java2 Platform Standard Edition，Java平台标准版），JavaEE（J2EE）（Java 2 Platform，Enterprise Edition，Java平台企业版），JavaME（J2ME）（Java 2 Platform Micro Edition，Java平台微型版）。

与传统程序不同，Sun公司在推出Java之际就将其作为一种开放的技术。全球数以万计的Java开发公司被要求所设计的Java软件必须相互兼容。"Java语言靠群体的力量而非公司的力量"是Sun公司的口号之一，并获得了广大软件开发商的认同。这与微软公司所倡导的注重精英和封闭式的模式完全不同。

Sun公司对Java编程语言的解释是：Java编程语言是简单、面向对象、分布式、解释性、健壮、安全与系统无关、可移植、高性能、多线程和动态的语言。

Java编程语言的风格十分接近C、C++语言。Java是纯粹的面向对象的程序设计语言，它继承了C++语言面向对象技术的核心。Java舍弃了C语言中容易引起错误的指针（以引用取代）、运算符重载（operator overloading）、多重继承（以接口取代）等特性，增加了垃圾回收器功能用于回收不再被引用的对象所占据的内存空间，使得程序员不用再为内存管理而担忧。在Java 1.5版本中，Java又引入了泛型编程（Generic Programming）、类型安全的枚举、不定长参数和自动装/拆箱等语言特性。

Java不同于一般的编译执行计算机语言和解释执行计算机语言。它首先将源代码编译成二进制字节码（bytecode），然后依赖各种不同平台上的虚拟机来解释执行字节码，从而实现"一次编译、到处执行"的跨平台特性。不过，每次执行编译后的字节码需要消耗一定的时间，这在一定程度上降低了Java程序的运行效率。

8.2.3 程序设计方法

程序设计的过程要消耗大量的人力，为了提高程序开发的效率，便于对程序的维护，许多年来，人们一直在研究程序设计的方法，常用的方法有两大类：结构化方法和面向对象方法。

1. 结构化方法

1) 结构化程序设计的概念

结构化程序设计（Structured Programming）是进行以模块功能和处理过程设计为主的

详细设计的基本原则。其概念最早由 E. W. Dijikstra 在 1965 年提出，是软件发展的一个重要的里程碑，它的主要观点是采用自顶向下、逐步求精的程序设计方法；使用三种基本控制结构构造程序，任何程序都可由顺序、选择、循环控制结构构成。

2）结构化程序的基本结构

在使用结构化程序设计方法之前，程序员都是按照各自的习惯和思路来编写程序，没有统一的标准，这样编写的程序可读性差，更为严重的是程序的可维护性差，经过研究发现，造成这一现象的根本原因是程序的结构问题。

1966 年，C. Bohm 和 G. Jacopini 提出了关于“程序结构”的理论，并给出了任何程序的逻辑结构都可以用顺序结构、选择结构和循环结构来表示的证明。在程序结构理论的基础上，1968 年，迪克斯特拉提出了“Goto 语句是有害的”的问题，并引起了普遍重视，从此结构化程序设计方法逐渐形成，并成为计算机软件领域的重要方法，对计算机软件的发展具有重要的意义。

结构化程序设计要求把程序的结构限制为顺序、选择、循环三种基本结构，以便提高程序的可读性。

(1) 顺序结构。最简单、常用的一种结构，计算机按语句出现的先后次序依次执行，如图 8.23 所示。

(2) 选择结构。程序在执行过程中需要根据某种条件的成立与否有选择地执行一些操作，如图 8.24 所示。

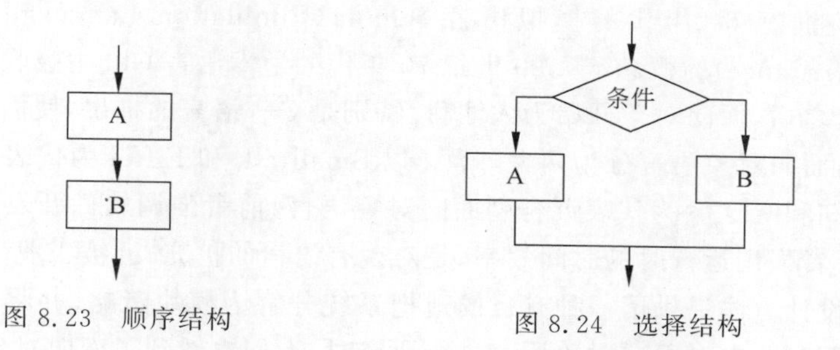

图 8.23　顺序结构　　　图 8.24　选择结构

(3) 循环结构。有两种形式：当型循环和直到型循环。当型循环先判断循环条件，当满足循环条件时，执行循环体 A(如图 8.25 所示)。直到型循环是先执行一次循环体，再判断退出循环的条件，若退出循环的条件不成立，则继续执行循环体，若满足退出循环的条件，则循环结束，如图 8.26 所示。

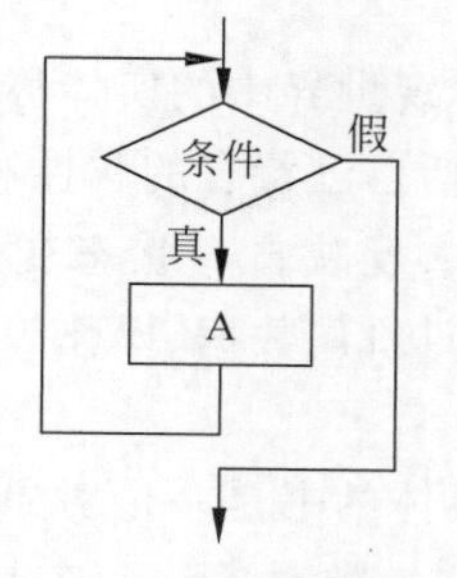

图 8.25　当型循环结构

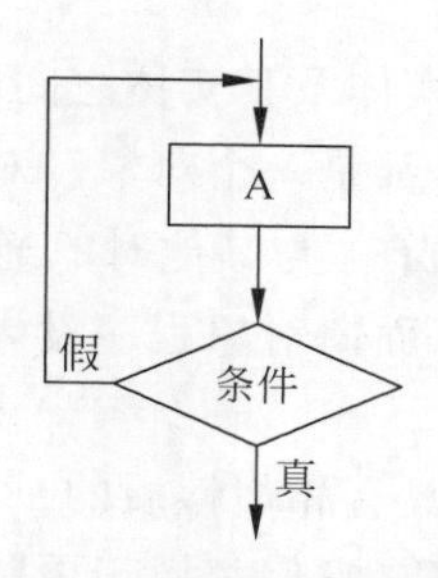

图 8.26　直到型循环结构

3) 结构化程序设计的原则

(1) 程序逻辑使用语言中的顺序、选择、重复等有限的基本控制结构来表示。

(2) 选用的控制结构只允许有一个入口和一个出口。

(3) 程序语句组成容易识别的块,每块只有一个入口和一个出口。

(4) 复杂结构应该用基本控制结构进行组合嵌套来实现。

(5) 语言中没有的控制结构,可以用一段等价的程序段模拟。

(6) 严格控制 Goto 语句的使用,仅在下列情形才予以考虑。

① 用非结构化的程序设计语言来实现结构化的构造。

② 在某种可以改善而不是损害程序可读性的情况下。

采用结构化程序设计的方法编写程序,可使程序结构良好,易读、易理解、易维护,从而提高编程工作的效率,降低软件开发成本。

2. 面向对象方法

面向对象技术的研究首先是在编程语言的研究中兴起的。美国 Xerox PARC 研究中心在 20 世纪 70 年代末 80 年代初发表的 Smalltalk-80 正式确立了面向对象的基本框架,它认为世界由对象组成,引入了类、方法、实例等概念,这也是至今最纯粹的面向对象语言。

Smalltalk 总结了以往许多编程语言的经验,如从 20 世纪 50 年代的表处理语言 Lisp 中吸收了动态联编(Dynamic Binding)、交互式开发环境;从初级语言 Logo 中看到图形界面的意义;从 20 世纪 60 年代的模拟语言 Simula(Simulation Language)中吸收了类(class)、继承(inheritance)的概念;从 20 世纪 70 年代的学术语言 Clu 中吸收了抽象数据类型。在 Smalltalk 之后,面向对象开始为人注目,特别是 C++语言的推出,使面向对象在业界广为人知。从此,面向对象语言分为两大阵营:以 Smalltalk 和 Eiffel 为代表的纯粹型面向对象语言和以 C++和 CLOS 为代表混合型面向对象语言,前者强调软件开发的探索性和原型化开发方面,后者强调运行时的时间效率,是对现有语言的扩充,已被工业界所接受。

面向对象的设计方法提供了一种有目的地把系统分解为模块策略,并将设计决策与客观世界的认识相匹配。在对面向对象语言进行研究时,人们也看到了面向对象的潜在能力,面向对象思维同现实对象的一一对应关系和它的组织、处理信息能力。在人工智能、数据库、信息模型领域的研究表明,面向对象不仅是有效的程序设计技术,而且成为软件开发的基本方法,所以面向对象软件开发技术是今后软件发展的主流之一。

1) 面向对象技术的基本概念

(1) 对象

客观世界由实体及其实体之间的联系所组成,其中客观世界中的实体称为对象。例如,一本书、一辆车等都是一个对象。对象有自己的属性(包括自己特有的属性和同类对象的共性)。属性的作用有:与其他对象通信,表现为特征调用;反映自身状态变化,表现为当前的属性值。因此,面向对象程序设计中的对象可以表示为接口、数据、操作等。

(2) 类

类描述的是具有相似性质的一组对象。例如,每本具体的书是一个对象,而这些具体的书都有共同的性质,它们都属于更一般的概念——“书”这一类对象。一个具体对象称为类的实例。类是对客观世界中一组具有共同属性的事物的抽象,类提供的是对象实例化的模板,它包括了这组事物的共性,在程序运行过程中,类只有被实例化成对象才起作用。类的概念是面向对象程序设计的基本概念,是支持模块化设计的设施。

(3) 继承

反映的是类与类之间抽象级别的不同,根据继承与被继承的关系,可分为父类(基类)和子类(衍类),正如"继承"这个词的字面提示一样,子类将从父类那里获得所有的属性和方法,并且可以对这些获得的属性和方法加以改造,使之具有自己的特点。一个父类可以派生出若干子类,每个子类都可以通过继承和改造获得自己的一套属性和方法,由此,父类表现出的是共性和一般性,子类表现出的是个性和特性,父类的抽象级别高于子类。继承具有传递性,子类又可以派生出下一代孙类,相对于孙类,子类将成为其父类,具有较孙类高的抽象级别。继承反映的类与类之间的这种关系,使得程序人员可以在已有的类的基础上定义和实现新类,所以有效地支持了软件构件的复用,使得当需要在系统中增加新特征时所需的新代码最少。

(4) 封装

封装是一种信息隐蔽技术,目的在于将对象的使用者和对象的设计者分开。用户只能见到对象封装界面上的信息,不必知道实现的细节。封装一方面通过数据抽象,把相关的信息结合在一起,另一方面也简化了接口。

(5) 多态性

多态性在形式上表现为,一个方法根据传递给它的参数的不同,可以调用不同的方法体、实现不同的操作。将多态性映射到现实世界中,则表现为同一个事物随着环境的不同,可以有不同的表现形态及不同的和其他事物通信的方式。

2) 面向对象程序设计方法有以下优点:

(1) 用"类""对象"的概念直接对客观世界进行模拟,客观世界中存在的事物、事物所具有的属性、事物间的联系均可以在对象程序设计语言中找到相应的机制。对象程序设计方法采用这种方式是合理的,它符合人们认识事物的规律,改善了程序的可读性,使人机交互更加贴近自然语言,这与传统程序设计方法相比,是一个很大的进步。

(2) 面向对象程序设计方法是基于问题对象的,问题对象的模板是现实世界中的实在对象,对象程序设计从内部结构上模拟客观世界,与基于功能模拟的传统程序设计方法相比,问题对象比功能更稳定,功能也许是瞬息万变的,也许是长期不变的,而问题对象却相对稳定,因而模拟问题对象比模拟功能使得程序具有较好的稳定性,也减轻了程序人员的工作难度。

(3) 面向对象程序设计方法提供了若干种增加程序可扩充性、可移植性的设施,如继承设施、多态设施、接口设施。继承设施和多态设施前已提及。接口是一个对象供外部使用者调用的设施,外部使用者通过调用一个对象的接口对该对象进行操作,完成相应功能,使得该对象的状态改变,或对其他对象进行动作,以实现生成新的对象或与其他对象通信的目的。

(4) 面向对象程序设计方法中,类与类之间的关系有继承关系、引用关系,这两种关系模拟了客观世界中事物间"是"和"有"的关系。当客观世界中存在两种事物,假设为事物 A 和事物 B。如果 A 和 B 之间存在 A 中"有"B 这样的关系,那么在用对象程序模拟的时候,需要在类 A 和类 B 之间建立允引关系,A 为引用类,B 为允用类,且 A 中存在变量设为 x,

有 x：B这样的语句；如果A和B之间存在“是”这样的关系，如A是B的一种特例，那么在用对象程序模拟的时候，类A和类B间是继承关系，A为衍类，B为基类，在实现类A的继承部分，需要有 Inherit B这样的语句。类间这两种关系的引入，给程序人员提供了很大的方便，可以在系统原有的类的基础上生成新类，节省了时间和空间。

面向对象程序设计(Object-Oriented Programming，OOP)方法使软件的开发周期短、效率高、可靠性高，所开发的程序更易于维护、更新和升级。而且继承和封装能使得在修改应用程序时所带来的影响更加局部化。

8.2.4 程序设计风格

一个软件质量的好坏，不仅与程序设计的语言有关，还与程序设计的规范及风格有着紧密的关系。程序员应当掌握适当的编程技巧、统一的编程风格，建立良好的编程习惯。编程的规范与风格是指程序员在编程时应遵循的一套形式与规则，主要是让程序员和其他人方便容易地读懂程序、理解程序功能及作用。

程序设计风格是指编写程序时所表现出的特点、习惯和逻辑思路。程序是由人来编写的，为了测试和维护程序，往往还要阅读和跟踪程序，因此程序设计的风格应该是强调简单和清晰，程序必须是可以理解的，应该是清晰第一，效率第二。不能为了片面提高效率而牺牲程序的可读性。要形成良好的程序设计风格，主要应注意和考虑以下方面因素。

1. 源程序文档化

程序文档化应考虑如下几点：

(1) 符号名的命名。符号名的命名应具有一定的实际含义，以便于对程序功能的理解。

(2) 程序注释。正确的注释能够帮助读者理解程序。注释一般分为序言性注释和功能性注释。序言性注释通常位于每个程序的开头部分，它给出程序的整体说明，主要描述内容可以包括：程序标题、程序功能说明、主要算法、接口说明、程序位置、开发简历、程序设计者、复审者、复审日期、修改日期等。功能性注释的位置一般嵌在源程序体之中，主要描述其后的语句或程序做什么。

(3) 视觉组织。为使程序的结构一目了然，可以在程序中利用空格、空行、缩进等技巧使程序层次清晰。

2. 数据说明的方法

在编写程序时，需要注意数据说明的风格，以便使程序中的数据说明更易于理解和维护。一般应注意如下几点。

(1) 数据说明的次序规范化。鉴于程序理解、阅读和维护的需要，使数据说明次序固定，可以使数据的属性容易查找，也有利于测试、排错和维护。

(2) 说明语句中变量安排有序化。当一个说明语句说明多个变量时，变量按照字母顺序排序为好。

(3) 使用注释来说明复杂数据的结构。

3. 语句的结构

程序应该简单易懂，语句构造应该简单直接，不应为提高效率而把语句复杂化。一般应注意如下几点。

(1) 每一行只写一条语句。

(2) 如果一条语句需要多行，则所有的后续行往里缩进。

(3) 使用分层缩进的写法显示嵌套结构层次。

(4) 适当使用空格或圆括号作隔离符。

(5) 注释段与程序段以及不同的程序段之间插入空行。

4. 输入和输出

输入和输出信息是用户直接关心的，在设计和编程时应该考虑如下原则。

(1) 对所有的输入数据都要检验数据的合法性。

(2) 检查输入项的各种重要组合的合理性。

(3) 输入格式要简单，以使得输入的步骤和操作尽可能简单。

(4) 输入数据时，应允许使用自由格式。

(5) 应允许缺省值。

(6) 输入一批数据时，最好使用输入结束标志。

(7) 在以交互式输入/输出方式进行输入时，要在屏幕上使用提示符明确提示输入的请求，同时在数据输入过程中和输入结束时，应在屏幕上给出状态信息。

(8) 当程序设计语言对输入格式有严格要求时，应保持输入格式与输入语句的一致性。给所有的输出加注释，并设计输出报表格式。

8.3 软件工程基础

软件工程是计算机软件科学的一个重要的内容，它是指导如何正确开发高质量软件的一门工程科学。它涉及程序设计语言、算法与数据结构、数据库、软件开发工具、设计模式等方面的知识。

8.3.1 软件工程的基本概念

软件工程的概念是随着软件开发技术和方法的不断进步和改进而不断完善的，要了解软件工程的概念，要先从了解软件和软件危机谈起。

1. 软件

软件是计算机系统的一个组成部分，人们对软件的认识是随着计算机技术的发展而不断深化的。计算机发展的初期，软件的规模很小，软件开发由程序员个人完成，人们把软件就认为是程序，后来软件规模不断扩大，软件开发需要几个程序员合作完成，人们认为软件是程序加上说明书。

随着计算机的飞速发展，软件在计算机系统中的比重越来越大，传统的软件生产方式已经不能适应发展的需要，而且工程学的基本原理和方法逐渐应用到软件设计和生产中。软件开发被分成几个阶段，每个阶段都有严格的管理和质量检验，并在设计和生产过程中用书面文件作为共同遵循的依据。这些书面文件就是文档。文档是软件质量的基础，而程序是文档代码化的表现形式。

现在，软件被公认为是程序、数据和文档的集合，可简单地表示为：软件＝程序＋数据＋文档。

2. 软件的特点

(1) 软件是一种抽象的逻辑产品。
(2) 软件的生产与硬件不同。
(3) 软件产品不会用坏，不存在硬件产品那样的机械磨损、老化等问题。
(4) 软件产品的生产主要是脑力劳动。
(5) 软件费用不断增加，软件成本相当昂贵。
(6) 软件工作涉及各种社会因素。

3. 软件工程

软件工程的概念源于软件危机，20 世纪 60 年代末以后“软件危机”一词经常出现。所谓软件危机是指在计算机软件的开发和维护过程中所遇到的一系列严重问题。这些问题绝不仅仅是不能正常运行的软件才具有的。实际上，几乎所有软件都不同程度地存在这些问题。概括地说，软件危机包含下述两方面的问题：如何开发软件，以满足对软件的日益增长的需求；如何维护数量不断膨胀的软件。

具体来说，软件危机主要有以下一些典型表现：
(1) 对软件开发成本和进度的估计常常很不准确。
(2) 用户对所交付的软件系统不满意的现象时有发生。
(3) 软件产品的质量往往靠不住。
(4) 软件常常是不可维护的。
(5) 软件文档资料通常不完整、不合格。
(6) 软件的价格昂贵，软件成本在计算机系统总成本中所占的比例逐年上升。
(7) 软件开发生产率提高的速度，既跟不上硬件的发展速度，也远远跟不上日益增长的软件需求。

分析软件危机产生的原因，一方面是软件规模不断扩大，另一方面是软件开发和维护方法不正确。为了消除软件危机，通过认真研究解决软件危机的方法，认识到软件工程是使计算机软件走向工程科学的途径，逐步形成了软件工程的概念。软件工程就是试图用工程、科学和数学的原理与方法研制、维护计算机软件的有关技术及管理方法。

关于软件工程的定义，国标(GB)中指出，软件工程是应用于计算机软件的定义、开发和维护的一整套方法、工具、文档、实践标准和工序。

1968 年在北大西洋公约组织会议(NATO 会议)上，讨论消除软件危机的办法，软件工程(Software Engineering)作为一个概念首次被提出，这在软件技术发展史上是一件大事。

其后的几十年里，各种有关软件工程的技术、思想、方法和概念不断地被提出，软件工程逐步发展成为一门独立的科学。在会议上，德国人 Fritz Bauer 认为："软件工程是建立并使用完善的工程化原则，以较经济的手段获得能在实际机器上有效运行的可靠软件的一系列方法。"

1993 年，IEEE(Institute of Electrical&Electronic Engineers，电气和电子工程师学会)给出了一个更加综合的定义："将系统化的、规范的、可度量的方法应用于软件开发、运行和维护的过程，即将工程化应用于软件中。"这些主要思想都强调在软件开发过程中需要应用工程化原则。

软件工程包括 3 个要素，即方法、工具和过程。方法是完成软件工程项目的技术手段；工具支持软件的开发、管理、文档生成；过程支持软件开发的各个环节的控制、管理。

软件工程的定义虽多，但其主要思想都是在强调软件开发中应用工程化原则的重要性。这种工程化的思想一直贯穿需求分析、设计、实现和维护整个软件生命过程。软件工程是指导计算机软件开发和维护的一门工程学科。它应用计算机科学、数学及管理科学等原理，借鉴传统工程的原则、方法和经验来解决软件问题。软件工程以提高质量，降低成本为目的，采用了若干科学的、现代化的方法技术来开发软件，极大提高了软件开发生产的效率。软件工程所包含的内容也不是一成不变的，它必将随着软件系统开发和生产技术的发展而有所改变。

总之，软件工程是一个发展的概念，随着计算机的普及应用以及软件产业的不断发展，人们对软件工程的认识不断深化。

8.3.2 软件生命周期

软件生命周期

同许多事物一样，软件系统也要经历孕育、诞生、成长、成熟和衰亡等阶段，称为软件生命周期。我们把软件从定义开始，经过开发、使用和维护，直到最终退役的全过程称为软件生命周期。

软件生命周期由软件定义、软件开发、软件的使用与维护三个阶段组成。而每个阶段又可以进一步划分成若干阶段，它们是：问题定义、可行性研究、需求分析、概要设计、详细设计、编码、测试、运行和维护等，如图 8.27 所示。

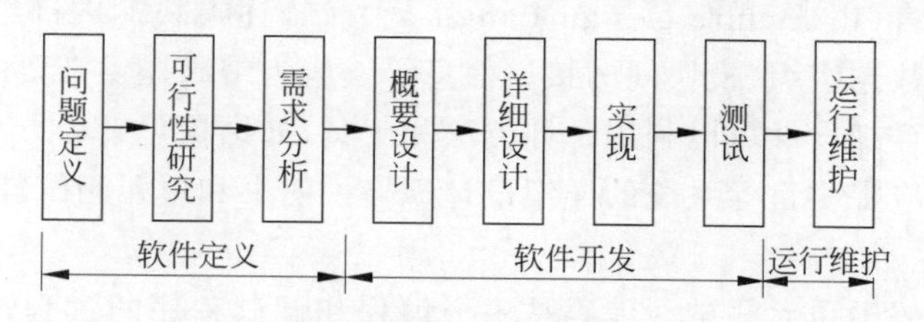

图 8.27 软件生命周期

1. 软件定义

软件定义的基本任务是弄清待开发的软件系统要做什么，即软件开发工程必须完成的总目标。软件定义包括问题定义、可行性研究和需求分析。

1) 问题定义：确定要解决的问题是什么

尽管确切定义问题的必要性是十分明显的，但在实践中它却可能是最容易被忽视的问题,通过对客户的访问调查,系统分析员扼要写出问题的性质、工程目标和工程规模的书面报告,经过讨论和必要的修改后这份报告应该得到客户用户的确认。

2) 可行性研究

研究上一个阶段确定的问题是否有解决的办法。可行性研究分为技术可行性、经济可行性、操作可行性和社会可行性等。

3) 需求分析

需求分析要确定软件系统的功能需求、性能需求和运行环境约束,确定目标系统必须做什么。这时系统分析员和开发人员必须与用户反复讨论、协商,将用户需求逐步精确化、一致化、完全化,最终借助各种方法和工具构建出软件系统的逻辑模型。

需求分析阶段工作完成后要提交软件需求规格说明书 SRS(Software Requirement Specification)、软件验收测试大纲、初步的用户手册等文档资料。需求规格说明书是需求分析工作之后最重要的阶段性成果,将作为软件开发人员进行软件设计的依据。

2. 软件开发

软件开发过程即软件的设计和实现,主要分为以下几个阶段:概要设计、详细设计、实现、测试。其中,概要设计又称为总体设计,与详细设计统称为软件设计。实现包括编码和单元测试。测试包括组装测试和验收测试。软件开发过程就是软件开发人员按照需求规格说明的要求,把抽象的系统需求实现为具体的程序代码和相关文档等,并经过严格测试产生最终软件产品的过程。

1) 概要设计

概要设计的主要任务是,在需求规格说明中提供的软件系统的逻辑模型的基础上,建立软件系统的总体结构和数据结构,定义子系统、功能模块及各子系统之间、各功能模块之间的关系。通常有多种设计方案,要从这些方案中选出最优的方案作为下一步工作的基础。概要设计的阶段性成果包括概要设计说明书、数据库或数据结构说明书、组装计划等文档。

2) 详细设计

详细设计阶段的任务是将概要设计产生的功能模块逐步细化,形成可编程的程序模块,用某种过程设计语言(Procedure Design Language)。描述模块的内部细节,包括算法和数据结构、数据分布、数据组织、模块间的接口信息等。应为编码提供必要的说明,并拟定模块的单元测试方案。详细设计可以利用各种方法和工具,如结构化设计方法、面向对象设计方法等。详细设计后应提供目标系统的详细设计规格说明书和单元测试计划的文档。

3) 实现

实现主要是编码和单元测试。编码是一个编程和调试程序的过程,根据详细设计规格说明书用选定的程序设计语言把详细设计的结果转化为机器可运行的源程序。每编写和调试出一个程序模块后,应对其进行模块测试,即单元测试。单元测试的任务是按照详细设计阶段的单元测试计划测试每一个程序模块,找出程序错误并改正,包括验证程序模块接口与详细设计文档的一致性。实现阶段的成果包括存盘的单元测试的程序模块集合,以及详细的单元测试报告等。

4) 测试

测试按不同的层次可分为单元测试、集成测试、确认测试和系统测试等。单元测试是查找各模块在功能和结构上是否符合要求；集成测试将经过单元测试的模块逐步进行组装和测试，主要测试各模块之间连接接口的正确性，系统或子系统的正确处理能力、容错能力、输入输出能力是否达到要求等；确认测试是按需求规格说明书上的功能和性能要求及确认测试计划对软件系统进行测试，决定开发的软件是否合格，能否达到用户对系统的要求。测试是保证软件质量的重要手段。软件测试报告应包括测试计划、测试用例、测试结果等内容。这些文档资料作为软件配置的一部分，应进行科学管理和妥善保存。

3. 软件的使用、维护和退役

软件开发结束后，经过用户确认验收，便可安装到特定的用户环境中供用户使用。软件的使用即软件的运行。软件投入实际使用以后的主要任务是确保软件持久满足用户的要求。软件的使用可以持续几年甚至几十年，运行中往往会因为发现了软件隐含的错误而需要修改，也可能为了适应变化了的软件工作环境而需要做相应的变更，或因为用户业务发生变化而需要扩充和增强软件的功能等，所以软件的修改几乎是不可避免的。

软件的维护就是为了延长软件的寿命而对软件产品进行修改或对软件需求变化做出响应的过程。软件的维护是软件生命周期中时间最长的阶段，软件维护的工作量可能占了软件生命周期全部工作量的60%以上。软件维护可分为纠错性维护、适应性维护、完善性维护和预防性维护。纠错性维护是诊断和改正在使用过程中发现的软件错误。适应性维护是修改软件以适应不同运行环境的变化。完善性维护是改善、加强软件系统的功能和性能以满足用户新的需求。预防性维护是修改软件以提高软件的可维护性和可靠性，为将来的软件维护和改进活动预先做准备。

软件的退役即软件的停止使用，意味着软件生命周期的结束，表明软件系统已不再具有维护价值。

8.3.3 结构化分析方法

软件开发方法是软件在开发过程所遵循的方法和步骤，其目的在于有效地得到一些工作产品，即程序和文档，并且满足质量要求。结构化方法经过30多年的发展，已经成为系统、成熟的软件开发方法之一。结构化方法包括已经形成了配套的结构化分析方法、结构化设计方法和结构化编程方法，其核心和基础是结构化程序设计理论。

1. 需求分析

需求分析是整个软件开发过程最重要的一步，通过软件需求分析，才能把软件功能和性能的总体概述为具体的需求规格说明，从而形成各个软件开发阶段的基础。需求分析是指用户对目标软件系统在功能、行为、性能和设计约束等方面的期望，其任务是发现需求、求精、建模和定义需求过程。需求分析将创建所需的数据模型、功能模型和行为模型。

1）需求分析的定义

1997年IEEE软件工程标准词汇表对需求分析定义如下：

(1) 用户解决问题或达到目标所需的条件或权能。

(2) 系统或系统部件要满足合同、标准、规范或其他正式规定文档所需具有的条件或权能。

(3) 一种反映(1)或(2)所描述的条件或权能的文档说明。

由需求分析的定义可知,需求分析的内容包括提炼、分析和仔细审查已收集到的需求;确保所有利益相关者都明白其含义并找出其中的错误、遗漏或其他不足的地方;从用户最初的非形式化需求到满足用户对软件产品的要求的映射;对用户意图不断进行提示和判断。

2) 需求分析阶段的工作

需求分析阶段的工作,可以概括为以下四个方面:

(1) 需求获取。需求获取的目的是确定对目标系统的各方面需求。涉及的主要任务是建立获取用户需求的方法框架,并支持和监控需求获取的过程。

需求获取涉及的关键问题有:对问题空间的理解;人与人之间的通信;不断变化的需求。

需求获取是在同用户的交流过程中不断收集、积累用户的各种信息,并且通过认真理解用户的各项要求,澄清那些模糊的需求,排除不合理的,从而较全面地提炼系统的功能性与非功能性需求。一般功能性与非功能性需求包括系统功能、物理环境、用户界面、用户因素、资源、安全性、质量保证及其他约束。

要特别注意的是,在需求获取过程中,容易产生诸如与用户存在交流障碍、相互误解、缺乏共同语言、理解不完整、忽视需求变化、混淆目标和需求等问题,这些问题都将直接影响到需求分析和系统后续开发的成败。

(2) 需求分析。对获取的需求进行分析和综合,最终给出系统的解决方案和目标系统的逻辑模型。

(3) 编写需求规格说明书。需求规格说明书作为需求分析的阶段成果,可以为用户、分析人员和设计人员之间的交流提供方便,可以直接支持目标软件系统的确认,又可以作为控制软件开发进程的依据。

(4) 需求评审。在需求分析的最后一步,对需求分析阶段的工作进行复审,验证需求文档的一致性、可行性、完整性和有效性。

2. 需求分析方法

常见的需求分析方法有结构化分析方法和面向对象的分析方法:

(1) 结构化分析方法。主要包括:面向数据流的结构化分析方法(Structured Analysis, SA),面向数据结构的Jackson方法(Jackson System Development Method, JSD)和面向数据结构的结构化数据系统开发方法(Data Structured System Development Method, DSSD)。

(2) 面向对象的分析方法(Object-Oriented Analysis Method, OOA)。从需求分析建立的模型的特性来分,需求分析又分为静态分析方法和动态分析方法。

3. 结构化分析方法

1) 结构化分析方法简介

结构化分析方法是结构化程序设计理论在需求分析阶段的运用。它是20世纪70年代中期倡导的基于功能分解的分析方法,其目的是帮助弄清用户对软件的需求。结构化分析方法的实质是着眼于数据流，自顶向下，逐层分解，建立系统的处理流程，以数据流图和数据字典为主要工具，建立系统的逻辑模型。

结构化分析的步骤如下：

(1) 通过对用户的调查，以软件的需求为线索，获得当前系统的具体模型。

(2) 去掉具体模型中非本质因素，抽象出当前系统的逻辑模型。

(3) 根据计算机的特点分析当前系统与目标系统的差别，建立目标系统的逻辑模型。

(4) 完善目标系统并补充细节，写出目标系统的软件需求规格说明。

(5) 评审直到确认完全符合用户对软件的需求。

2) 结构化分析的常用工具

结构化分析的常用工具包括数据流图(Data Flow Diagram，DFD)、数据字典(Data Dictionary，DD)、判定树和判定表。其中数据流图和数据字典较为常用。

(1) 数据流图。

结构化分析方法采用"分解"的方式来理解一个复杂的系统。"分解"需要有描述手段，数据流图就是作为描述分解的手段而引入的。数据流图是用来描述数据处理的工具，是用图形表示需求理解的逻辑模型。

数据流图从数据传递和加工的角度，来刻画数据流从输入到输出的移动变换过程。数据流图中的主要图形元素及说明如表 8.9 所示。

表 8.9 数据流图的主要图形元素

图 形	说 明
⬭	加工(转换)：输入数据经加工产生输出
→	数据流：沿箭头方向传送数据，一般在旁边标注数据流名
═	存储文件：表示处理过程中存放各种数据的文件
▭	外部实体

数据流图与程序流程图中用箭头表示的控制流有本质不同，千万不要混淆。此外，数据存储和数据流都是数据，仅仅是所处的状态不同。数据存储是处于静止状态的数据，数据流是处于运动中的数据。

(2) 数据字典。

数据字典是结构化分析方法的核心，它是对所有与系统相关的数据元素的一个有组织的列表，以及明确的、严格的定义，使用户和系统分析员对于输入、输出、存储成分和中间计算结果有共同的理解。数据字典通常包含的信息有名称、别名、何处使用/如何使用、内容描述和补充信息等。数据字典把不同的需求文档和分析模型紧密地结合在一起，与各模型的图形表示配合，能清楚地表达数据处理的要求。概括地说，数据字典的作用是对数据流图中出现的被命名的图形元素的确切解释。

数据字典中有 4 种类型的条目：数据流、数据项、数据存储和数据加工。在数据字典各条目的定义中，常使用的符号如表 8.10 所示。

表 8.10 数据字典中的符号

符 号	含 义	说 明
=	被定义为或等价于	
+	与	M=x+y,表示 M 由 x 和 y 组成
[⋯|⋯](⋯|⋯)	或(选择结构)	M=[x | y]或 M=[x,y],表示 M 由 x 或 y 组成
{⋯}	重复	M={x},表示 M 由 0 个或多个 x 组成
m{⋯}n 或{K}m n	重复	M=3{x}5 或 M={x}3 5,表示在 M 中 x 最多出现 5 次,最少出现 3 次,注意 3{⋯}表示最少出现 3 次
(⋯)	可选	M=(x),表示 x 可有可无,可以出现也可不出现
"⋯"	基本数据元素	M="x",表示 M 是取值为字符 x 的数据元素
..	连接符	M=a..z,表示 M 取 a 到 z 之间任意一个字符
⋯	注释符	*号之间的内容表示注释的部分

(3) 判定树。

判定树又称决策树,是一种描述加工的图形工具,适合描述问题处理中具有多个判断,而且每个决策与若干条件有关的事务。在使用判定树进行描述时,应先从问题定义的文字描述中分清哪些是判定的条件,哪些是判定的结论,根据描述材料中的连接词找出判定条件之间的从属关系、并列关系和选择关系,根据它们构造判定树。

例 8.10 某工厂对工人的超产奖励政策为:该厂生产两种产品 A 和 B。凡工人每月的实际生产量超过计划指标者,均有奖励。奖励政策为:

对于产品 A 的生产者,超产数 N 小于或等于 100 件时,每超产 1 件奖励 2 元;N 大于 100 件小于或等于 150 件时,大于 100 件的部分每件奖励 2.5 元,其余的每件奖励金额不变;N 大于 150 件时,超过 150 件的部分每件奖励 3 元,其余按超产 150 件以内的方案处理。

对于产品 B 的生产者,超产数 N 小于或等于 50 件时,每超产 1 件奖励 3 元;N 大于 50 件小于或等于 100 件时,大于 50 件的部分每件奖励 4 元,其余的每件奖励金额不变;N 大于 100 件时,超过 100 件的部分每件奖励 5 元,其余按超产 100 件以内的方案处理。

上述处理功能用判定树描述,如图 8.28 所示。

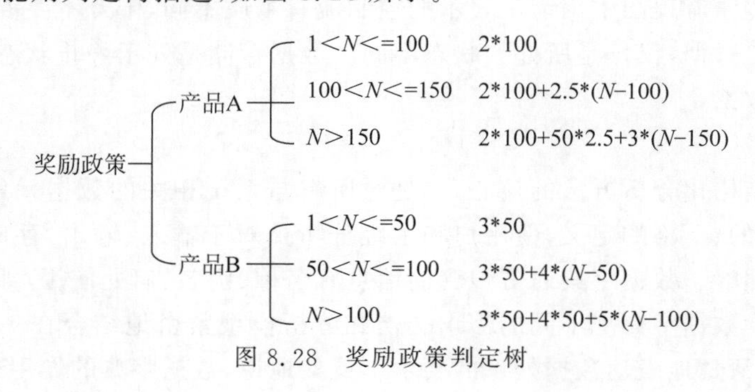

图 8.28 奖励政策判定树

(4) 判定表。

判定表与判定树相似,也是描述加工的一种图形工具。当数据流图中的加工要依赖于多个逻辑条件的取值时,即完成该加工的一组动作是由于某一组条件取值的组合而引发的,使用判定表描述比较合适。

判定表由四部分组成，如表8.11所示，判定表分为：条件定义、条件的值、动作定义和特定条件下相应的动作的值。

表8.11　判定表组成

条件定义	条件的值
动作定义	特定条件下相应的动作的

例8.11　某校制定了教师的讲课课时津贴标准。对于各种性质的讲座，无论教师是什么职称，每课时津贴费一律是50元；而对于一般的授课，则根据教师的职称来决定每课时津贴费：教授30元，副教授25元，讲师20元，助教15元。此问题的判定表如表8.12所示。

表8.12　教师课时津贴判定表

	1	2	3	4	5
教授	—	T	F	F	F
副教授	—	F	T	F	F
讲师	—	F	F	T	F
助教	—	F	F	F	T
讲座	T	F	F	F	F
50	*				
30		*			
25			*		
20				*	
15					*

由表8.12可见，判定表将比较复杂的决策问题简洁、明确、一目了然地描述出来，它是描述条件比较多的决策问题的有效工具。判定表或判定树都是以图形形式描述数据流的加工逻辑，它结构简单，易懂易读。尤其遇到组合条件的判定，利用判定表或判定树可以使问题的描述清晰，而且便于直接映射到程序代码。在表达一个加工逻辑时，判定树、判定表都是好的描述工具，根据需要可以交叉使用。

4. 软件需求规格说明书

需求分析阶段的最后结果是软件需求规格说明书，这是软件开发中的重要文档之一。

1）软件需求规格说明书的作用

（1）便于用户、开发人员进行理解和交流。

（2）反映出用户问题的结构，可以作为软件开发工作的基础和依据。

（3）作为确认测试和验收的依据。

2）软件需求规格说明书的特点

（1）正确性。要正确地反映待开发系统，体现系统的真实要求。

（2）无歧义性。每一个需求的解释没有二义性。

（3）完整性。要涵盖用户对系统的所有需求，包括功能要求、性能要求、接口要求和设计约束等。

（4）可验证性。描述的每一个需求都可在有限代价的有效过程中验证确认。

(5) 一致性。各个需求的描述之间不能有逻辑上的冲突。

(6) 可理解性。为了使用户能看懂需求说明书,应尽量少使用计算机的概念和术语。

(7) 可修改性。说明的结构风格在有需要时可以改变。

(8) 可追踪性。每个需求的来源和流向是清晰可追踪的。

作为设计的基础和验收的依据,软件需求规格说明书应该精确而无二义性,需求说明书越精确,以后出现错误、混淆、反复的可能性越小。用户能看懂需求说明书,并且发现和指出其中的错误,是保证软件系统质量的关键,因而需求说明书必须简明易懂,尽量少包含计算机的概念和术语,以便用户和软件人员双方都能接受。

3) 软件需求规格说明书的内容

软件需求规格说明书是作为需求分析的一部分而指定的可交付文档。该说明把在软件计划中确定的软件范围加以展开,制定出完整的信息描述、详细的功能说明、恰当的检验标准,以及其他与要求有关的数据。软件需求规格说明书所包括的内容和书写框架如下。

(1) 概述

(2) 数据描述

① 数据流图；②数据字典；③系统接口说明；④内部接口。

(3) 功能描述

① 功能；②处理说明；③设计限制。

(4) 性能描述

① 性能参数；②测试种类及条件；③预期的软件响应；④应考虑的特殊问题。

(5) 参考文献目录

(6) 附录

其中,概述是从系统的角度描述软件的目标和任务；数据描述是对软件系统所必须解决的问题做出详细的说明；功能描述视为解决用户问题所需要的每一项功能的过程细节。对每一项功能要给出处理说明和在设计时需要考虑的限制条件；性能描述是说明系统应达到的性能和应该满足的限制条件、检测的方法和标准、预期的软件响应和可能需要考虑的特殊问题；参考文献目录描述应包括与该软件有关的全部参考文献,其中包括前期的其他文档、技术参考资料、产品目录手册及标准等；附录部分包括一些补充资料,如列表数据、算法的详细说明、框图、图表和其他材料。

8.3.4 结构化设计方法

在软件的需求分析阶段已经完全弄明白了软件的各种需求,较好地解决了所开发的软件“做什么”的问题,并已经在软件需求说明书中详尽和充分地阐述了这些需求,下一步就要着手解决“如何做”的问题,而软件设计就是把软件的需求分析变成软件表示的过程。

1. 软件设计概述

1) 软件设计的基础

软件设计是软件工程的重要阶段,是一个将软件需求转换为软件表示的过程。软件设计的基本目标是用比较抽象、概括的方式确定目标系统如何完成预定的任务,即软件设计是确定系统的物理模型。

软件设计是开发阶段最重要的步骤。

从工程管理的角度来看，软件设计可分为以下两步。

(1) 概要设计。将软件需求转化为软件体系结构，确定系统及接口、全局数据结构或数据库模式。

(2) 详细设计。确立每个模块的实现算法和局部数据结构，用适当方法表示算法和数据结构的细节。

从技术观点来看，软件设计包括以下4个步骤：

(1) 结构设计。定义软件系统各主要部件之间的关系。

(2) 数据设计。将分析时创建的模型转化为数据结构的定义。

(3) 接口设计。描述软件内部、软件和协作系统之间以及软件与人之间如何通信。

(4) 过程设计。把系统结构部件转换成软件的过程描述。

2) 软件设计的基本原理

软件设计遵循软件工程的基本目标和原则，建立了适用于在软件设计中应该遵循的基本原理和软件设计有关的概念，其中主要包括抽象、模块化、信息隐藏以及模块的独立性。

(1) 抽象。人类在认识复杂现象的过程中使用的最强有力的思维工具就是抽象。抽象就是抽出事物的本质特性，集中和概括其相似的方面，忽略它们之间的差异性。

(2) 模块化。模块化是指把软件划分成独立命名且可独立访问的模块，每个模块完成一个子功能，把这些模块集成起来构成一个整体，可以完成指定的功能，满足用户的需求。模块化是为了把复杂的问题自顶向下逐层分解成许多容易解决的小问题，应该避免模块划分的数目过多或者过少。

(3) 信息隐藏。信息隐藏原理指出：设计和确定模块时，应使得某个模块内包含的信息(过程和数据)对于不需要这些信息的模块来说，是不能访问的。

(4) 模块独立性。模块独立性是指每个模块完成一个相对独立的特定子功能，并且和其他模块之间的联系最少且接口简单。模块的独立程度可以由两个定性标准度量：内聚性和耦合性。

衡量一个模块内部各个元素彼此结合的紧密程度，即内聚性。

内聚性是一个模块内部各元素之间彼此结合的紧密程度的度量。内聚是从功能的角度来度量模块内部的联系。功能内聚是指模块内所有元素共同完成一个功能，缺一不可，模块已不可再分。内聚分为以下几种情况，由低到高排列为：

① 偶然内聚。指一个模块内的各处理元素之间没有任何联系。

② 逻辑内聚。指模块内执行几个逻辑上相关的功能，通过参数确定该模块完成哪一个功能。

③ 时间内聚。把需要同时或顺序执行的动作组合在一起形成的模块为时间内聚模块。例如，初始化模块，它按顺序为变量置初值。

④ 过程内聚。如果一个模块内的处理元素是相关的，而且必须以特定次序执行，则称为过程内聚。

⑤ 通信内聚。指模块内所有处理功能都通过使用公用数据而发生关系。这种内聚也具有过程内聚的特点。

⑥ 顺序内聚。指一个模块中各个处理元素和同一个功能密切相关，而且这些处理必须

顺序执行，通常前一个处理元素的输出就是下一个处理元素的输入。

⑦ 功能内聚。指模块内所有元素共同完成一个功能，缺一不可，模块已不可再分。这是最强的内聚。

内聚性是指信息隐蔽和局部化概念的自然扩展。一个模块的内聚性越强，则该模块的模块独立性越强。软件结构设计的原则，要求每一个模块的内部都具有很强的内聚性，它的各个组成部分彼此都密切相关。

衡量不同模块彼此间互相依赖（连接）的紧密程度，即耦合性。

耦合性是模块间相互连接的紧密程度的度量，它表示模块之间的松散程度。耦合度应该越低越好。耦合度低，说明模块的独立性好。耦合性取决于各个模块之间接口的复杂程度、调用方式以及哪些信息通过接口。耦合分为以下 7 种情况，由高到低排列为：

① 内容耦合。如一个模块直接访问另一个模块的内容，则这两个模块称为内容耦合。

② 公共耦合。若一组模块都访问同一全局数据结构，则它们之间的耦合称为公共耦合。

③ 外部耦合。如果一组模块都访问同一全局简单变量（而不是同一全局数据结构），且不通过参数表传递该全局变量的信息，则称为外部耦合。

④ 控制耦合。若一模块明显地把开关量、名称等信息送入另一模块，控制另一模块的功能，则为控制耦合。

⑤ 标记耦合。若两个以上模块都需要其余某一数据结构子结构时，不使用其余全局变量的方式而是用记录传递的方式，即两模块间通过数据结构交换信息，这样的耦合称为标记耦合。

⑥ 数据耦合。若一个模块访问另一个模块，被访问模块的输入和输出都是数据项参数，即两模块间通过数据参数交换信息，则这两个模块为数据耦合。

⑦ 非直接耦合。若两个模块没有直接关系，它们之间的联系完全是通过主模块的控制和调用来实现的，则称这两个模块为非直接耦合。非直接耦合独立性最强。

由上面对耦合机制进行的分类可见，一个模块与其他模块的耦合性越强，该模块的独立性越弱。原则上讲，模块化设计总是希望模块之间的耦合表现为非直接耦合方式。但是，由于问题所固有的复杂性和结构化设计的原则，非直接耦合往往是不存在的。

耦合性与内聚性是模块独立性的两个定性标准，耦合与内聚是相互关联的。一般来说，设计要求模块之间的低耦合，即模块尽可能独立，且要求模块高内聚，即模块内联系紧密。内聚性和耦合性是一个问题的两个方面，耦合性程度弱的模块，其内聚程度一定高。

3）结构化设计方法

结构化设计就是采用最好的方法设计系统的各个组成部分及各部分之间的内部联系的技术。也就是说，决定用哪些方法把哪些部分联系起来，才能解决好某个具体有清楚定义的问题的过程就是结构化设计的工作。结构化设计方法的基本思想是将软件设计成由相对独立、单一功能的模块组成的结构。结构化设计的步骤如下：

（1）评审和细化数据流图。

（2）确定数据流图的类型。

（3）把数据流图映射到软件模块结构，设计出模块结构的上层。

（4）基于数据流图逐步分解高层模块，设计中、下层模块。

(5) 对模块结构进行优化,得到更为合理的软件结构。

(6) 描述模块接口。

2. 概要设计

1) 概要设计的任务

(1) 设计软件系统结构。在需求分析阶段,已经把系统分解成层次结构;在总体设计阶段,需要进一步分解,划分为模块以及模块的层次结构。

划分的具体过程是:首先采用某种设计方法,将一个复杂的系统划分成模块;然后确定每个模块的功能;确定模块之间的调用关系;确定模块之间的接口,即模块之间传递的信息;评价模块结构的质量。

(2) 数据结构及数据库设计。数据设计是实现需求定义和规格说明中提出的数据对象的逻辑表示。数据设计的具体任务是:确定输入、输出文件的详细数据结构;结合算法设计,确定算法所必需的逻辑数据结构及其操作;确定对逻辑数据结构所必需的那些操作的程序模块,限制和确定各个数据设计决策的影响范围;确定当需要与操作系统或调度程序接口时,进行数据交换的详细数据结构和使用规则;数据的保护性设计,包括防卫性、一致性、冗余性设计。

数据设计的设计原则:

① 用于功能和行为的系统分析原则也适用于数据设计。

② 应该标识所有数据结构以及其上的操作。

③ 应当建立数据字典,并用于数据设计和程序设计。

④ 低层的设计决策应该推迟到设计过程的后期。

⑤ 只有那些需要直接使用数据结构、内部数据的模块才能看到该数据的表示。

⑥ 应该开发一个由有用的数据结构和应用于其上的操作所组成的库。

⑦ 软件设计和程序设计语言应该支持抽象数据类型的规格说明和实现。

(3) 编写概要设计文档。文档有概要设计说明书、数据库设计说明书和集成测试计划等。

(4) 概要设计文档评审。在文档编写完成后,要评审设计部分是否完整地实现了需求中规定的功能、性能等要求,设计方案是否可行,关键的处理及内外部接口定义是否正确、有效,各部分之间是否一致等,避免在以后的设计中出现大的问题而返工。

常用的软件结构设计工具是结构图(Structure Chart,SC),也称程序结构图。使用结构图描述软件系统的层次和分块结构关系,它反映了整个系统的功能实现以及模块与模块之间的联系与通信,是未来程序中的控制层次体系。

结构图是描述软件结构的图形工具,其基本图符如图 8.29 所示。

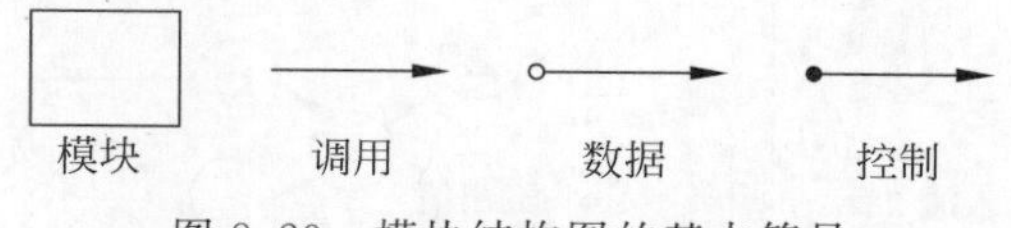

图 8.29 模块结构图的基本符号

模块用一个矩形表示,矩形内注明模块的功能和名字,箭头表示模块间的调用关系。在结构图中还可以用带注释的箭头表示模块调用过程中来回传递的信息。如果希望进一步标明传递的信息是数据还是控制信息,则可用带实心圆的箭头表示传递的是控制信息,用带空心圆的箭头表示传递的是数据信息。有关模块还有几个相关术语如下：

- 深度。控制的层数。
- 宽度。整体控制跨度(最大模块数的层)的表示。
- 扇入。调用一个给定模块的模块个数。
- 扇出。一个模块直接调用的其他模块数。

2）面向数据流的设计方法

面向数据流的设计方法定义了一些不同的映射方法,利用这些映射方法可以把数据流图变换成用结构图表示的软件结构。数据流图从系统的输入数据流到系统的输出数据流的一连串连续加工形成了一条信息流。

数据流图的信息流可以分为两个类型：变换流和事务流。相应地,数据流图也有两个典型的结构形式：变换型和事务型。

（1）变换型。

信息沿输入通路进入系统,从外部形式转化成内部形式,然后通过变换中心,经加工处理以后从输出通路转化为外部形式离开软件系统。当数据流图具有这些特征时,这种信息流就称为变换流,这种数据流图称为变换型数据流图。变换型数据流图可以分成输入、变换中心和输出三大部分,如图 8.30 所示。

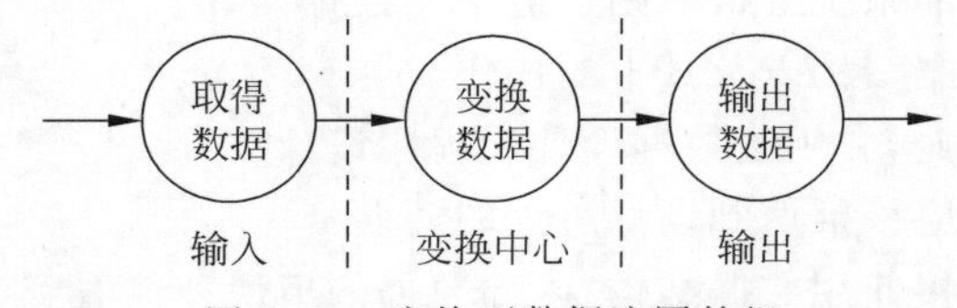

图 8.30　变换型数据流图的组

（2）事务型。

信息沿着输入通路到达一个事务中心,事务中心根据输入信息(称为事务)的类型在若干处理序列(称为活动流)中选择一个来执行,这种信息流称为事务流,这种数据流图称为事务型数据流图。

事务型数据流图有明显的事务中心,各活动流以事务中心为起点呈辐射状流出,如图 8.31 所示。

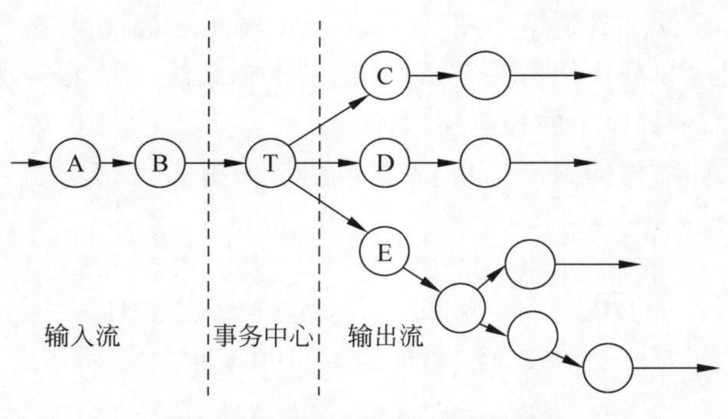

图 8.31　事务型数据流图的结构

面向数据流的结构化设计过程如下：

① 确认数据流图的类型(是事务型还是变换型)。

② 说明数据流的边界。

③ 把数据流图映射为程序结构。

④ 根据设计准则对产生的结构进行优化。

3）结构化设计的准则

大量实践表明，指导结构化设计和优化软件结构图应遵守以下准则：

(1) 提高模块独立性。在得到模块的软件结构之后，就应首先着眼于改善模块的独立性，考虑是否应把一些模块提取或合并，力求降低耦合、提高内聚。

(2) 深度、宽度、扇入和扇出都应适当。如果深度过大，则说明有的控制模块可能简单了。如果宽度过大，则说明系统的控制过于集中。如果扇出过大，则意味着模块过于复杂，需要控制和协调过多的下级模块，这时应适当增加中间层次；如果扇出过小，则可以把下级模块进一步分解成若干个子功能模块，或者合并到上级模块中去。一个模块的扇入是表明有多少个上级模块直接调用它，扇入越大，共享该模块的上级模块数目就越多。

(3) 模块的作用域应该在控制域之内。模块的作用域是指模块内一个判定的作用范围，凡是受这个判定影响的所有模块都属于这个判定的作用域。在一个设计得很好的系统中，所有受某个判定影响的模块应该都从属于作出判定的那个模块，最好局限于作出判定的那个模块本身及它的直属下级模块。对于那些不满足这一条件的软件结构，修改的办法是：将判定点上移或者将那些在作用范围内但是不在控制范围内的模块移到控制范围以内。

(4) 设计单入口、单出口的模块。这条原则警告软件工程师不要使模块间出现内容耦合。当从顶部进入模块，并且从底部退出来时，软件是比较容易理解的，也是比较容易维护的。

(5) 降低模块之间接口的复杂程度。模块的接口复杂是软件容易发生错误的一个主要原因。应该仔细设计模块接口，使信息传递简单且和模块的功能一致。

(6) 模块规模应该适中。经验表明，当模块过大时，模块的可理解性就迅速下降。但是对大的模块分解时，不应降低模块的独立性。因为，当对一个大的模块分解时，有可能会增加模块间的依赖。

(7) 模块功能应该可以预测。如果一个模块可以当作一个“黑盒”，也就是不考虑模块的内部结构和处理过程，则这个模块的功能就是可以预测的。

3. 详细设计

1）详细设计的任务

详细设计阶段是软件设计的第二步，这一阶段的任务是为软件结构图中的每一个模块确定实现算法和局部数据结构，用某种选定的表达工具表示算法和数据结构的细节。

表达工具可以由设计人员自由选择，但它应该具有描述过程细节的能力，而且能够使程序员在编程时便于直接翻译成程序设计语言的源程序。这里仅对过程设计进行讨论。

在过程设计阶段，要对每个模块规定的功能以及算法的设计，给出适当的算法描述，即确定模块内部的详细执行过程，包括局部数据组织、控制流、每一步具体处理要求和各种实现细节等。其目的是确定应该怎样来具体实现所要求的系统。

2）详细设计的工具

常见的过程设计工具有：

(1) 图形工具。N-S图、PAD图、HIPO图、程序流程图。

(2) 表格工具。判定表。

(3) 语言工具。PDL(伪码)。

下面简单介绍几种主要的工具。

(1) 程序流程图。程序流程图是一种传统的、应用最广泛的图形描述工具。程序流程图表达直观、清晰，易于学习掌握，且独立于任何一种程序设计语言。

(2) N-S图。又称为盒图，它将整个程序写在一个大框图内，这个大框图由若干小的基本框图构成。

(3) PAD图。又称问题分析图(Problem Analysis Diagram)，它是一种支持结构化算法的图形表达工具，也是用于业务流程描述的系统方法。

(4) HIPO图。其特点是以模块分解的层次性以及模块内部输入、处理、输出3大基本部分为基础建立的。

(5) PDL常用的语言工具是PDL(伪码)。PDL是Program Design Language的简称，它是一种用于描述功能模块的算法设计和加工细节的语言，是过程设计语言，也称为结构化的语言和伪码。它是一种“混合”语言，采用英语的词汇，同时却使用另一种语言(某种结构化的程序设计语言)的语法。

8.3.5 软件测试

随着计算机软硬件技术的发展，计算机的应用领域越来越广泛，而且软件的复杂程度也越来越高。如何才能保证软件的可靠性和软件的质量呢？对软件产品的测试是保证软件可靠性、软件质量的有效方法。

软件测试的主要过程包括需求定义阶段的需求测试，编码阶段的单元测试、集成测试以及其后的确认测试、系统测试，验证软件是否合格、能否交付用户使用等。软件测试涵盖了整个软件生命周期的过程，是保证软件质量的重要手段。软件测试的投入(包括人员和资金)是巨大的，通常，软件测试的工作量占软件开发总工作量的40%或以上，而且具有很高的组织管理和技术难度。

1. 软件测试的目的

对软件测试而言，它的目的是发现软件中的错误。但是发现错误不是我们的最终目的，软件工程的根本目的是开发出高质量的、尽量符合用户需要的软件。

1983年，IEEE将软件测试定义为：使用人工或自动手段来运行或测定某个系统的过程，其目的在于检验它是否满足规定的需求或是弄清预期结果与实际结果之间的差别。

J. Myers给出了软件测试的目的或定义：

软件测试是为了发现错误而执行程序的过程。

一个好的测试用例是指可能找到迄今为止尚未发现的错误的用例。

一个成功的测试是为了发现至今尚未发现的错误的测试。

软件测试的目的是为了发现软件中的错误。

因此可以看出，测试是以查找错误为目的，而不是为了演示软件的正确功能。

2. 软件测试的准则

鉴于软件测试的重要性，要做好软件测试，设计出有效的测试方案和好的测试用例，软件测试人员需要充分理解和运用软件测试的一些基本准则。

(1) 所有测试都应追溯到用户需求。软件测试的目的是发现错误，而最严重的错误不外乎是导致程序无法满足用户需求的错误。

(2) 穷举测试是不可能的。所谓穷举测试是指把程序所有可能的执行路径都进行检查的测试。但是，即使规模很小的程序，其路径排列数也是相当大的，在实际测试过程中不可能穷尽每一种组合。这说明，测试只能证明程序中有错误，不能证明程序中没有错误。

(3) 充分注意测试中的群集现象。经验表明，程序存在错误的概率与该程序中已发现的错误数成正比。这一现象说明，为了提高测试效率，测试人员应集中对付那些错误群集的程序。

(4) 程序员应避免检查本人的程序。为了达到好的测试效果，应由独立的第三方来构造测试。因为从心理学角度讲，程序员或设计方在测试自己的程序时，要采取客观的态度处理测试过程中存在的不同程度的障碍。

(5) 严格执行测试计划，排除测试的随意性。软件测试应当制定明确的测试计划并按照计划执行。测试计划应包括：所测软件的功能、输入和输出、各项测试的目的和进度安排、测试资料、测试工具、测试用例的选择、资源要求、测试控制方法和过程等。

(6) 妥善保存测试计划、测试用例、出错统计和最终分析报告，为软件的维护提供方便。

3. 软件测试技术和方法

软件测试的方法是多种多样的，对于软件测试方法和技术，可以从不同的角度分类。按照是否需要执行被测软件的角度划分，软件测试可以分为静态测试和动态测试。按照功能划分，软件测试可以分为白盒测试和黑盒测试。

1) 静态测试与动态测试

(1) 静态测试。

静态测试并不实际运行软件，主要通过人工进行分析，充分发挥人的逻辑思维优势，也可以借助软件工具自动进行，包括代码检查、静态结构分析、代码质量度量等。

经验表明，使用人工测试能够有效地发现30%～70%的逻辑设计和编码错误。在软件开发过程的早期阶段，由于可运行的代码尚未产生，不可能进行动态测试，而这些阶段的中间产品的质量直接关系到软件开发的成败，因此在这些阶段，静态测试尤为重要。

代码检查主要检查代码和设计的一致性，包括代码逻辑表达的正确性、代码结构的合理性等方面。这项工作可以发现违背程序编写标准的问题，如程序中不安全、不明确和模糊的部分，找出程序中不可移植部分、违背程序编写风格的问题，包括变量检查、命名和类型审查、程序逻辑审查、程序语法检查和程序结构检查等内容。代码检查包括代码审查、代码走查、桌面检查和静态分析等具体方式。

代码审查：小组集体阅读、讨论检查代码。

代码走查：小组成员通过用“脑”研究、执行程序来检查代码。

桌面检查：由程序员自己检查自己编写的程序。程序员在程序通过编译之后，进行单元测试之前，对源代码进行分析、检验，并补充相关文档，目的是发现程序的错误。

静态分析：对代码的机械性、程式化的特性分析方法，包括控制流分析、数据流分析、接口分析、表达式分析。

（2）动态测试。

动态测试是基于计算机的测试，是为了发现错误而执行程序的过程。或者说，是根据软件开发各阶段的规格说明和程序的内部结构而精心设计的一批测试用例(即输入数据及其预期的输出结果)，并利用这些测试用例去运行程序，以发现程序错误的过程。

设计高效、合理的测试用例是动态测试的关键。测试用例就是为测试设计的数据，分为测试输入数据和预期的输出结果两部分。测试用例的格式为：

[(输入值集)，(输出值集)]

2）白盒测试与黑盒测试

测试用例的设计方法一般分为两类：白盒测试和黑盒测试。

（1）白盒测试与测试用例设计。

白盒测试也称结构测试，它根据程序的内部逻辑来设计测试用例，检查程序中的逻辑通路是否都按预定的要求正常地工作。

这一方法是把测试对象看作一个打开的盒子，测试人员依据程序内部逻辑结构相关信息，设计或选择测试用例，对程序所有逻辑路径进行测试，通过在不同点检查程序的状态来了解实际的运行状态是否与预期的状态一致。所以，白盒测试是在程序内部进行，主要用于完成软件内部操作的验证。

白盒测试的基本原则：保证所测模块中每一独立路径至少执行一次；保证所测模块所有判断的每一分支至少执行一次；保证所测模块每一循环都在边界条件和一般条件下至少各执行一次；验证所有内部数据结构的有效性。

“白盒”测试全面了解程序内部逻辑结构，对所有逻辑路径进行测试。按照白盒测试的基本原则，“白盒”法是穷举路径测试。在使用这一方案时，测试者必须检查程序的内部结构，从检查程序的逻辑着手，得出测试数据。贯穿程序的独立路径数是天文数字，但即使每条路径都测试了，仍然可能有错误。第一，穷举路径测试决不能查出程序是否违反了设计规范，即程序本身是个错误的程序；第二，穷举路径测试不可能查出程序中因遗漏路径而出现错误；第三，穷举路径测试可能发现不了一些与数据相关的数据。

白盒测试的主要方法有逻辑覆盖测试和基本路径测试等。逻辑覆盖测试是指一系列以程序内部的逻辑结构为基础的测试用例技术包括语句覆盖、路径覆盖、判定覆盖、条件覆盖、判断/条件覆盖。基本路径测试的思想是根据软件过程描述中的控制流程确定程序的环路复杂性度量，用此度量定义基本路径集合，并由此导出一组测试用例，对每一条独立执行路径的测试。下面介绍逻辑覆盖测试。

① 语句覆盖。

选择足够的测试用例，使程序中的每一条语句至少都执行一次。

例如，设有程序流程图表示的程序如图 8.32 所示。

按照语句覆盖的测试要求，对图 8.32 所示的程序设计测试用例 1 和测试用例 2。

语句覆盖是逻辑覆盖中基本的覆盖，尤其对单元测试来说。但是语句覆盖往往没有关

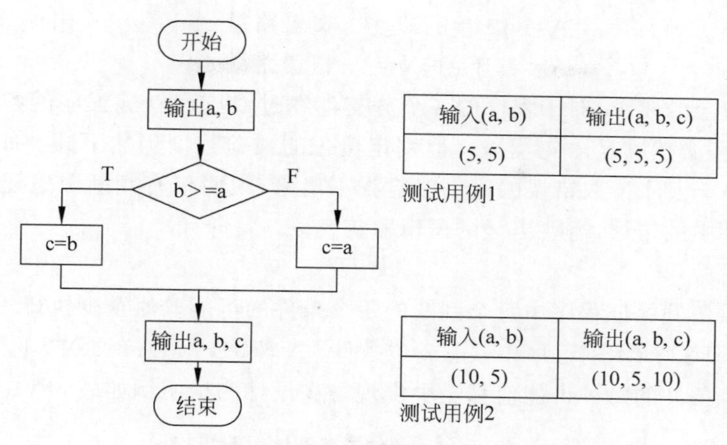

图 8.32 程序流程图

注判断中的条件可能隐含的错误。

② 路径覆盖。

执行足够的测试用例,使程序中所有的可能路径都至少执行一次。例如,设有程序流程图表示的程序如图 8.33 所示。

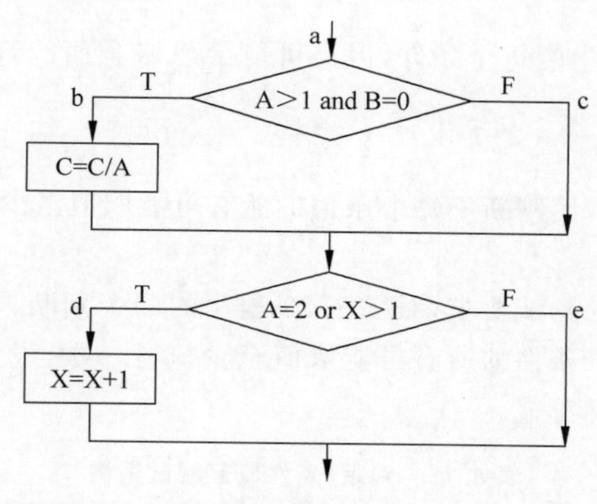

图 8.33 程序流程图

对图 8.33 所示的程序设计如表 8.13 列出的一组测试用例,就可以覆盖该程序的全部 4 条路径。

表 8.13 图 8.33 对应的测试用例

测试用例	通过路径	测试用例	通过路径
[(A=1,B=1,X=1),(输出略)]	(ace)	[(A=4,B=0,X=1),(输出略)]	(abe)
[(A=2,B=0,X=1),(输出略)]	(abd)	[(A=2,B=1,X=1),(输出略)]	(acd)

③ 判定覆盖。

判定覆盖是指设计足够多的测试用例,使得程序中的每个判定的取值分支(T 或 F)至少经历一次。

例如,对图 8.33 所示的程序设计测试用例:

A=4,B=0,X=1 ,覆盖路径 abd

A=1,B=1,X=1,覆盖路径 ace

根据判定覆盖的要求,对于程序的各个分支都经过,也就是说,程序的各个语句都测试了,所以判定覆盖必然满足语句覆盖。但判定覆盖的覆盖程度仍然不高。如,对 A=2 OR X>1 来说,当 A=2 时 X 取错误的值仍然检查不出来,说明仅有判断覆盖还无法保证能查出在判断的条件中的错误,需要更强的逻辑覆盖。

④ 条件覆盖。

设计的测试用例保证程序中每个判断的每个条件的可能取值至少执行一次。

例如,如图 8.33 所示的程序中共有 4 个条件: A>1,B=0,A=2,X>1。为了使得逻辑表达式中的每个条件的每种可能值都至少出现一次设计测试用例如表 8.14 所示。

表 8.14 条件覆盖测试用例

测试用例	覆盖路径	覆盖条件
A=2,B=0,X=3	abd	A>1,B=0,A=2,X>1
A=1,B=1,X=1	ace	A≤1,B≠0,A≠2,X≤1
A=1,B=0,X=3	acd	A≤1,B=0,A≠2,X>1
A=2,B=1,X=1	ace	A>1,B≠0,A=2,X≤1

条件覆盖深入到判断中的每个条件,但是可能会忽略全面的判断覆盖的要求。有必要考虑判断/条件覆盖。

⑤ 判断/条件覆盖。

设计足够的测试用例,使判断中每个条件的所有可能取值至少执行一次,同时每个判断的所有取值分支至少执行一次。

按照判断/条件覆盖的测试要求,对图 8.33 程序的两个判断框的每个取值至少经历一次,同时两个判断框中 4 个条件的所有可能取值至少执行一次,设计测试用例如表 8.15 所示就能保证满足判断/条件覆盖。

表 8.15 判定/条件覆盖测试用例

测试用例	覆盖路径	覆盖条件
A=2,B=0,X=3	abd	A>1,B=0,A=2,X>1
A=1,B=1,X=1	ace	A≤1,B≠0,A≠2,X≤1

判断/条件覆盖也有缺陷,对质量要求高的软件单元,可根据情况提出多重条件覆盖以及其他更高的覆盖要求。

(2) 黑盒测试与测试用例设计。

黑盒测试也称为功能测试或数据驱动测试,它根据规格说明书的功能来设计测试用例,检查程序的功能是否符合规格说明的要求。

黑盒测试的主要诊断方法有等价类划分法、边界值分析法和错误推测法等,主要用于软件确认测试。

① 等价类划分法。

这是一种最常用的黑盒测试方法,它是先把程序所有可能的输入划分成若干等价类,然后根据等价类选取相应的测试用例。每个等价类中各个输入数据发现程序中错误的概率几乎是相同的。因此,从每个等价类中只取一组数据作为测试数据,这样选取的测试数据最有代表性,最可能发现程序中的错误,并且大大减少了需要的测试数据的数量。

② 边界值分析法。

边界值分析法是对各种输入、输出范围的边界情况设计测试用例的方法。

大量实践表明,程序错误最容易出现在边界处理时,因此针对各种边界情况设计测试用例,可以查出更多的错误。

③ 错误推测法。

错误推测法是一种凭直觉和经验推测某些可能存在的错误,从而针对这些可能存在的错误设计测试用例的方法。这种方法没有机械的执行过程,主要依靠直觉和经验。错误推测法针对性强,可以直接切入可能的错误,直接定位,是一种非常实用、有效的方法,但是需要非常丰富的经验。错误推测法的实施步骤,首先对被测试软件列出所有可能出现的错误和易错情况表,然后基于该表设计测试用例。

例如,输入数据为0或输出数据为0往往容易发生错误;如果输入或输出的数据允许变化,则输入或输出的数据为0和1的情况(例如,表为空或只有一项)是容易出错的情况。因此,测试者可以设计输入值为0或1的测试情况,以及使输出强迫为0或1的测试情况。

4. 软件测试的实施

软件测试是保证软件质量的重要手段之一。软件系统的开发是一个自顶向下、逐步细化的过程,而测试过程是以相反的顺序进行的集成过程。

软件测试的实施过程主要有4个步骤:单元测试、集成测试、确认测试(验收测试)和系统测试。

1) 单元测试

单元测试也称模块测试,模块是软件设计的最小单位。单元测试是对模块进行正确性的检验,以期尽早发现各模块内部可能存在的各种错误。

单元测试通常在编码阶段进行,它的依据除了源程序以外,还有详细设计说明书。

单元测试可以采用静态测试或者动态测试。动态测试通常以白盒测试法为主,测试其结构,以黑盒测试法为辅,测试其功能。

单元测试主要针对模块的以下5个基本特性描述:

(1) 模块接口测试。测试通过模块的数据流。例如,检查模块的输入参数和输出参数、全局变量、文件属性与操作等都属于模块接口测试的内容。

(2) 局部数据结构测试。例如,检查局部数据说明的一致性,数据的初始化,数据类型的一致以及数据的下溢、上溢等。

(3) 重要的执行路径检查。

(4) 出错处理测试。检查模块的错误处理功能。

(5) 影响以上各点及其他相关点的边界条件测试。

单元测试是针对某个模块,这样的模块通常并不是一个独立的程序,因此模块自己不能运行,而要靠其他辅助模块调用或驱动。同时,模块自身也会作为驱动模块去调用其他模块,也就是说,单元测试要考虑它和外界的联系,模拟环境是单元测试常用的。

所谓模拟环境，就是在单元测试中，用一些辅助模块去模拟与被测模块相联系的其他模块，即为被测模块设计、搭建驱动模块和桩模块。其中驱动模块相当于被测模块的主程序。它接收测试数据，并传给被测模块，输出实际测试结果，如图 8.34 所示。

桩(Stub)模块代替被测试的模块所调用的模块。因此桩模块也可以称为“虚拟子程序”。

它接受被测模块的调用，检验调用参数，模拟被调用的子模块的功能，把结果送回被测试的模块。

在软件的结构图中，顶层模块测试时不需要驱动模块，最底层的模块测试时不需要桩模块。

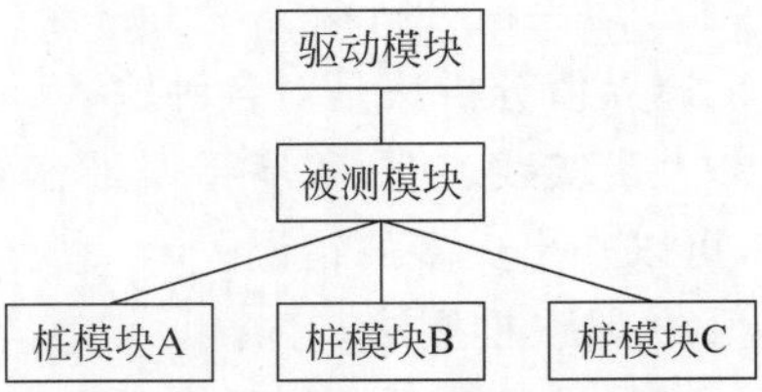

驱动模块
被测模块
桩模块A　桩模块B　桩模块C

图 8.34　单元测试的测试环境

2）集成测试

集成测试主要用于发现设计阶段产生的错误，集成测试的依据是概要设计说明书，通常采用黑盒测试。

集成测试也称组装测试，它是对各模块按照设计要求组装成的程序进行测试，主要目的是发现与接口有关的错误。

集成测试的内容主要有：软件单元的接口测试、全局数据结构测试、边界条件测试和非法输入测试。

集成测试时将模块组装成程序，通常采用两种方式：非增量方式与增量方式。

(1) 非增量方式也称为一次性组装方式，使用这种方式将测试好的每一个软件单元组装在一起再进行整体测试。

(2) 增量方式是将已经测试好的模块逐步组装成较大的系统，在组装的过程中边连接边测试，以发现连接过程中产生的问题。

增量方式包括自顶向下、自底向上、自顶向下与自底向上相结合的混合增量方法。

3）确认测试

确认测试又称验收测试，它的任务是用户根据合同进行，检查软件的功能、性能及其他特征是否与用户的需求一致，确定系统功能和性能是否可接受。它是以需求规格说明书作为依据的测试。确认测试通常采用黑盒测试。确认测试需要用户积极参与，或者以用户为主进行。

确认测试首先测试程序是否满足规格说明书所列的各项要求，然后要进行软件配置复审。复审的目的在于保证软件配置齐全、分类有序，以及软件配置所有成分的完备性、一致性、准确性和可操作性，并且包括软件维护所必需的细节。

4）系统测试

系统测试是将通过确认测试的软件，作为整个基于计算机系统的一个元素，与计算机硬件、外设、某些支持软件、数据和人员等其他系统元素结合在一起，在实际运行环境下，对计算机系统进行一系列集成测试和确认测试。由此可知，系统测试必须在目标环境下运行，其功用在于评估系统环境下软件的性能，发现和捕捉软件中潜在的错误。

系统测试的目的是在真实的系统工作环境下检验软件能否与系统正确连接，发现软件与系统的需求不一致或矛盾的地方。

系统测试的具体实施一般包括功能测试、性能测试、操作测试、配置测试、外部接口测试和安全性测试等。

8.3.6 程序的调试

在对程序进行了成功的测试之后，将进入程序调试（通常称 Debug，即排错）阶段。它与软件测试不同，软件测试是尽可能多地发现软件中的错误，程序调试的任务是诊断和改正程序中的错误。

1. 程序调试的基本概念

调试是在测试发现错误之后排除错误的过程。先要发现软件的错误，然后借助于一定的调试工具找出软件错误的具体位置。软件测试贯穿整个软件生命周期，调试主要在开发阶段。

程序调试活动由两部分组成：找到程序中错误的性质、原因和位置；对程序进行修改，排除错误。调试的基本步骤如下。

(1) 从错误的外部表现形式着手，确定错误的位置。

(2) 研究有关部分的程序，找出错误的内在原因。

(3) 修改设计和代码，排除错误。

(4) 进行回归测试，确认错误是否排除，或是否引入了新的错误。

(5) 如果不能通过回归测试，则撤销此次修改活动，恢复设计和代码至修改之前的状态，重复上述过程，直到错误得以纠正为止。

2. 程序调试方法

调试的关键在于推断程序内部的错误位置及原因。调试在跟踪和执行程序上类似于软件测试，分为静态调试和动态调试。

静态调试主要是指通过人的思维来分析源程序代码和排错，是主要的调试手段，而动态调试则是辅助静态调试的。主要的程序调试方法有强行排错法、回溯法和原因排除法。

8.4 本章小结

本章主要讲授了算法、程序设计方法和软件工程基础 3 个方面内容。这 3 个方面的知识是程序设计必须掌握的基本知识，学习和掌握这些知识可为软件开发打下良好的基础。

算法就是解决给定问题的一种完整的步骤和方法。数据结构是研究程序设计中计算机操作对象以及它们之间关系和操作的科学。数据结构研究的内容就是数据的逻辑结构、数据的物理结构和数据的运算。程序＝算法＋数据结构，所以算法与数据结构是程序设计的基础。

程序设计方法是指结构化的程序设计方法和面向对象的程序设计方法。程序设计风格是指编写程序时所表现出来的特点、习惯和逻辑思路，良好的程序设计方法可以使程序结构清晰合理，使程序代码便于维护。从而提高软件的质量和可维护性。当今程序设计的主导风格是“清晰第一，效率第二”。

软件工程是指导如何进行软件开发的一门工程科学，它是随着科学技术的不断进步和软件开发工具的不断更新而不断发展和完善的。通过学习软件工程基础知识可以更好地了解和掌握软件生命周期中各个阶段的特点和方法,克服软件开发过程中的种种不良做法,学会把软件工程原理和方法应用到软件开发实践中。

习题 8

一、简答题

1. 什么是算法? 算法的描述工具有哪些? 各有什么特点?
2. 简述数据结构的功能?
3. 简述冒泡排序的基本思想?
4. 什么是程序? 程序设计的方法有哪几种?
5. 程序设计风格的含义是什么?
6. 简述软件生命周期的内容?
7. 什么是软件工程? 它的目标是什么?
8. 可行性研究的任务是什么?
9. 需求分析阶段的基本任务是什么?
10. 什么是数据字典? 其作用是什么? 它有哪些条目?
11. 什么是数据流图? 其作用是什么? 其中的基本符号各表示什么含义?
12. 软件概要设计阶段的基本任务是什么?
13. 详细设计的基本任务是什么? 有哪几种设计工具?
14. 软件维护的特点是什么?
15. 什么是测试? 测试的方法有哪些?
16. 什么是调试? 它与测试有什么联系?

二、选择题

1. 算法的有穷性是指(　　)。

A. 算法程序的运行时间是有限的　　B. 算法程序所处理的数据量是有限的
C. 算法程序的长度是有限的　　D. 算法只能被有限的用户使用

2. 算法的时间复杂度是指(　　)。

A. 算法程序的长度　　B. 执行算法程序所需要的时间
C. 算法程序中的指令条数　　D. 算法执行过程中所需要的基本运算次数

3. 算法的空间复杂度是指(　　)。

A. 算法程序的长度　　B. 算法程序中的指令条数
C. 算法程序所占的存储空间　　D. 算法执行过程中所需要的存储空间

4. 下面排序算法中,平均排序速度最快的是(　　)。

A. 冒泡排序法　　B. 选择排序法
C. 交换排序法　　D. 快速排序法

5. 结构化程序所要求的基本结构不包括(　　)。

A. 顺序结构　　B. Goto 跳转
C. 选择(分支)结构　　D. 重复(循环)结构

6. 结构化程序设计主要强调的是(　　)。

A. 程序的规模　　B. 程序的易读性

C. 程序的执行效率　　D. 程序的可移植性

7. 对建立良好的程序设计风格,下面描述正确的是(　　)。

A. 程序应简单、清晰、可读性好　　B. 符号名的命名只要符合语法

C. 充分考虑程序的执行效率　　D. 程序的注释可有可无

8. 在面向对象方法中,不属于"对象"基本特点的是(　　)。

A. 一致性　　B. 分类性　　C. 多态性　　D. 标识唯一性

9. 面向对象方法中,继承是指(　　)。

A. 一组对象所具有的相似性质　　B. 一个对象具有另一个对象的性质

C. 各对象之间的共同性质　　D. 类之间共享属性和操作的机制

10. 下面向对象概念描述错误的是(　　)。

A. 任何对象都必须有继承性　　B. 对象是属性和方法的封装体

C. 对象间的通信靠消息传递　　D. 操作是对象的动态属性

11. 在面向对象方法中,一个对象请求另一对象为其服务的方式是通过发送(　　)。

A. 调用语句　　B. 命令　　C. 口令　　D. 消息

12. 下列选项中不属于结构化程序设计原则的是(　　)。

A. 可封装　　B. 自顶向下　　C. 模块化　　D. 逐步求精

13. 软件按功能可以分为:应用软件、系统软件和支撑软件(工具软件)。下面属于应用软件的是(　　)。

A. 编译程序　　B. 操作系统　　C. 教务管理系统　　D. 汇编程序

14. 下面描述中,不属于软件危机表现的是(　　)。

A. 软件过程不规范　　B. 软件开发生产率低

C. 软件质量难以控制　　D. 软件成本不断提高

15. 软件生命周期中的活动不包括(　　)。

A. 市场调研　　B. 需求分析

C. 软件测试　　D. 软件维护

16. 在软件开发中,需求分析阶段产生的主要文档是(　　)。

A. 软件集成测试计划　　B. 软件详细设计说明书

C. 用户手册　　D. 软件需求规格说明书

17. 为高质量地开发软件项目,在软件结构设计时,必须遵循(　　)原则。

A. 信息隐蔽　　B. 质量控制

C. 程序优化　　D. 数据共享

18. 数据字典是用来定义(　　)中的各个成分的具体含义的。

A. 流程图　　B. 功能结构图　　C. 系统结构图　　D. 数据流图

19. 模块的内聚性可以按照内聚程度的高低进行排序,以下排列中属于从低到高的正确次序是(　　)。

A. 偶然内聚,时间内聚,逻辑内聚　　B. 通信内聚,时间内聚,逻辑内聚

C. 逻辑内聚,通信内聚,顺序内聚　　D. 功能内聚,通信内聚,时间内聚

20. 把软件生产的全过程人为划分为若干阶段,使得软件人员能根据每一阶段的不同特点更好地组织和管理软件项目的开发,这种概念就是(　　)。

A. 软件项目管理　　B. 软件工程
C. 软件项目计划　　D. 软件生存期

21. 以下软件生存周期的活动中,要进行软件结构设计的是(　　)。

A. 测试用例设计　　B. 概要设计
C. 程序设计　　D. 详细设计

22. 在软件生存期的各个阶段中跨越时间最长的阶段是(　　)。

A. 需求分析阶段　　B. 设计阶段
C. 测试阶段　　D. 维护阶段

23. 可行性研究主要从以下几个方面进行研究(　　)。

A. 技术可行性,经济可行性,操作可行性
B. 技术可行性,经济可行性,系统可行性
C. 经济可行性,系统可行性,操作可行性
D. 经济可行性,系统可行性,时间可行性

24. 耦合是对软件不同模块之间相互连接程度的度量。各种耦合按从强到弱排列如下(　　)。

A. 内容耦合,控制耦合,数据耦合,公共环境耦合
B. 内容耦合,控制耦合,公共环境耦合,数据耦合
C. 内容耦合,公共环境耦合,控制耦合,数据耦合
D. 控制耦合,内容耦合,数据耦合,公共环境耦合

25. 软件设计中模块划分应遵循的准则是(　　)。

A. 低内聚低耦合　　B. 高内聚低耦合
C. 低内聚高耦合　　D. 高内聚高耦合

26. 包含所有可能情况的测试称为穷尽测试。下面结论成立的是(　　)。

A. 只要对每种可能的情况都进行测试,就可以得出程序是否符合要求的结论
B. 一般来说,对于黑盒测试,穷尽测试是不可能做到的
C. 一般来说,对于白盒测试,穷尽测试是不可能做到的
D. 在白盒测试和黑盒测试这两个方法中,存在某一个是可以进行穷尽测试的

27. 程序的三种基本控制结构是(　　)。

A. 过程、子程序和分程序　　B. 顺序、选择和循环
C. 递归、堆栈和队列　　D. 调用、返回和转移

28. 需求分析中开发人员要从用户那里了解(　　)。

A. 软件做什么　　B. 用户使用界面
C. 输入的信息　　D. 软件的规模

29. 结构化程序设计主要强调的是(　　)。

A. 程序的规模　　B. 程序的效率
C. 程序设计语言的先进性　　D. 程序易读性

30. 经济可行性研究的范围包括(　　)。

A. 资源有效性　　B. 管理制度　　C. 效益分析　　D. 开发风险

31. 需求分析阶段的任务是确定(　　)。

A. 软件开发方法　　B. 软件开发工具

C. 软件开发费　　D. 软件系统的功能

32. 随着软硬件环境变化而修改软件的过程是(　　)。

A. 校正性维护　　B. 适应性维护　　C. 完善性维护　　D. 预防性维护

33. 软件开发过程来自用户方面的主要干扰是(　　)。

A. 功能变化　　B. 经费减少　　C. 设备损坏　　D. 人员变化

34. 软件测试的目的是(　　)。

A. 为了表明程序没有错误　　B. 为了说明程序能正确地执行

C. 为了发现程序中的错误　　D. 为了评价程序的质量

35. 程序调试的任务是(　　)。

A. 设计测试用例　　B. 验证程序的正确性

C. 发现程序中的错误　　D. 诊断和改正程序中的错误

36. 程序的三种基本控制结构的共同特点是(　　)。

A. 只能用来描述简单程序　　B. 不能嵌套使用

C. 单入口,单出口　　D. 仅用于自动控制系统

37. 数据流图中带有箭头的线段表示的是(　　)。

A. 控制流　　B. 事件驱动　　C. 模块调用　　D. 数据流

38. 在软件开发中,需求分析阶段可以使用的工具是(　　)。

A. N-S 图　　B. DFD 图　　C. PAD 图　　D. 程序流程图

39. 下面属于白盒测试方法的是(　　)。

A. 等价类划分法　　B. 逻辑覆盖　　C. 边界值分析法　　D. 错误推测法

40. 下面不属于软件测试实施步骤的是(　　)。

A. 集成测试　　B. 回归测试　　C. 确认测试　　D. 单元测试

41. 构成计算机软件的是(　　)。

A. 源代码　　B. 程序和数据

C. 程序和文档　　D. 程序、数据及相关文档

42. 面向对象方法中,继承是指(　　)。

A. 一组对象所具有的相似性质　　B. 一个对象具有另一个对象的性质

C. 各对象之间的共同性质　　D. 类之间共享属性和操作的机制

43. 结构化程序所要求的基本结构不包括(　　)。

A. 顺序结构　　B. GOTO 跳转

C. 选择(分支)结构　　D. 重复(循环)结构

Excel常用函数

1. ABS绝对值函数

（1）函数原型：ABS(number)。

（2）功能：返回数值 number 的绝对值，number 为必需的参数。

2. AVERAGE平均值函数

（1）函数原型：AVERAGE(number1,[number2],…)。

（2）功能：求指定参数 number1、number2…的算术平均值。

（3）参数说明：至少需要包含一个参数 number1，最多可包含 255 个。

3. AVERAGEIF条件平均值函数

（1）函数原型：AVERAGEIF(range,criteria,[average_range])。

（2）功能：对指定区域中满足给定条件的所有单元格中的数值求算术平均值。

（3）参数说明：

- range。必需的参数，用于条件计算的单元格区域。
- criteria。必需的参数，求平均值的条件，其形式可以为数字、表达式、单元格引用、文本或函数。
- average_range。可选的参数，要计算平均值的实际单元格。如果 average_range 参数被省略，Excel 会对在 range 参数中指定的单元格求平均值。

4. AVERAGEIFS多条件平均值函数

（1）函数原型：AVERAGEIFS(average_range,criteria_range1,criteria,[criteria_range2,criteria2],…)。

（2）功能：对指定区域中满足多个条件的所有单元格中的数值求算术平均值。

（3）参数说明：

- average_range。必需的参数，要计算平均值的实际单元格区域。
- criteria_range1，criteria_rang2…。在其中计算关联条件的区域。其中 criteria_range1 时必需的，随后的 criteria_range2…是可选的，最多可以有 127 个区域。

- criteria1,criteria2…。求平均值的条件。其中 criteria 是必需的,随后的 criteria2…是可选的,最多可以有 127 个条件。

说明：其中每个 criteria_range 的大小和形状必须与 average_range 相同。

5. CONCATENATE 文本合并函数

(1) 函数原型：CONCATENATE(text1,[text2],…)。

(2) 功能：将几个文本项合并为一个文本项。可将最多 255 个文本字符串连接成一个文本字符串。连接项可以是文本、数字、单元格地址或这些项目的组合。

说明：至少有一个文本项,最多可有 255 个,文本项之间以逗号分隔。

6. COUNT 计数函数

(1) 函数原型：COUNT(value1,[value2],…)。

(2) 功能：统计指定区域中包含数值的个数。只对包含数字的单元格进行计数。

(3) 参数说明：至少一个参数,最多可包含 255 个。

7. COUNTA 计数函数

(1) 函数原型：COUNTA (value1,[value2],…)。

(2) 功能：统计指定区域中不为空的单元格的个数。可对包含任何类型信息的单元格进行计数。

(3) 参数说明：至少一个参数,最多可包含 255 个。

8. COUNTIF 条件计数函数

(1) 函数原型：COUNTIF (range,criteria)。

(2) 功能：统计指定区域中满足单个指定条件的单元格的个数。

(3) 参数说明：

- range。必需的参数,计数的单元格区域。
- criteria。必需的参数,计数额条件,条件的形式可以为数字、表达式、单元格地址或文本。

9. COUNTIFS 多条件计数函数

(1) 函数原型：COUNTIFS (criteria_range1,criteria,[criteria2_range2,criteria2],…)。

(2) 功能：统计指定区域内符合给定条件的单元格的数量。可以将条件应用于多个区域的单元格,并计算符合所有条件的次数。

(3) 参数说明：

- criteria_range1。必需的参数,在其中计算关联条件的第一个区域。
- criteria1。必需的参数,计数的条件,条件的形式可以为数字、表达式、单元格地址或文本。
- criteria2_range2,criteria2。可选的参数,附加的区域及其关联条件。最多允许 127 个区域/条件对。

说明：每一个附加的区域都必须与参数 criteria_range1 具有相同的行数和列数。这些区域可以不相邻。

10. DATEDIF

(1) 函数原型：DATEDIF (start_date,end_date,unit)。

(2) 功能：计算两个日期的差值。

(3) 参数说明：

- start_date 为一个日期,它代表时间段内的第一个日期或起始日期。日期有多种输入方法：带引号的文本串、系列数或其他公式或函数的结果。
- end_date 为一个日期,它代表时间段内的最后一个日期或结束日期。
- unit 为所需信息的返回类型。
  - "Y"时间段中的整年数。
  - "M"时间段中的整月数。
  - "D"时间段中的天数。
  - "MD"start_date 与 end_date 日期中天数的差。忽略日期中的月和年。
  - "YM"start_date 与 end_date 日期中月数的差。忽略日期中的日和年。
  - "YD"start_date 与 end_date 日期中天数的差。忽略日期中的年。

11. IF 逻辑判断函数

(1) 函数原型：IF (logical_test,[value_if_true],[value_if_false])。

(2) 功能：如果指定条件的计算结果为 TRUE,IF 函数将返回某个值；如果该条件的计算结果为 FALSE,则返回另一个值。

(3) 参数说明：

- logical_test。必需的参数,作为判断条件的任意值或表达式。该参数中可使用比较运算符。
- value_if_true。可选的参数,logical_test 参数的计算结果为 TRUE 是所要返回的值。
- value_if_false。可选的参数,logical_test 参数的计算结果为 FALSE 时所要返回的值。

12. INT

(1) 函数原型：INT (number)。

(2) 功能：向下取整函数。将数值 number 向下舍入到最接近的整数,number 为必需的参数。

13. LEFT 左侧截取字符串函数

(1) 函数原型：LEFT (text,[num_ chars])。

(2) 功能：从文本字符串最左边开始返回指定个数的字符,也就是最前面的一个或几个字符。

(3) 参数说明：

- text。必需的参数，包含要提取字符的文本字符串。
- num_chars。可选的参数，指定要从左边开始提取的字符的数量。num_chars 必须大于或等于零，如果省略该参数，则默认其值为 10。

14. LEN 字符个数函数

(1) 函数原型：LEN (text)。

(2) 功能：统计并返回指定文本字符串中的字符个数。

(3) 参数说明：

- text。必需的参数，代表要统计其长度的文本。空格也将作为字符进行计数。

15. LOOKUP 查找函数

(1) 函数原型：LOOKUP (lookup_value,array)。

(2) 功能：LOOKUP 的数组形式在数组的第一行或第一列中查找指定的值，并返回数组最后一行或最后一列内同一位置的值。

(3) 参数说明：

- lookup_value。必需，LOOKUP 在数组中搜索的值。lookup_value 参数可以是数字、文本、逻辑值、名称或对值的引用。
  - 如果 LOOKUP 找不到 lookup_value 的值，它会使用数组中小于或等于 lookup_value 的最大值。
  - 如果 lookup_value 的值小于第一行或第一列中的最小值(取决于数组维度)，LOOKUP 会返回 #N/A 错误值。
- array。必需，包含要与 lookup_value 进行比较的文本、数字或逻辑值的单元格区域。
  - 如果数组包含宽度比高度大的区域(列数多于行数)，LOOKUP 会在第一行中搜索 lookup_value 的值。
  - 如果数组是正方的或者高度大于宽度(行数多于列数)，LOOKUP 会在第一列中进行搜索。

要点：数组中的值必须以升序排列。

16. LOOKUP 查找函数

(1) 函数原型：LOOKUP (lookup_value,lookup_vector,[result_vector])。

(2) 功能：LOOKUP 的向量形式在单行区域或单列区域(称为“向量”)中查找值，然后返回第二个单行区域或单列区域中相同位置的值。

(3) 参数说明：

- lookup_value。必需，LOOKUP 在第一个向量中搜索的值。lookup_value 可以是数字、文本、逻辑值、名称或对值的引用。
- lookup_vector。必需，只包含一行或一列的区域。lookup_vector 中的值可以是文本、数字或逻辑值。lookup_vector 中的值必须以升序排列：…，-2，-1，0，1，2，…，

A－Z，FALSE，TRUE；否则，LOOKUP 可能无法返回正确的值。大写文本和小写文本是等同的。

• result_vector。可选。只包含一行或一列的区域。result_vector 参数必须与 lookup_vector 大小相同。

说明：

• 如果 LOOKUP 函数找不到 lookup_value，则它与 lookup_vector 中小于或等于 lookup_value 的最大值匹配。

• 如果 lookup_value 小于 lookup_vector 中的最小值，则 LOOKUP 会返回＃N/A 错误值。

17. MAX 最小值函数

(1) 函数原型：MAX (number1,[number2],…)。

(2) 功能：返回一组值或指定区域中的最小值。

(3) 参数说明：参数至少有一个，且必须是数值，最多可以有 255 个。

18. MID 截取字符串函数

(1) 函数原型：MID (text,start_num,num_chars)。

(2) 功能：从文本字符串中的指定位置开始返回特定个数的字符。

(3) 参数说明：

• text。必需的参数，包含要提取字符的文本字符串。

• strat_num。必需的参数，文本中要提取的第一个字符的文职。文本中的第一个字符的位置为 1，以此类推。

• num_chars。必需的参数，指定希望从文本串中提取并返回字符的个数。

19. NOW 当前日期和时间函数

(1) 函数原型：NOW ()。

(2) 功能：返回当前日期和时间。当将数据格式设置为数值时，将返回当前日期和时间所对应的序列号，该序列号的整数部分表明其与 1900 年 1 月 1 日之间的天数。

(3) 参数说明：该函数没有参数，所返回的是当前计算机系统的日期和时间。

20. RANK 排位函数

(1) 函数原型：RANK (number,ref,[order])。

(2) 功能：返回一个数值在指定数值列表中的排位。

(3) 参数说明：

• number。必需的参数，要确定其排位的数值。

• ref。必需的参数，指定数值列表所在的位置。

• order。可选的参数，指定数值列表的排序方式，其中：如果 order 为 0(零)或忽略，对数值的排位就会基于 ref 是按照降序排序的列表；如果 order 不为零，对数值的排位就会基于 ref 是按照升序排序的列表。

21. RIGHT 右侧截取字符串函数

（1）函数原型：RIGHT（text,[num_chars]）。

（2）功能：从文本字符串最右边开始返回指定个数的字符，也就是最后面的一个或几个字符。

（3）参数说明：

- text。必需的参数，包含要提取字符的文本字符串。
- num_chars。可选的参数，指定要提取的字符的数量。num_chars 必须要大于或等于零，如果省略该参数，则默认其值为10。

22. ROUND 四舍五入函数

（1）函数原型。ROUND（number,num_digits）。

（2）功能：将指定数值 number 按指定的位数 num_digits 进行四舍五入。

23. SUM 求和函数

（1）函数原型：SUM（number1,[number2],…）。

（2）功能：将指定的参数 number1,number2…相加求和。

（3）参数说明：至少需要包含一个参数 number1，每个参数都可以是区域、单元格引用、数组、常量、公式或另一个函数的结果。

24. SUMIF 条件求和函数

（1）函数原型：SUMIF（range,criteria,sum_range）。

（2）功能：对指定单元格区域中符合指定条件的值求和。

（3）参数说明：

- range。必需的参数，用于条件判断的单元格区域。
- criteria。必需的参数，求和的条件，其形式可以为数字、表达式、单元格引用、文本或函数。
- 在函数中，任何文本条件或任何含有逻辑或数学符号的条件都必须使用双引号括起来，若是条件为数字，则无须使用双引号。
- sum_range。可选参数区域，要求和的实际单元格区域，如果 sum_range 参数被省略，Excel 会对在 range 参数中指定的单元格求和。

25. SUMIFS 多条件求和函数

（1）函数原型：SUMIFS（sum_range,criteria_range1,criteria1,[criteria_range2,cirteria2],…）。

（2）功能：对指定单元格区域中满足多个条件的单元格求和。

（3）参数说明：

- sum_rang。必需的参数，求和的实际单元格区域，忽略空白纸和文本。
- criteria_range1。必需的参数，在其中计算关联条件的第一个区域。

- criteria1。必需的参数,求和的条件,条件的形式可以为数字、表达式、单元格地址或文本,可以用来定义将对 criteria_range1 参数中的单元格求和。
- criteria_range2,criteria2。可选的参数,及其关联附加的条件,最多允许 127 个区域/条件,其中每个 criteria_range 参数区域所包含的函数和列数必须与 sum_range 参数相同。

26. SUMPRODUCT 多条件求和函数

(1) 函数原型:SUMPRODUCT (array1, [array2], [array3], …)
(2) 功能:在给定的几组数组中,将数组间对应的元素相乘,并返回乘积之和。
(3) 参数说明:

- array1。必需的参数,其相应元素需要进行相乘并求和的第一个数组参数。
- array2, array3,…。可选,2~255 个数组参数,其相应元素需要进行相乘并求和。

27. TEXT 文本函数

(1) 函数原型:TEXT (value, format_text)。
(2) 功能:将数值转换为文本,并可使用户通过使用特殊格式字符串来指定显示格式。
(3) 参数说明:

- value。必需,数值、计算结果为数值的公式,或对包含数值的单元格的引用。
- format_text。必需,使用双引号括起来作为文本字符串的数字格式。

28. TODAY 当前日期函数

(1) 函数原型:TODAY ()。

(2) 功能:返回今天的日期。当数据格式设置为数值时,将返回今天日期所对应的序列号,该序列号的整数部分表明其与 1900 年 1 月 1 日之间的天数。

29. TRIM 删除空格函数

(1) 函数原型:TRIM (text)。

(2) 功能:删除指定文本或区域中的空格。除了单词之间的单个空格外,该函数将会清除文本中所有的空格。

30. TRUNC 取整函数

(1) 函数原型:TRUNC (number,[num_digits])。

(2) 功能:将指定数值 number 的小数部分截取,返回整数。num_digits 为取整精度,默认为 0。

31. VLOOKUP 垂直查询函数

(1) 函数原型:VLOOKUP (lookup_value,table_array,col_index_num,[rang_lookup])。

(2) 功能:搜索指定单元格区域的第一列,然后返回该区域相同行上任何指定单元格中的值。

(3) 参数说明:

- lookup_value。必需的参数,要在表格或区域的第 1 列中搜索到的值。
- table_array。必需的参数,要查找的数据所在的单元格区域,table_array 第 1 列中的值就是 lookup_value 要搜索的值。
- col_index_num。必需的参数,最终返回数据所在的列号 col_index_num 为 1 时,返回 table_array 第 1 列的值;col_index_num 为 2 时,返回 table_array 第 2 列中的值,依次类推。如果 clo_index_num 参数小于 1,则 VLOOKUP 返回错误值 #VALUE!;大于 table_array 的列数,则 VLOOKUP 返回错误值 #REF!。
- range_lookup。可选的参数,该值为一个逻辑值,取值为 TRUE 或 FALSE,指定希望 VLOOKUP 查找的是精确匹配值还是近似匹配值。如果 range_lookup 参数为 FALSE,VLOOKUP 将只查找精确匹配值。如果 table_array 的第 1 列中有两个或更多值与 lookup_value 匹配,则使用第一个找到的值。如果找不到精确匹配值,则返回错误值 #N/A。

32. WEEKDAY 返回某日期为星期几

(1) 函数原型:WEEKDAY (serial_number,[return_type])。

(2) 功能:默认情况下,其值为 1(星期天)到 7(星期六)之间的整数。

(3) 参数说明:

- Serial_number。必需,一个序列号,代表尝试查找的那一天的日期。应使用 DATE 函数输入日期,或者将日期作为其他公式或函数的结果输入。例如,使用函数 DATE(2008,5,23) 输入 2008 年 5 月 23 日。如果日期以文本形式输入,则会出现问题。
- Return_type。可选,用于确定返回值类型的数字。星期日=1 到星期六=7,用 1 或省略;星期一=1 到星期日=7,用 2;从星期一=0 到星期六=6,用 3。

全国计算机等级考试二级 MS Office高级应用模拟练习题

一、选择题(共20分)

1. 下列链表中,其逻辑结构属于非线性结构的是(　　)。
   A. 二叉链表　　B. 循环链表　　C. 双向链表　　D. 带链的栈
2. 算法的有穷性是指(　　)。
   A. 算法程序的运行时间是有限的　　B. 算法程序所处理的数据量是有限的
   C. 算法程序的长度是有限的　　D. 算法只能被有限的用户使用
3. 一棵二叉树共有25个节点,其中5个是叶子节点,则度为1的节点数为(　　)。
   A. 16　　B. 10　　C. 6　　D. 4
4. 结构化程序设计的基本原则不包括(　　)。
   A. 多态性　　B. 自顶向下　　C. 模块化　　D. 逐步求精
5. 在面向对象方法中,不属于"对象"基本特点的是(　　)。
   A. 一致性　　B. 分类性　　C. 多态性　　D. 标识唯一性
6. 程序流程图中带有箭头的线段表示的是(　　)。
   A. 图元关系　　B. 数据流　　C. 控制流　　D. 调用关系
7. 软件设计中模块划分应遵循的准则是(　　)。
   A. 低内聚低耦合　　B. 高内聚低耦合
   C. 低内聚高耦合　　D. 高内聚高耦合
8. 在数据库设计中,将E-R图转换成关系数据模型的过程属于(　　)。
   A. 需求分析阶段　　B. 概念设计阶段
   C. 逻辑设计阶段　　D. 物理设计阶段
9. 有三个关系R、S和T如下:

R

B	C	D
a	0	k1
b	1	n1

S

B	C	D
f	3	h2
a	0	k1
n	2	x1

T

B	C	D
a	0	k1

由关系R和S通过运算得到关系T，则所使用的运算为（　　）。

A. 并　　B. 自然连接

C. 笛卡儿积　　D. 交

10. 设有表示学生选课的三张表，学生S(学号，姓名，性别，年龄，身份证号)，课程C(课号，课名)，选课SC(学号，课号，成绩)，则表SC的关键字(键或码)为（　　）。

A. 课号，成绩　　B. 学号，成绩

C. 学号，课号　　D. 学号，姓名，成绩

11. 世界上公认的第一台电子计算机诞生的年代是（　　）。

A. 20世纪30年代　　B. 20世纪40年代

C. 20世纪80年代　　D. 20世纪90年代

12. 已知a=00111000B和b=2FH，则两者比较的正确不等式是（　　）。

A. a>b　　B. a=b　　C. a<b　　D. 不能比较

13. 20GB的硬盘表示容量约为（　　）。

A. 20亿字节　　B. 20亿二进制位

C. 200亿字节　　D. 200亿二进制位

14. 无符号二进制整数01001001转换成十进制整数是（　　）。

A. 69　　B. 71　　C. 73　　D. 75

15. 度量计算机运算速度常用的单位是（　　）。

A. MIPS　　B. MHz　　C. MB/s　　D. Mb/s

16. 计算机操作系统的主要功能是（　　）。

A. 管理计算机系统的软硬件资源，以充分发挥计算机资源的效率，并为其他软件提供良好的运行环境

B. 把高级程序设计语言和汇编语言编写的程序翻译到计算机硬件可以直接执行的目标程序，为用户提供良好的软件开发环境

C. 对各类计算机文件进行有效的管理，并提交计算机硬件高效处理

D. 为用户操作和使用计算机提供方便

17. 若对音频信号以10kHz采样率、16位量化精度进行数字化，则每分钟的双声道数字化声音信号产生的数据量约为（　　）。

A. 1.2MB　　B. 1.6MB　　C. 2.4MB　　D. 4.8MB

18. 计算机安全是指计算机资产安全，即（　　）。

A. 计算机信息系统资源不受自然有害因素的威胁和危害

B. 信息资源不受自然和人为有害因素的威胁和危害

C. 计算机硬件系统不受人为有害因素的威胁和危害

D. 计算机信息系统资源和信息资源不受自然和人为有害因素的威胁和危害

19. 计算机网络最突出的优点是（　　）。

A. 资源共享和快速传输信息　　B. 高精度计算和收发邮件

C. 运算速度快和快速传输信息　　D. 存储容量大和高精度

20. 以太网的拓扑结构是（　　）。

A. 星型　　B. 总线型　　C. 环型　　D. 树型

二、文字处理题(共 30 分)

在考生文件夹下打开文档 WORD. DOCX,按照要求完成下列操作并以该文件名(WORD. DOCX)保存文档。

某高校为了使学生更好地进行职场定位和职业准备,提高就业能力,该校学工处将于2013 年 4 月 29 日(星期五)19:30～21:30 在校国际会议中心举办题为"领慧讲堂——大学生人生规划"就业讲座,特别邀请资深媒体人、著名艺术评论家赵蕈先生担任演讲嘉宾。

请根据上述活动的描述,利用 Microsoft Word 制作一份宣传海报(宣传海报的参考样式请参考"Word-海报参考样式. docx"文件),要求如下。

1. 调整文档版面,要求页面高度为 35 厘米,页面宽度为 27 厘米,上、下页边距均为 5 厘米,左、右页边距均为 3 厘米,并将考生文件夹下的图片"Word-海报背景图片. jpg"设置为海报背景。

2. 根据"Word-海报参考样式. docx"文件,调整海报内容文字的字号、字体和颜色。

3. 根据页面布局需要,调整海报内容中"报告题目""报告人""报告日期""报告时间","报告地点"信息的段落间距。

4. 在"报告人:"位置后面输入报告人姓名(赵蕈)。

5. 在"主办:校学工处"位置后另起一页,并设置第 2 页的页面纸张大小为 A4 篇幅,纸张方向设置为"横向",页边距为"普通"页边距定义。

6. 在新页面的"日程安排"段落下面,复制本次活动的日程安排表(请参考"Word-活动日程安排. xlsx"文件),要求表格内容引用 Excel 文件中的内容,如若 Excel 文件中的内容发生变化,Word 文档中的日程安排信息随之发生变化。

7. 在新页面的"报名流程"段落下面,利用 SmartArt 制作本次活动的报名流程(学工处报名、确认座席、领取资料、领取门票)。

8. 设置"报告人介绍"段落下面的文字排版布局为参考示例文件中所示的样式。

9. 更换报告人照片为考生文件夹下的 Pic2. jpg,将该照片调整到适当位置,并不要遮挡文档中的文字内容。

10. 保存本次活动的宣传海报设计为 WORD. DOCX。

三、表格处理题(共 30 分)

小蒋是一位中学教师,在教务处负责初中一年级学生的成绩管理。由于学校地处偏远地区,缺乏必要的教学设施,只有一台配置不太高的 PC 可以使用。他在这台 PC 中安装了 Microsoft Office,决定通过 Excel 来管理学生成绩,以弥补学校缺少数据库管理系统的不足。

现在,第一学期期末考试刚刚结束,小蒋将初中一年级三个班的成绩均录入到文件名为"学生成绩单. xlsx"的 Excel 工作簿文档中。

请你根据下列要求帮助小蒋老师对该成绩单进行整理和分析。

1. 对工作表"第一学期期末成绩"中的数据列表进行格式化操作:将第一列"学号"列设为文本,将所有成绩列设为保留两位小数的数值;适当加大行高列宽,改变字体,字号设置对齐方式,增加适当的边框和底纹以使工作表更加美观。

2. 利用"条件格式"功能进行下列设置:将语文、数学、英语三科中不低于 110 分的成绩所在的单元格以一种颜色填充,其他四科中高于 95 分的成绩以另一种颜色标出,所用颜色深浅以不遮挡数据为宜。

3. 利用 sum 和 average 函数计算每一个学生的总分及平均成绩。

4. 学号第 3、4 位代表学生所在的班级，例如："120105"代表 12 级 1 班 5 号。请通过函数提取每个学生所在的班级并按下列对应关系填写在“对应班级”列中：

“学号”的 3、4 位	对应班级
01	1 班
02	2 班
03	3 班

5. 复制工作表“第一学期期末成绩”，将副本放置到原表之后，改变该副本表标签的颜色，并重新命名，新表名需包含“分类汇总”字样。

6. 通过“分类汇总”功能求出每个班各科的平均成绩，并将每组结果分页显示。

7. 以分类汇总结果为基础，创建一个簇状柱形图，对每个班各科平均成绩进行比较，将该图表放置在一个名为“柱状分析图”新工作表中。

四、演示文档题(共 20 分)

文慧是某校的人力资源培训讲师，负责对新人职的教师进行入职培训，其制作的 PowerPoint 演示文稿广受好评。最近，她应北京节水展馆的邀请，为展馆制作一份宣传水知识及节水工作重要性的演示文稿。

节水展馆提供的文字资料及素材参见“水资源利用与节水(素材).docx”，其制作要求如下。

(1) 标题页包含演示主题、制作单位(北京节水展馆)和日期(××××年×月×日)。

(2) 演示文稿须指定一个主题，幻灯片不少于 5 页，且版式不少于 3 种。

(3) 演示文稿中除文字外要有两张以上的图片，并有两个以上的超链接进行幻灯片之间的跳传。

(4) 动画效果要丰富，幻灯片切换效果要多样。

(5) 演示文稿播放的全程需要有背景音乐。

(6) 将制作完成的演示文稿以“水资源利用与节水.pptx”为文件名进行保存。

全国计算机等级考试二级 MS Office 高级应用模拟练习题答案

一、选择题答案

1. A	2. A	3. A	4. A	5. A	6. C	7. B
8. C	9. D	10. C	11. B	12. A	3. C	14. C
15. A	16. A	17. C	18. A	19. A	20. B	

二、文字处理题答案

1.【简要过程】

步骤 1：打开考生文件夹下的文档 WORD. DOCX。

步骤 2：单击“页面布局”选项卡→“页面设置”组的对话框启动器，打开“页面设置”对话框，在“页边距”选项卡中的“页边距”区域中设置页边距（上、下）为 5 厘米，页边距（左、右）为 3 厘米）。

步骤 3：在“纸张”选项卡中的“纸张大小”区域设置为“自定义”，然后设置页面高度 35 厘米，页面宽度 27 厘米。

步骤 4：单击“页面布局”选项卡→“页面背景”组的“页面颜色”右侧的下三角，打开“页面颜色”下拉列表，选择“填充效果”，打开“填充效果”对话框，单击“图片”选项卡中的“选择图片”按钮，选择考生文件夹下的图片“Word-海报背景图片. jpg”，这样就设置好了海报背景。

2.【简要过程】

步骤 1：选中文本“领慧讲堂就业讲座”，设置字号为“初号”、字体为“微软雅黑”和颜色为“红色”。

步骤 2：选中文本“欢迎大家踊跃参加！”，设置字号为“小初”、字体为“华文行楷”和颜色为“白色”。

步骤 3：选中文本“报告题目、报告人、报告日期、报告时间、报告地点、主办”，设置字号为“二号”、字体为“黑体”和颜色为“蓝色”。

3.【简要过程】

步骤 1：选中文本“领慧讲堂就业讲座…校学工处”，单击“开始”选项卡→“段落”组的对话框启动器，打开“段落”对话框，在“行距”中选择的“多倍行距”，在“设置值”中设置“3.5”。

步骤 2：在“报告人：”位置后面输入报告人姓名“赵蕈”。

4.【简要过程】

步骤 1：首先将鼠标指针定位在“主 办：校学工处”的下一行上，然后单击“插入”选项卡→“页”组→“分页”按钮，这样在“主办：校学工处”位置后另起新的一页。

步骤 2：首先将鼠标指针定位在第二页，单击“页面布局”选项卡→“页面设置”组的对话框启动器，打开“页面设置”对话框，在“页边距”选项卡中的“纸张方向”区域中选择“横向”；在“纸张”选项卡中的“纸张大小”区域设置为“A4”，在“应用于”中选择“插入点之后”。

5.【简要过程】

步骤 1：首先将鼠标指针定位在第二页的“日程安排”段落下面一行，然后单击“插入”选项卡→"文本"组→"对象"按钮，打开"对象"对话框，切换到"由文件创建"选项卡，单击该选项卡中的"浏览"按钮，到考生文件夹下打开"Word-活动日程安排.xlsx"文件，同时选中"链接到文件(K)"选项，

步骤2：将鼠标指针定位在第二页的"报名流程"段落下面，然后单击"插入"选项卡→"插图"组→SmartArt按钮，打开"选择SmartArt图形"对话框，选择流程组中的第一个图形。

步骤3：然后单击"SmartArt工具"→"设计"选项卡→"添加形状"的→"在后面添加形状"按钮，为图形添加一组新的图形。然后在图形中分别输入文本：学工处报名、确认座席、领取资料、领取门票。

步骤4：单击"SmartArt工具"→"格式"选项卡→"形状样式"组的→"其他"按钮，在弹出的系统提供的形状中选择需要的形状样式。

6.【简要过程】

步骤1：选择"报告人介绍"段落下面的文字，然后单击"插入"选项卡→"文本"组→"首字下沉"的"下沉"按钮。

步骤2：在原文档的图片上双击，打开"图片格式"选项卡，然后单击"图片格式"选项卡→"调整"组→"更改图片"按钮，选择考生文件夹下的Pic 2.jpg照片即可。

步骤3：单击"保存"按钮，即保存宣传海报设计文档。

三、表格处理题

1.【简要过程】

步骤1：打开"学生成绩单.xlsx"工作簿文档。

步骤2：首先选择A2:A19单元格，然后单击"开始"选项卡→"数字"组的对话框启动器，打开"设置单元格格式"对话框，在"数字"选项卡的"分类"中选择"文本"。

步骤3：首先选择D2:J19单元格，然后单击"开始"选项卡→"数字"组的对话框启动器，打开"设置单元格格式"对话框，在"数字"选项卡的"分类"中选择"数值"，在"小数点位数"中输入2。

步骤4：打开"设置单元格格式"对话框，"对齐"选项卡中可设置被选中单元格的水平对齐和垂直对齐方式；"字体"选项卡中可设置被选中单元格的字体、字号；"边框"选项卡中可设置被选中单元格的边框；"填充"选项卡中可设置被选中单元格的底纹。

步骤5：单击"开始"选项卡→"单元格"组→"格式"按钮，可以设置行高列宽。

2.【简要过程】

步骤1：首先选择D2:F19单元格，然后单击"开始"选项卡→"样式"组→"条件格式"→"突出显示单元格规则"→"其他规则"按钮，打开"信件格式规则"对话框，进行如附录图1所示的设置。

步骤2：首先选择G2:J19单元格，然后单击"开始"选项卡→"样式"组→"条件格式"→"突出显示单元格规则"→"大于"按钮，打开"大于"对话框，进行如附录图2所示的设置。

3.【简要过程】

步骤1：首先选择K2单元格，然后单击"公式"选项卡→"插入函数"按钮，打开"插入函数"对话框，在该对话框中选择函数SUM，在打开的"函数参数"对话框中将行参数设置为D2:J2。然后单击"确定"按钮即可完成求和运算。

附录图 1　新建格式规则对话框

附录图 2　条件格式对话框

步骤 2：然后选择 K2 单元格，使用复制公式完成 K3:K19 单元格的求和运算。

步骤 3：选择 L2 单元格，然后单击“公式”选项卡→“插入函数”按钮，打开“插入函数”对话框，在该对话框中选择函数 average，进行求平均成绩，在打开的“函数参数”对话框中将参数设置为 D2:J2。然后单击“确定”即可完成求平均运算。再使用复制公式完成 L3：L19 单元格的求平均运算。

4.【简要过程】

步骤 1：首先选择 C2 单元格，然后在该单元格中输入“=INT(MID(A2,3,2))&"班"”。再使用复制公式完成 C3:C19 单元格的运算。

5.【简要过程】

步骤 1：在工作表“第一学期期末成绩”标签上右击，在右键菜单中选择“移动或复制工作表”，弹出“移动或复制工作表”对话框，选中 Sheet2 对应的行，并单击下面的“建立副本”复选框，最后再单击“确定”按钮。

步骤 2：在工作表“第一学期期末成绩(2)”标签上右击，在右键菜单中选择“工作表标签颜色”，可以设置该副本的标签颜色，在右键菜单中选择“重命名”，可以对其重新命名。

6.【简要过程】

步骤 1：首先选择 A1:K19 单元格，然后单击“数据”选项卡→“排序和筛选”组→“排序”按钮，打开“排序”对话框，在关键字中选择“班级”，按班级进行数据排序。

步骤 2：首先选择 A1:K19 单元格，然后单击“数据”选项卡→“分级显示”组→“分类汇总”按钮，打开“分类汇总”对话框，在“分类字段”下拉列表中选择“班级”，在“汇总方式”下拉列表中选择“平均值”，在“选定汇总项”列表框中选中所有科目，并选中下方的“每组数据分页”复选框，最后单击“确定”按钮。

7.【简要过程】

步骤 1：选择分类汇总后的单元格，然后单击“插入”选项卡→“图表”组→“柱形图”→“簇状柱形图”，这样就插入了一个图。

步骤 2：在生成的簇状柱形图上右击，在右键菜单中选择“移动图表”，弹出“移动图表”对话框，在对话框中选择“新工作表”即可。

四、演示文档题答案

1.【简要过程】

步骤 1：启动 PowerPoint 2010，系统自动创建新演示文稿，默认命名为“演示文稿 1”。

步骤 2：保存未命名的演示文稿。单击“文件”选项卡→“保存”命令，在弹出的对话框中，在“保存位置”处选择准备存放文件的文件夹，在“文件名”文本框中输入文件名“水资源利用与节水. pptx”，单击“保存”按钮。

步骤 3：当前的第一张幻灯片的版式是标题幻灯片。在标题处输入标题“水知识及节水工作”，在副标题处输入制作单位(北京节水展馆)和日期(XXXX 年 X 月 X 日)。

2.【简要过程】

步骤 1：选中幻灯片。单击“设计”选项卡→“主题”组的▾按钮，打开内置的“主题”列表框，在该列表框中选择主题样式。

步骤 2：插入第二张幻灯片。单击“开始”选项卡→“幻灯片”组→“新建幻灯片”命令，在弹出的 Office 主题中选择“标题和内容”。

步骤 3：在当前第二张幻灯片的标题处输入“水知识及节水工作”，在添加文本处输入正文“水的知识。水的应用。节水工作。”。

步骤 4：插入第三张幻灯片。单击“开始”选项卡→“幻灯片”组→“新建幻灯片”命令，在弹出的 Office 主题中选择“标题和内容”。

步骤 5：在当前第三张幻灯片的标题处输入“水资源概述”，在添加文本处输入正文“目前世界水资源……净化过程生产出来的。”。

步骤 6：插入第四张幻灯片。单击“开始”选项卡→“幻灯片”组→“新建幻灯片”命令，在弹出的 Office 主题中选择“两栏内容”。

步骤 7：在当前第四张幻灯片的标题处输入“水的应用”，在左侧添加文本处输入正文“日常生活用水……电渗析、反渗透”，在右侧添加文本处添加任意剪贴画。

步骤 8：插入第五张幻灯片。单击“开始”选项卡→“幻灯片”组→“新建幻灯片”命令，在弹出的 Office 主题中选择“内容和标题”。

步骤 9：在当前第五张幻灯片的标题处输入“节水工作”，在左侧添加文本处输入正文“节水技术标准……循环利用型节水模式”，在右侧添加文本处添加任意剪贴画。

步骤 10：插入第六张幻灯片。单击“开始”选项卡→“幻灯片”组→“新建幻灯片”命令，在弹出的 Office 主题中选择“标题幻灯片”。

步骤 11：在当前第六张幻灯片的标题处输入“谢谢大家!”。

3.【简要过程】

步骤 1：选中第二张幻灯片的文字“水的知识”。单击“插入”选项卡→“链接”组→“超链接”按钮，弹出“插入超链接”对话框，在该对话框中的“链接到”中选择“本文档中的位置”，在

“请选择文档中的位置”中选择“下一张幻灯片”。

步骤2：选中第二张幻灯片的文字“水的应用”。单击“插入”选项卡→“链接”组→“超链接”按钮，弹出“插入超链接”对话框，在该对话框中的“链接到”中选择“本文档中的位置”，在“请选择文档中的位置”中选择“张幻灯片4”。

步骤3：选中第二张幻灯片的文字“节水工作”。单击“插入”选项卡→“链接”组→“超链接”按钮，弹出“插入超链接”对话框，在该对话框中的“链接到”中选择“本文档中的位置”，在“请选择文档中的位置”中选择“张幻灯片5”。

4.【简要过程】

步骤1：首先选中添加的剪贴画，然后单击“动画”选项卡→“动画”组→“添加动画”按钮，就打开了内置的动画列表，在列表中选择某一动画，就为剪贴画设置了动画效果；也可以在列表中单击“更多进入效果”命令，然后在“添加进入效果”对话框中选择也可以。

步骤2：单击“切换”选项卡→“切换到此幻灯片”组的 按钮，打开内置的“切换效果”列表框，在该列表框中选择切换效果，此时就能预览到切换效果；然后单击“全部应用”按钮，就把选择的切换效果应用到所有的幻灯片。

5.【简要过程】

步骤1：选择第一张幻灯片，单击“插入”选项卡→“媒体”组→“音频”按钮，弹出“插入音频”对话框，选中任意声音文件，单击“插入”按钮，即把音频插入到当前幻灯片中。

步骤2：单击“插入”选项卡→“媒体”组→“音频”按钮，弹出“插入音频”对话框，选中任意声音文件，单击“插入”按钮，即把音频插入到当前幻灯片中。

步骤3：单击“动画”选项卡→“高级动画”组→“动画窗格”按钮，打开动画窗格，在动画上单击右键，在右键菜单中选择效果选项，选择“在6张幻灯片后”停止播放。

步骤4：单击“保存”按钮，保存文件。

参 考 文 献

［1］ 王丽君.大学计算机基础[M].北京：清华大学出版社，2012.

［2］ Silberschatz A，Korth H F，Sudarshan S.数据库系统概念[M].机械工业出版社，2012.

［3］ 徐士良.全国计算机等级考试二级教程——公共基础知识(2013 年版)[M].北京：高等教育出版社.2013.

［4］ 刘莉，马浚.大学计算机基础教程[M].北京：机械工业出版社.2015.

［5］ Connolly T，Begg C.数据库系统：设计、实现与管理(基础篇)[M].机械工业出版社，2016.

［6］ 翟平，王贺明.大学计算机基础[M].北京：清华大学出版社，2018.

［7］ 翟萍，王贺明.大学计算机基础[M].5 版.北京：清华大学出版社，2018.

［8］ 杜春涛.新编大学计算机基础教程[M].北京：中国铁道出版社，2018.

图书资源支持

感谢您一直以来对清华版图书的支持和爱护。为了配合本书的使用，本书提供配套的资源，有需求的读者请扫描下方的“书圈”微信公众号二维码，在图书专区下载，也可以拨打电话或发送电子邮件咨询。

如果您在使用本书的过程中遇到了什么问题，或者有相关图书出版计划，也请您发邮件告诉我们，以便我们更好地为您服务。

我们的联系方式：

地　　址：北京市海淀区双清路学研大厦 A 座 701

邮　　编：100084

电　　话：010-83470236　010-83470237

资源下载：http://www.tup.com.cn

客服邮箱：2301891038@qq.com

QQ：2301891038（请写明您的单位和姓名）

资源下载、样书申请

书圈

扫一扫，获取最新目录

课　程　直　播

用微信扫一扫右边的二维码，即可关注清华大学出版社公众号“书圈”。